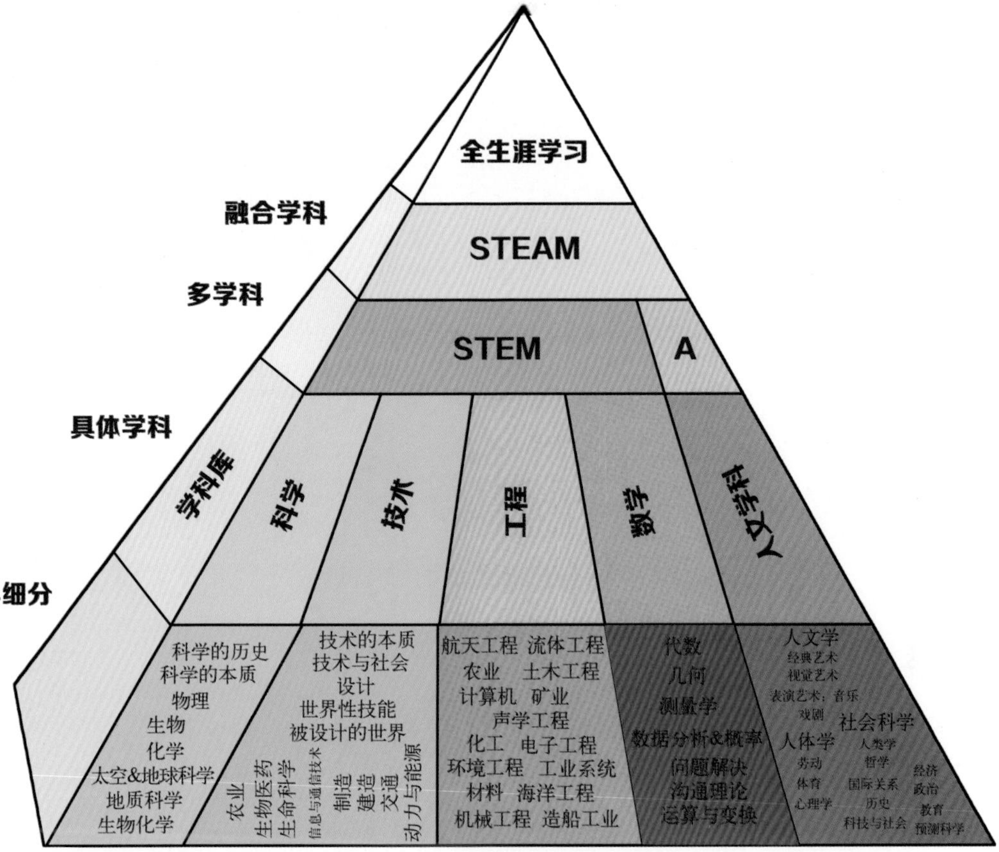

全生涯学习
融合学科
STEAM
多学科
STEM
A
具体学科
学科库
科学
技术
工程
数学
人文学科
学科细分
科学的历史
科学的本质
物理
生物
化学
太空&地球科学
地质科学
生物化学
技术的本质
技术与社会
设计
世界性技能
被设计的世界
农业
生物医药
生命科学
信息与通信技术
制造
建造
交通
动力与能源
航天工程 流体工程
农业 土木工程
计算机 矿业
声学工程
化工 电子工程
环境工程 工业系统
材料 海洋工程
机械工程 造船工业
代数
几何
测量学
数据分析&概率
问题解决
沟通理论
运算与变换
人文学
经典艺术
视觉艺术
表演艺术：音乐
戏剧
社会科学
人体学
人类学
劳动
哲学
经济
体育
国际关系
政治
心理学
历史
教育
科技与社会
预测科学
图 1-1 STEAM 金字塔模型

WAY SCHOOL STAGE
1920—
1
现代设计奠基阶段
包豪斯
艺术与技术结合
1930—
2
设计商业化及设计服务社会化时期
芝加哥设计学院
设计为商业服务
1960—
3
设计方法运动时期
英国皇家艺术学院
设计参与企业管理
1980—
4
学科交叉主导时期
卡耐基梅隆大学
设计与其他学科交叉
2000—
5
新的困惑期
斯坦福大学设计学院
将设计思维应用到其他行业领域
图 1-3 现代设计教育的主要发展阶段

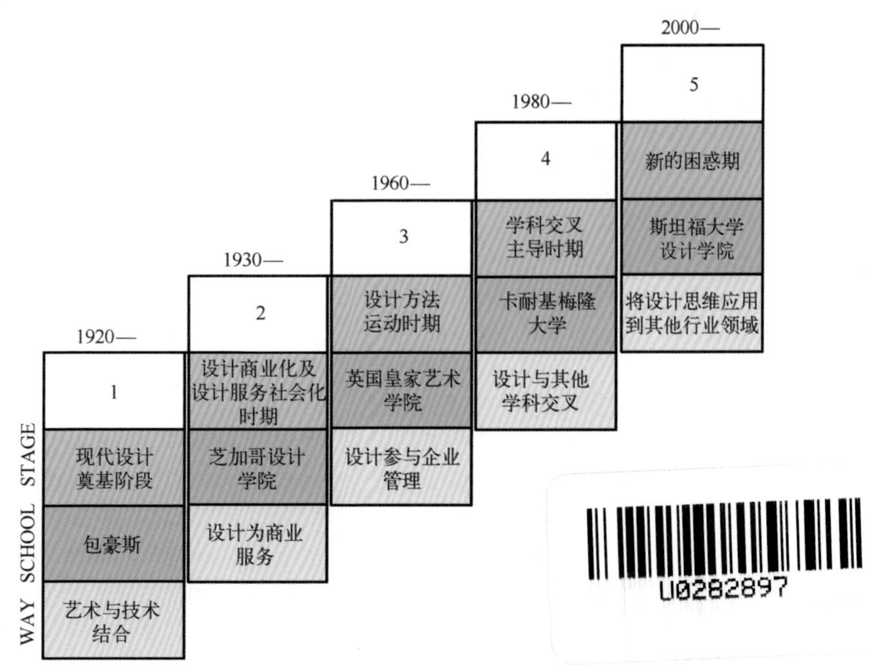

Browse through our research themes:

Societal Challenges

Disciplinary Perspectives

H Health

M Mobility

S Sustainability

D Designing Design

P People

T Technology

O Organisation

图 1-4　代尔夫特理工大学工业设计工程学院的研究主题

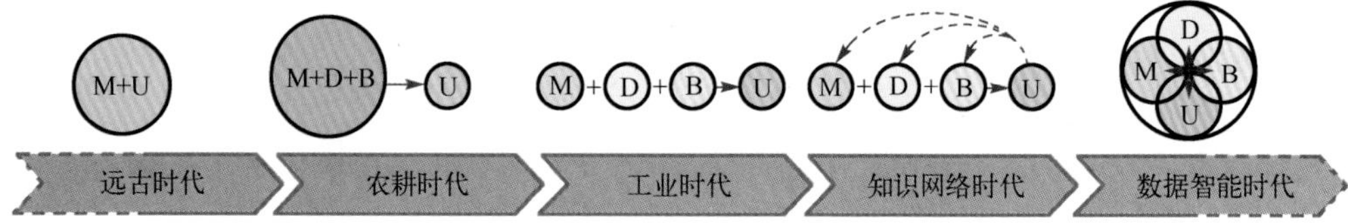

图 2-1　时代变迁下基于社会分工的设计角色演变

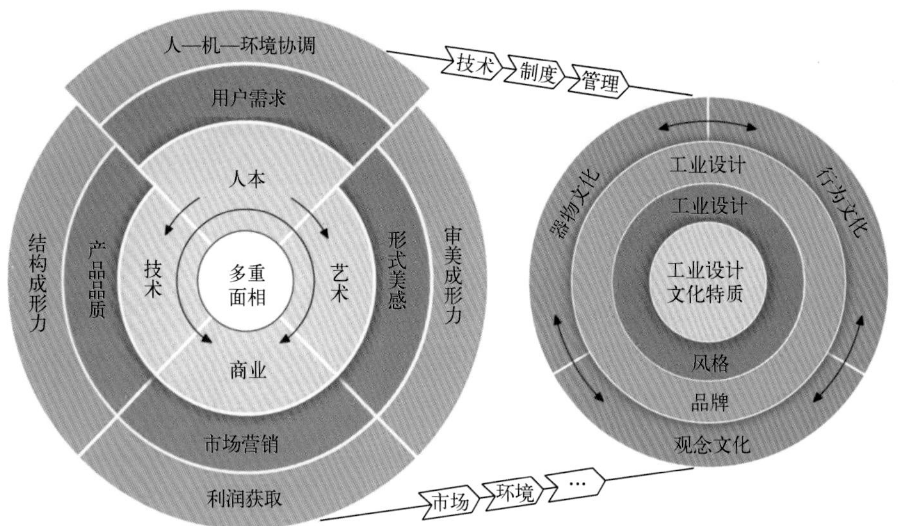

图 2-4　工业设计实践逻辑中的多重面相与文化整合

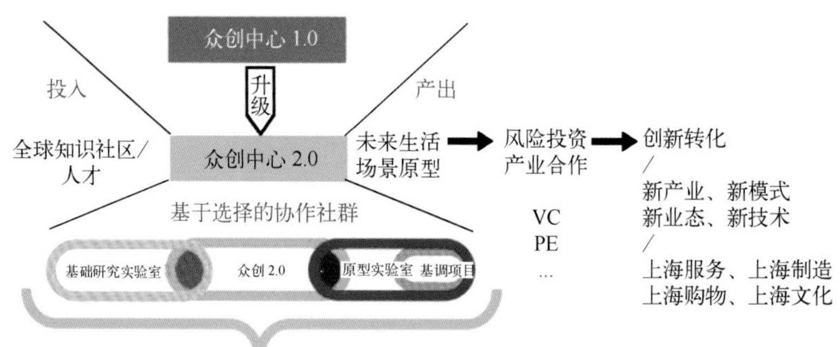

图 4-3　NICE 2035 生态系统图

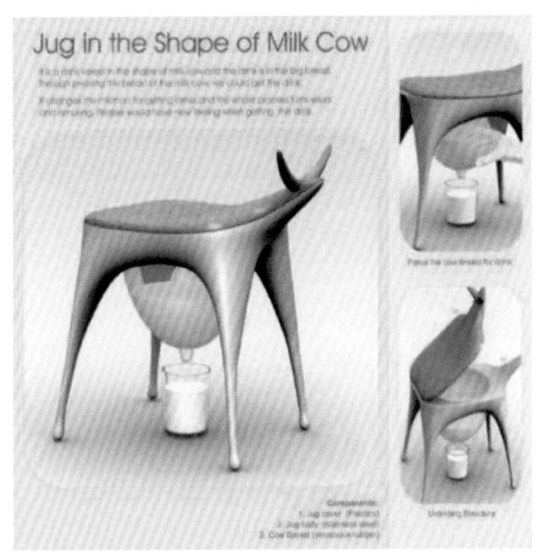

图 5-2　奶牛壶(作者：张剑)

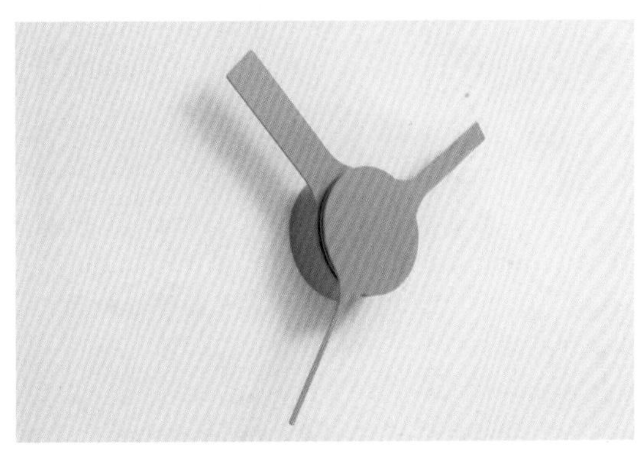

图 5-3　Icon Clock(作者：村田智明)

图 5-10　蜜蜂吊灯

图 5-11　系列果汁包装盒(作者：深泽直人)

图 5-12　饼干包装盒

图 5-13　香炉系列(作者：Terrarium)

4.设计即政策

设计是鼓励创新的重要战略手段

3.设计即过程

设计是开发过程中不可或缺的一部分

2.设计即样式

设计只与风格有关

1.无设计

设计在产品与服务开发中不起作用

第一阶段　第二阶段　第三阶段　第四阶段

1.无设计政策

AT/BG/CY/DE/EL/HU/LT/LU/MT/NL

2.工业设计政策

BE/CZ/FR/IE/IT/LV/PL/PT/RO/SK

3.服务设计政策

EE/ES/SI/SE

4.战略设计政策

DK/FL/UK/EU

图 6-3　设计阶梯与设计政策阶梯

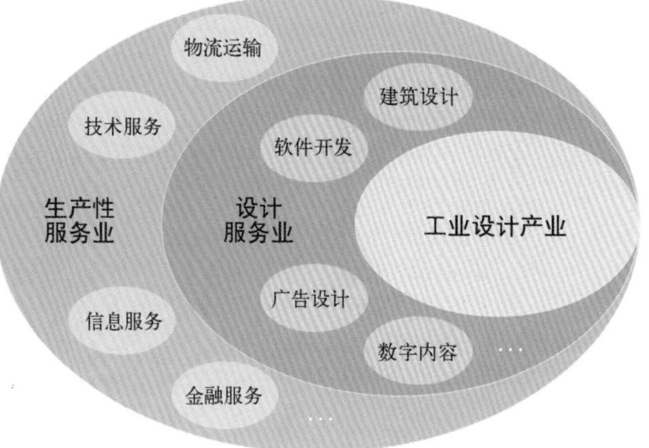

图 7-2　工业设计的产业业态(作者自绘)

图 8-7　Huawei VR Glass 巨幕投屏

工业设计专业系列教材

工业设计导论

Introduction to Industrial Design

◎张晓刚　庞宝术　钟　婕　罗权德——等著

電子工業出版社
Publishing House of Electronics Industry
北京 · BEIJING

内容简介

本书结合“新工科”建设的背景，围绕国家“三新一高”战略、“以人民为中心”的工业设计发展思想，介绍了工业设计的语境论、本体论、范畴论、价值论、方法论、政策论、产业论、关系论等8个方面的内容。

本书可作为高等学校工业设计、艺术设计等设计类专业“工业设计导论”课程的教材，也可供对工业设计感兴趣的人员参考。

图书在版编目（CIP）数据

工业设计导论 / 张晓刚等著. —北京：电子工业出版社，2022.5

ISBN 978-7-121-43473-0

Ⅰ. ①工… Ⅱ. ①张… Ⅲ. ①工业设计－高等学校－教材 Ⅳ. ①TB47

中国版本图书馆CIP数据核字（2022）第083746号

责任编辑：张　鑫
印　　刷：三河市鑫金马印装有限公司
装　　订：三河市鑫金马印装有限公司
出版发行：电子工业出版社
　　　　　北京市海淀区万寿路173信箱　　邮编：100036
开　　本：787×1 092　1/16　印张：13.75　字数：289千字　彩插：2
版　　次：2022年5月第1版
印　　次：2023年1月第2次印刷
定　　价：49.00元

凡所购买电子工业出版社图书有缺损问题，请向购买书店调换. 若书店售缺，请与本社发行部联系，联系及邮购电话：（010）88254888，88258888。

质量投诉请发邮件至zlts@phei.com.cn，盗版侵权举报请发邮件至dbqq@phei.com.cn。

本书咨询联系方式：zhangxinbook@126.com。

PERFACE

本书的写作源自笔者从事工业设计教育和工业设计产业研究的长期积累，也与笔者所在工作单位建设工业设计国家级一流本科专业的现实要求息息相关。

笔者所供职的广东工业大学是一所立足广州这座大湾区中心城市、具有蓬勃发展生命力的新兴设计院校，其艺术与设计学院近年来聚焦工业设计引领的设计学科建设，取得了显著成效，在第三方学科排名中始终名列前茅，是全国设计学院中名副其实的后起之秀。得益于扎根全球先进制造业中心的产业前沿优势和工业设计文化氛围浓厚的政策环境优势，广东工业大学的设计学科秉承“艺术与设计融合科技与产业”的办学理念，强化“集成新工科、教研国际化、实践新范式、服务大湾区”的学科特色，整合凝聚不同领域、不同方面的设计创新力量，致力于探索一种基于工业设计集成创新、绿色设计科产融合，设计育人体系和行业紧缺人才培训相结合，中欧、粤港澳之间的校企协同联动，打造以“广东国际先进设计中心”等国家级平台为标杆的设计学科建设的“广工模式”，以承办全国首个以地方行政首长命名的官方设计赛事——广东省“省长杯”工业设计大赛为抓手，形成政、产、学、研、用、媒、金协同为工业设计赋能的良好发展生态。而这种集合多领域资源、大兵团协同作战正是设计学科相较于许多传统学科的一大特色和优势所在。

在这样一个多主体联动的创新共同体中，涉及的创新主体及受众包括：地方政府——设计战略、设计政策（含资金支持政策）的制定者，设计创新的推动者；设计院校——设计教学与设计科研高地，高端设计智库的承担者和中外设计交流的集聚地，同时其在校生将成为设计行业的潜在从业者；企业——设计成果孵化基地，优秀设计成果的承接者；设计组织和设计机构——设计赛事活动的组织者和参与者，设计产业的主力军；公众——设计创新活动的受益者，社会设计文化氛围的营造者。他们构成设计创新生态链上不可或缺的一环，彼此影响，相互推进，为新工科建设如何构建创新共同体提供了重要参照。在此工作环境下，笔者就顺理成章地承担起工业设计专业及学科建设的相应任务，本书即为笔者对工业设计领域相关重要问题思考的成果。

我国现代设计（工业设计）是在全面引入和借鉴西方艺术设计学说、实践及教育模式基础上逐步发展起来的，无形中养成了对西方设计路径的部分依赖。但随着我国经济社会实践通过“跨越”实现从“追踪”“并跑”到“引领”的发展范式转型，如何构建由“追随型”转向“引领型”的中国设计学派是中国设计学人理应秉持的文化自信和学科自觉。作为中国特色哲学社会科学的有机组成，设计学应在“立足中国、借鉴国外，挖掘历史、把握当代，关怀人类、面向未来”的思路中充分体现中国特色、中国风格、中国气派。

我国的设计学于2011年正式独立成为艺术学门类下的一级学科，加上之前作为一级学科艺术学下的二级学科——艺术设计学或设计艺术学的存在历史，作为学科的设计学历史还非常短暂。在设计实践不断开疆辟土、发展日新月异的同时，作为一门系统学科的设计学还面临着诸多困扰，如学科定位存在较大分歧，基本的学科规范尚待建立，一些重要的学科概念还待厘清等。这构成设计学一个非常独特的现实存在，同时也急迫地提出了开展设计学学理研究的重要性。

工业设计是建设现代形态的设计学科绕不开的话题，也是本书所面对的重要学术语境及研究对象。诚然，工业设计是工业化社会对“设计”的命名，但“设计”从来都不是只有一个名字或者定义那么简单的，而是一门动态发展着的实践科学。设计在不同时代具有不同的用途与意义，中外对“设计”的理解虽略有差异，但都不是刻板固定的注解，而是不同社会发展阶段对设计的“不完全认识”。在工业革命之前的农耕社会，设计以“手工”造物为特征；在工业革命之后的工业社会，设计以规模化生产为显著特征；在当下信息社会，设计表现出“无形”服务的趋向。但无论是在什么时代，设计服务的主题都是“人类的生存与发展”和“美好生活”，人是设计结果评价的主观主体，自然是设计结果评价的客观主体，主观主体与客观主体在设计活动中浑然一体。创造更高质量的人类生活和探索更美好的人类未来是设计的意义，推动人类进步是设计肩负的重要使命，“创新”是其存在的本质。

“创新”本不具有主观局限性，但是人类的思想认识和社会实践具有局限性，人类生存与发展长期是以“物”为依赖的，因此设计表现为“物”的设计与制造。即使在信息化社会，“非物”的设计也是基于“物”的相对概念衍生而来的。“设计”自身的无局限性导致设计的横向扩张，涉及众多领域和众多元素，使得设计成为一个相对复杂的活动。同时，由于设计学科的动态发展特征，人类对设计的认识存在不全面性，设计在认识论上是一个不易解释的复杂概念。抛开人类认识的阶段局限性，设计学科客观上是与时俱进的，设计的范围随社会变迁逐渐扩大，设计造成的影响随时代发展更加深刻。设计具有宏观和微观双重层次。宏观设计可以引领人类发展方向，微观设计可以改造个体现实生活，规模是宏观与微观之间的变量。工业革命带来的“规模化”效应使人类对设计的认识提升到“工业层面”，因此工业设计成为设计的重要代名词，也是本书所着力研究分析的核心概念。

作为大学本科工业设计专业的教材和笔者的研究性成果，本书力求突破部分现有工业设计类教材“老、旧、破”的思想观念束缚，结合“新工科”建设的背景，围绕国家“三新一高”战略、“以人民为中心”的工业设计发展思想，在体例框架方面做出了积极尝试与探索，分别从语境论、本体论、范畴论、价值论、方法论、政策论、产业论、关系论等 8 个方面层层深入展开论述。其中，语境论着重分析新工科建设这一全新语境对我国工业设计专业教育的深远影响、全球工业设计教育界的应对方案及其可能带来的突破方向；本体论探讨工业设计概念的衍变脉络、发展逻辑及科学范式，总体上解释工业设计是什么的历史逻辑、理论逻辑和实践逻辑问题；范畴论、价值论、方法论则讲述工业设计涉及的重点领域、价值意义和通用研究方法，解释工业设计做什么的问题；政策论、产业论、关系论则讲述国家与社会层面推动工业设计发展的关键举措，工业设计产业的发展动向，以及工业设计与科技、文化、经济之间的紧密关系，解释工业设计行业产生什么影响的问题。全书紧扣主题、兼顾前沿、体例完整、知识系统，理论阐释与案例解析紧密结合，表述做到深入浅出、生动翔实，重在对工业设计后续课程开启引导性思考，激发学生进一步探索设计世界的兴趣，对其深入学习和理解工业设计专业知识与技能有较强的启发性。本书立足于知识创新、观点创新，尽可能吸纳目前设计学界对工业设计研究的最新成果，同时进行综合性的整理集成，与工业设计实践紧密互动，形成自洽的知识体系。

本书是集体智慧的结晶，由笔者带领一班志同道合的青年学子，大家齐心协力前后历时近一年方告完成。笔者先提出全书的整体架构与写作大纲，各位作者分别完成所负责章节的写作。本书具体分工是，第 1、8 章由钟婕负责；第 2 章由张晓刚负责；第 3 章由胡鑫瑶、杜岳霖负责；第 4 章由庞宝术负责；第 5 章由黄景茵、王逸鸣、玉应罕负责；第 6、7 章由罗权德负责。此外，陈绮婷、李易苍参与了第 4 章的部分初稿写作，林智杰参与了第 7 章的部分初稿写作，宁健提供了第 7 章中产业设计化的部分案例，余颖娴、李易苍参与了第 8 章的部分初稿写作，庞宝术负责全书的文字校对和整理工作，最后由张晓刚统稿。

由于时间仓促，加之工业设计范式变革迅速，本书虽竭尽全体作者所能来描述工业设计领域的知识全景图，但表述片面、错漏之处在所难免，敬请大家指正，以便再版时我们一并修订。

张晓刚

2022 年 2 月 20 日匆于广州越秀区东风东路 729 号大院料峭春风密雨时

CONTENTS

第 1 章 工业设计语境论

新工科建设是面向世界范围科技革命与产业变革浪潮奔腾而至，给出的教育应答；是超前识别、积极应变、主动求变，给出的时代应答；是高等教育发展“小逻辑”要服务服从于国家经济社会发展“大逻辑”的主动应答；是中国高等工程教育对世界高等工程教育改革创新发展，给出的中国应答、中国方案[1]。新工科建设是新一轮科技革命和产业变革在我国教育领域催生的新语境，要求从教育端进行变革以促进工业创新发展，从而加快我国从制造大国迈向制造强国的步伐。工业设计专业是一个以整合创新为特色的具有较强综合性的工科专业，这与一般工科专业以技术创新为导向的发展要求存在较大差异，因此新工科建设语境下的工业设计学科发展更具复杂性。本章主要通过对国内外高校中具有新工科特色的工业设计专业教育模式的分析，总结其发展规律和经验，并结合国内工业设计教育发展情况，探讨新工科建设语境下我国工业设计专业教育教学的突破口。

1.1 新工科建设语境解析

“教育兴则国家兴，教育强则国家强”。“新工科”是我国工业，尤其是制造业面临转型升级的困境而在教育层面提出来的一个号召，旨在通过学科交叉的融合创新来进行工科的革新，以助力工业生产的创新变革。本节介绍新工科建设与我国大国战略的关系，解释新工科建设的目的，回顾工程教育的改革脉络，并从工业设计学科出发探讨其现阶段的机遇与挑战。

1.1.1 大国战略下的新工科建设

制造业在国家综合国力、国家安全等方面起着基础性支撑作用。在世界工业化发展的历史长河中，我国在还没进入完全工业化的时候提前迎来了工业 4.0 时代。每个国家

[1] 环球网：《高等教育司司长吴岩在北大新工科国际论坛 2021 开幕式上发表致辞》。

都不可能直接跳过本该经历的漫长工业化过程，直接进入工业化强国的阵列。因此，我国目前虽是工业大国但还不是工业强国，亟须加快工业化进程。在这样的历史视角下，新工科建设在 2017 年被我国正式提出，以支撑“中国制造 2025”“互联网+”等一系列国家战略[2]，并通过“复旦共识[3]”、“天大行动[4]”和“北京指南[5]”的“三部曲”形成示范引领效应；2019 年，以新工科打头阵的“四新”——新工科、新农科、新医科、新文科战略建设正式启动，强调提高高校服务社会的能力[6]；2021 年，北京大学举办了新工科国际论坛，论坛以“新时代、新挑战、新工科”为主题，明确了新工科在“四新”战略中的领先地位[7]。

在理论探索方面，经过新工科建设“三部曲”后，新工科建设的大体方向和主要目标得以明确。然而，对于新工科“新”在何处的问题，学界还存在一定的分歧，多数学者认为其体现在新理念、新要求、新途径等方面，侧重从宏观角度描述新工科建设的整体面貌[8, 9]。此外，还有学者针对“新”字内涵，提出新工科有“三新”：新兴——从非工科孕育而来的前所未有的新学科；新型——旧有工科学科的转型升级；新生——工科与其他学科交叉而产生的新学科[10]。对比这两种解释框架，前者是根据教学过程中的内容，以时代发展的需要为前提，对教育主体提出的若干要求；而后者从学科发展的角度阐述新工科出现的新范式，表明“新”不等于抛弃前人所搭建起来的工科学科知识体系，而是在新时代如何将新的知识融入工科门类。总体来说，新工科的“新”是对教育主体、教育客体在教学活动中提出的新要求，是对政、产、学、研融合提出的新方向。

在实践探索方面，高校中以人才培养模式和教学改革方向的探索为主。在人才培养模式方面，多聚焦于如何进行学科的交叉与融合。多学科的交叉与融合，强调知识的整合与跨越已成为当前工程教育改革的基本方向[11]。从国外的经验来看，STEAM 教育就是一种强调跨学科的教育范式，通过在实际项目中共同运用科学（Science）、技术（Technology）、工程（Engineering）、艺术（Arts）和数学（Mathematics）来解决问题，以此

---

[2] 中华人民共和国教育部网站：《关于开展新工科研究与实践的通知》。

[3]《“新工科”建设复旦共识》。《高等工程教育研究》，2017 年第 1 期，第 10—11 页。

[4]《“新工科”建设行动路线（“天大行动”）》。《高等工程教育研究》，2017 年第 2 期，第 24—25 页。

[5]《新工科建设指南（“北京指南”）》。《高等工程教育研究》，2017 年第 4 期，第 20—21 页。

[6] 中华人民共和国教育部网站：《教育部启动“六卓越一拔尖”计划 2.0》。

[7] 中国教育新闻网：《北大新工科国际论坛（2021）举行》。

[8] 钟登华：《新工科建设的内涵与行动》。《高等工程教育研究》，2017 年第 3 期，第 1—6 页。

[9] 李华，胡娜，游振声：《新工科：形态、内涵与方向》。《高等工程教育研究》，2017 年第 4 期，第 16—19，57 页。

[10] 林健：《面向未来的中国新工科建设》。《清华大学教育研究》，2017 年第 2 期，第 26—35 页。

[11] 费翔：《新工科建设背景下高校工程人才培养刍论》。《教育评论》，2017 年第 12 期，第 17—22 页。

培养学生通过学科整合的方式认识世界，运用跨学科的思维解决现实问题(如图 1-1 所示)。在教学改革方面，产教融合是当前新工科建设中教学改革的方向之一，具体表现为校企合作。在学校教育中提倡跨学科作业和学科融合，最终是为了能更好地解决现实问题，服务于日趋复杂的现实生活。校企合作的深度，决定着“跨界教育”实施的可行性及其便利程度[12]。在具体的实践探索层面，高校是新工科建设主阵地：一方面，高校积极探求人才培养模式的更新迭代；另一方面，开发新的教学方式以进行教学改革，通过这两方面的结合，使新工科建设真正从理论变为现实。

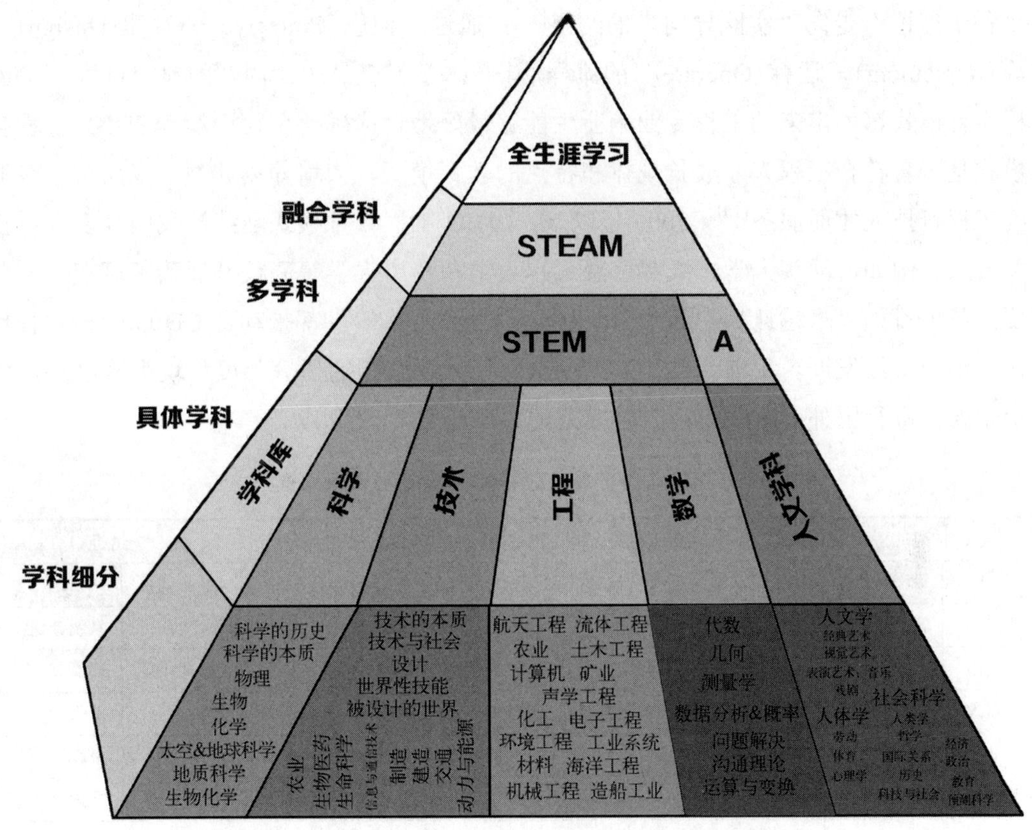

图 1-1 STEAM 金字塔模型[13]

1.1.2 新工科建设中教学改革与人才培养模式探索

新工科建设提出以后，多所高校纷纷以学科为试点，提出教学改革的路径。总体来看，特征包括：在探索专业改革上，以机械类、计算机类、电子类等工程学专业为主，

[12] 张干清，郭磊，向阳辉：《新工科双创人才培养的实践教学范式》。《高教探索》，2018 年第 8 期，第 55—60 页。

[13] STEAM 教育官网：《STEAM 金字塔历史》。

如车辆工程、物联网工程、电子信息工程等；在实施课程改革上，以传统工科和交叉学科为主，如土木工程相关课程、化学工程相关课程、机械工程相关课程等，此外还涉及理科专业的课程改革，如物理相关课程、离散数学相关课程等；在人才培养方案改革上，以跨学科、创新创业为核心进行探讨。本节主要从工程教育范式的转变角度叙述，展现工程教育的变革脉络。

首先是注重产品生命周期的 CDIO 工程教育模式（如表 1-1 所示）。CDIO 工程教育改革计划于 2000 年由麻省理工学院联合三所瑞典大学提出，该改革计划的提出是工程教育中“科学理论”走向“实践导向”的结果[14]。通过“构思(Conceive)—设计(Design)—实施(Implement)—运行(Operate)”的流程，让学生学习产品生命周期的整个过程，CDIO 工程教育模式培养出来的工程专业毕业生能够很好地适应现代工程环境。CDIO 工程教育模式是一套符合工程人才成长规律和特点的教育模式，为培养创新型、多层次、专业化的工程科技人才而服务[15]。2005 年以来，CDIO 工程教育模式陆续被我国许多高校接纳并推广。例如，汕头大学、成都信息工程大学和燕山大学等高校开展改革试点，一些重要改革项目如“卓越计划”和“专业认证”的落地[16]等，都推动了 CDIO 工程教育模式在我国的持续发展。目前，CDIO 工程教育模式在我国的研究热度呈现下降趋势，亟须探索如何进行国外 CDIO 工程教育模式的“中国化”改造。

表 1-1　CDIO 作为产品、过程和系统的生命周期模型[17]

C-构思		D-设计		I-实施		O-运行	
使命	概念设计	初步设计	详细设计	元件制造	系统整合与测试	全生命支持	演化
商业战略	需求	需求定位	元件设计	硬件制造	系统整合	销售和铺货	系统改进
技术战略	功能	模型开发	需求确认	软件编程	系统测试	运行	产品家族
客户需求	概念	系统分析	失效和预案分析	资源	改进	物流	扩张
目标	技术	系统解构	确认设计	元件测试	取得认证	客户服务	报废
竞争	构建	界面要求			元件改进	投产	维护与维修
项目计划	平台计划				交货	回收	
商业计划	市场定位				升级		

[14] 李曼丽：《用历史解读 CDIO 及其应用前景》。《清华大学教育研究》，2008 年第 5 期，第 78—87 页。

[15] 雷环，汤威颐，Edward F. Crawley：《培养创新型、多层次、专业化的工程科技人才——CDIO 工程教育改革的人才理念和培养模式》。《高等工程教育研究》，2009 年第 5 期，第 29—35 页。

[16] 顾佩华，胡文龙，陆小华，包能胜，林鹏：《从 CDIO 在中国到中国的 CDIO：发展路径、产生的影响及其原因研究》。《高等工程教育研究》，2017 年第 1 期，第 24—43 页。

[17] 顾佩华，包能胜，康全礼，陆小华，熊光晶，林鹏，陈严：《CDIO 在中国（上）》。《高等工程教育研究》，2012 年第 3 期，第 24—40 页。

其次是强调成果导向的 OBE 模式。OBE（Outcomes-Based Education）直译为“基于产出的教育”，它是 20 世纪 90 年代的产物，最初作为一种教育理念、教育原则、教育方式被提出。21 世纪初，OBE 模式逐步走入工程的视野中，被当成一种工程教育范式来研究。这是由工程教育直接指向应用的属性所决定的，即工科属于应用型学科。值得一提的是，OBE 虽然以成果为导向，但并非“轻过程，重结果”，它所强调的是要有明晰的目标，为实现目标而进行学习。成果导向的教育最后指向学生毕业后能做什么，而不仅仅指学生在学校里知道了什么内容；将其融合到工程教育改革中，则需要以目标为导向、以学生为中心，并且强调持续改进的过程[18]，如表 1-2 所示。在 OBE 系统中，是围绕明确的学习结果来进行组织的，其强调以全部学生为中心[19]。

表 1-2 成果导向教育与传统教育的对比[18]

项　目	成果导向教育	传 统 教 育
学习导向	成果导向，学生的学习目标、课程设置、教材选用、教学过程、教学评价及毕业标准等均以成果为导向	进程导向，强调学生根据规定程序、课表、时间和进度学习
成功机会	扩大成功机会，为确保所有学生学习成功，学校应为每名学生提供适当的学习机会	限制成功机会，学习受限于规定程序与课表，因而限制了学生发展与取得成功的机会
毕业标准	以绩效为毕业标准，学生毕业时必须证明能做什么	以学分为毕业标准，学生取得规定学分即可毕业
成就表现	以最终成果表示学生的顶峰表现，阶段性成果只作为下一阶段学习的参考	以阶段学习的累积平均结果衡量学生最终成就表现，某一阶段的欠佳表现会影响最终成就
教学策略	强调整合，协同教学，授课教师应长期协同，强化沟通合作。强化合作学习，鼓励团队合作，形成学习共同体	偏重分科，单打独斗，教师授课边界清晰，很少沟通与合作；强化竞争学习，鼓励互相竞争
教学模式	能力导向教学模式，强调学生学到什么和能做什么，重视产出与能力，鼓励批判性思考、推理、评论、反馈和行动	知识导向教学模式，强调教师教什么，重视输入，重视知识的获得与整理
教学中心	以学生为中心，教师结合具体情境并应用团队合作和协同方式，协助学生学习	以教师为中心，教师教什么，学生学什么，学生按教师要求的方式学习
评价理念	强调包容性成功，创造各种成功机会，逐步引导学生达成顶峰成果	强调选择与分等，能力较弱的学生因缺乏相应的学习机会而越来越弱
评价方法	评价与学习成果相呼应，能力导向，多元评价	评价与规定程序相呼应，知识导向，常用课堂测试
参照标准	自我标准参照，重点在学生的最高绩效标准及其内涵的相互比较	共同标准参照，评价可用于学生之间的比较

最后是在二者基础上的工程教育范式转变——OBE-CDIO 工程教育模式。OBE 可以作为一种理念，意味着强调学习产出，即以成果为导向进行学习，而 CDIO 是实现这种成果导向的过程和方法，通过“构思—设计—实施—运行”四个步骤来贯彻 OBE 理念。将 OBE 与 CDIO 相结合（如图 1-2 所示）作为工业设计专业改革实践的路径已成趋势。国

[18] 李志义，朱泓，刘志军，夏远景：《用成果导向教育理念引导高等工程教育教学改革》。《高等工程教育研究》，2014 年第 2 期，第 29—34，70 页。

[19] 姜波：《OBE：以结果为基础的教育》。《外国教育研究》，2003 年第 3 期，第 35—37 页。

内较早探索 OBE 和 CDIO 相结合模式的汕头大学，创建的“OBE-CDIO 工程教育模式”开辟了用 CDIO 实现 OBE 的新思路和新途径[16]。在新工科建设的语境下，汕头大学 OBE-CDIO 工程教育改革在新理念、新模式和新质量方面为新工科建设的深入探索提供了成功案例。此外，进行 OBE-CDIO 工程教育改革的还有成都信息工程大学、燕山大学、中国石油大学等。目前，这种 OBE-CDIO 工程教育模式以实验教学改革、人才培养模式和专业升级为主，呈现出研究热度不断增加的趋势。

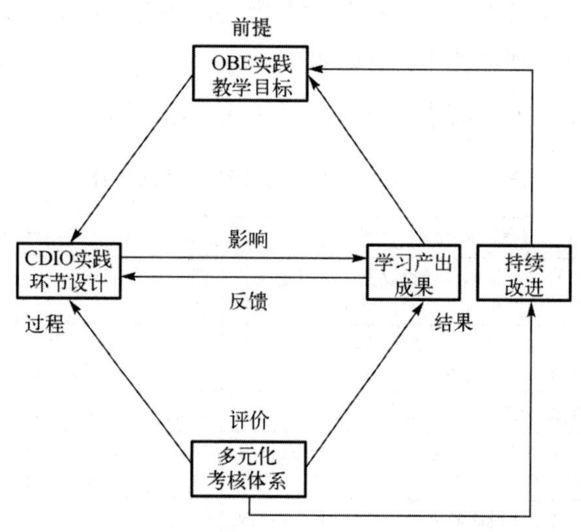

图 1-2 OBE-CDIO 理念下的工业设计专业课程实践教学体系[20]

1.1.3 新工科建设背景下工业设计专业面临的机遇与挑战

新工科建设语境下工业设计学科的发展有两个机遇。第一个机遇是新工科建设语境为工业设计彰显其工科基因提供了绝好时机。我国的工业设计专业在最初设置时隶属于工学机械类，但因为专业定位上的模糊，所以当时招收的生源既可是理科生，也可是艺考生，毕业生可授予工学学士或文学学士学位，既可姓“工”又可姓“艺”。

时至今日，工业设计专业在我国发展已有近三十年的历史。在最新的《普通高等学校本科专业目录(2020 年版)》中，工业设计仍隶属于工学机械类，毕业生只授予工学学位，工业设计的工学属性早就成为一个不争的事实。根据我国《普通高等学校本科专业类教学质量国家标准(上)》，工业设计的培养目标是“毕业后能从事专业领域和相关交叉领域内的设计制造、技术开发、工程应用、生产管理、技术服务等工作的高素质专门

[20] 刘敬，刘衍聪：《OBE-CDIO 理念下工业设计专业课程实践教学体系构建》。《图学学报》，2019 年第 2 期，第 416—421 页。

人才”[21]。虽然工业设计在我国先后经历了“工业美术”“工艺美术”“工业产品设计”等名称变换，反映出专业认识上的历史局限性，但当下，工业设计的工科基因得到前所未有的重视，表明在长期实践中，工业设计为我国工业发展服务的现实价值得到了充分肯定。

第二个机遇是新工科建设可作为工业设计专业教育的指导理念。自工业设计作为一个专业出现在高等学校本科专业目录中以来，因其综合性和交叉性强，所以在概念界定上仍然存在相当的不确定性。但与刚出现的时候相比，工业设计明显不再局限于产品设计，而如今产品设计则分属于艺术学门类的设计学科下。艺术学门类下的产品设计发展较为平稳，而处于“工学”边缘的工业设计发展则不尽如人意。新工科的提出，使得从属于工学门类的工业设计有了发展的指导方向，从十条“复旦共识”、七条“天大行动”和七条“北京指南”共二十四条的原则、要求与行动中可以看出，工业设计专业要立足当下，积极顺应工科的新发展趋势，其与工科间的联系将更为紧密。

新工科建设语境下工业设计面临的挑战有两方面。一方面是如何“化劣势为优势”，将处于传统工科边缘位置的工业设计学科转化为新工科建设中交叉学科变革的典范。工业设计的学科交叉属性从其诞生以来就一直存在，其交叉内容随着时代发展不断扩充。在过去信息技术还没如此普遍发展的时代，工业设计更加注重产品实物的设计，强调产品的外观、材料、功能等。信息技术革命带来人工智能、大数据、云计算等技术和观念，使得工业设计在新知识上获得了积累。如今，体验设计、交互设计的普遍发展，使得设计师们所具备的知识不再局限于围绕产品的设计，而是围绕“人—机—环境”整个系统来进行设计。这种与时俱进的知识更新，要求工业设计专业必须不断吸收不同学科的知识以面对日益复杂的社会系统。

另一方面是如何应对工业设计强调的“创意创新”与工程学强调的“技术创新”所导致的两者间存在的沟通障碍。工业设计作为连接企业和用户的桥梁，不断地向用户传递着企业的理念和服务，也不断地向企业传递着用户的需求和期望。创意创新与技术创新的碰撞，不仅能给企业带来巨大的商业价值，而且能对人们的生活方式产生深远影响。长久以来，新技术的发展很大程度上改变了工业设计的面貌，而工业设计本身也正是在生产技术变革的工业革命中诞生的。但是，工程学强调的创新，更多指的是技术创新；而工业设计强调的创新，更多指的是创意创新。工业设计以技术创新为前提和基础，以创意创新寻求真正的质量效果。我们通常认为，汽车、机车、电冰箱是技术创新的结果，而实际上，技术创新的产物只是蒸汽机、内燃发动机。然而，把蒸汽机集成到马车上，成为汽车的雏形；如果这种车子是沿着铁轨行驶的，就是机车；把蒸汽机集成到帆船上，

[21] 教育部高等学校教学指导委员会：《普通高等学校本科专业类教学质量国家标准(上)》。北京：高等教育出版社，2018 年版，第 272 页。

就成为轮船；把冷冻装置装在厨房的柜子里，从而产生电冰箱。这些才是工业设计创意创新的直接产物。随着新能源技术的成熟，新能源汽车的出现也将颠覆我们对传统汽车的认知。从事技术创新工作与从事设计创新工作仿佛相向而行，一个人的起点是另一个人的终点。工业设计师从一开始就与从事设计的工程师(如机械设计师、电气设计师)一起工作，必须了解生产技术，但是工业设计师不替代、不重复工程师的工作，他和工程师的作用不同。工程师的工作是从技术可能性走向所要制作的产品；而工业设计师则相反，他从整个产品的雏形走向实现这种雏形的条件，两者殊途同归。目前，国内对“创意创新”重视程度远不及“技术创新”。面对关键核心技术“卡脖子”的现状，技术创新确实显得更为紧迫。但是，工业设计所强调的创意创新会带动技术创新，工业设计给人们描绘的新生活方式、新工作环境将迫使技术不断革新以将其实现。

1.2 新工科建设语境下全球工业设计教育现状

工业设计教育是现代设计教育的主体，自1920年以来的实践探索与更迭演替表现得极为活跃和频繁。我国学者辛向阳将现代设计教育分成5个发展阶段：20世纪20年代以包豪斯为代表的艺术与技术结合的现代设计奠基阶段；20世纪30年代以芝加哥设计学院为代表的“设计为商业服务”的设计商业化及设计服务社会化时期；20世纪60年代以英国皇家艺术学院为代表的设计参与企业管理的设计方法运动时期；20世纪80年代以卡耐基梅隆大学为代表的设计与其他学科交叉的学科交叉主导时期；21世纪以斯坦福大学设计学院为代表的将设计思维应用到其他行业领域的新的困惑期[22](如图1-3所示)。所谓新的困惑，恰恰凸显了人类设计创造的核心理念——设计思维已经突破专业的设计领域，向生活世界的多个领域扩张渗透的弥散性。其造成的后果之一是：设计不在，设计又无所不在。也就是说，设计不再局限于专业的学科领域，而是日益向多个学科及知识领域弥散，导致设计无界的状况，令设计学界难以把握设计教育的准确边界，进而造成设计教育范式多元并置、淡化甚至弱化学科归属的实践导向。

应该说，各国政治、经济和文化有其历史沿革的差异，尤其是工业革命爆发后各国各区域的工业化水平很不一致，导致工业设计教育在全球设计院校的发展水平参差不齐。同时，在当前的社会发展情境下，新工科建设则给21世纪设计教育进入“新的困惑期”之后该如何探索与突破提供了新方向。这些都构成当前工业设计教育的现实基础。本节将在全球范围内精心筛选一些在工业设计教育教学改革方面率先迈出步伐且形成特色的设计院校展开分析，以呈现当前工业设计教育“百花齐放”的多元景观。

[22] 辛向阳：《设计教育改革中的3C：语境、内容和经历》。《装饰》，2016年第7期，第124—125页。

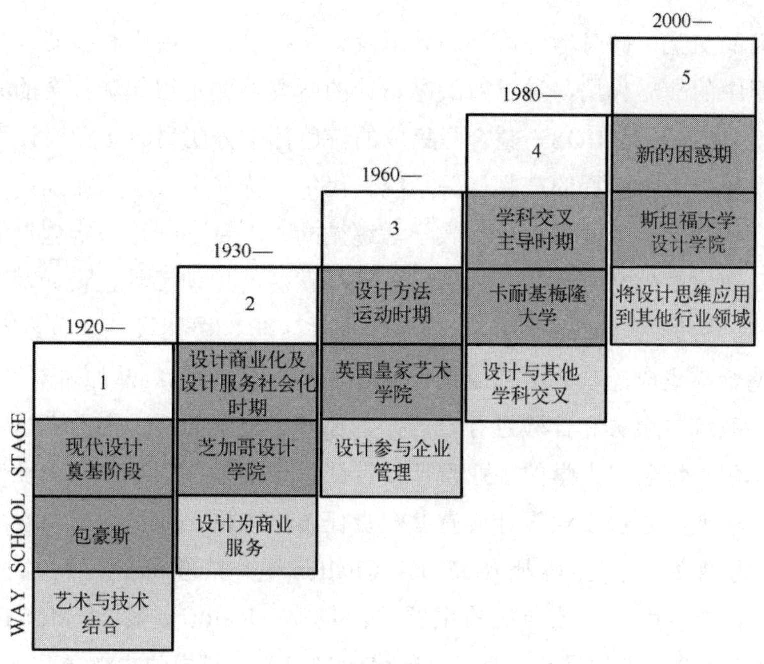

图 1-3 现代设计教育的发展阶段[22]

1.2.1 代尔夫特理工大学：以工程为基础倡导工业设计的社会责任

代尔夫特理工大学的工业设计具有明显的“工程”思想。该校工业设计工程学院成立于 1946 年，当时也经过类似于美国“工业设计职业化”的过程，提倡培养工业设计师。在代尔夫特理工大学里，技术与艺术、工业也存在矛盾，几经波折后，在 20 世纪 70 年代，工业设计系才得以迅速发展。如今，代尔夫特理工大学的工业设计从属于工业设计工程学院(IDE)。从学院的名称来看，强调工业设计属于一种工程，将工业设计教育归属于工程教育的一部分。代尔夫特理工大学以工学为学科布局的基础和核心，8 个学院下设的 40 个专业绝大部分都是应用性很强的专业[23]。此外，代尔夫特理工大学是荷兰综合实力最强的理工大学，专注于工程技术领域。这意味着，无论是在学习氛围、教师专业背景上，还是在教学方法上，工业设计都更加方便地与其他工科专业紧密结合，相互交叉融合，共同推进学科发展，尤其是推动工科知识的系统发展。因此，该校工业设计教育最大的优势在于拥有大量应用型工科专业作为协同教育支撑。

代尔夫特理工大学工业设计强调“整合与集成”。该校工业设计工程学院下设三个系：可持续设计工程系(SDE)，专注在将技术应用于产品和服务的设计与开发，强调与技术学科的结合；以人为本设计系(HCD)，下设人体工学、设计成形两个方向，重点研究用

[23] 孙长智，阮蓁蓁：《荷兰世界一流大学学科发展布局与特征研究——基于 13 所荷兰高校的案例研究》。《南通大学学报(社会科学版)》，2019 年第 1 期，第 131—140 页。

户和产品之间的交互，同时考虑产品的外形及意义；设计、组织和战略系(DOS)，专注于设计在组织中的战略作用，通过对战略设计的研究，促进组织和社会的共创价值[24]。无论是 SDE、HCD 还是 DOS，整合与集成的特色都十分明显。工业设计不仅设计一个产品，而且设计一个全流程的产品相关系统。代尔夫特理工大学工业设计工程学院的项目式跨学科合作教学引人注目，项目教学法遵循的“项目—理论—实施”的教学逻辑，为系统的设计奠定基础[28]。例如，针对阿尔茨海默病的护理工具包设计，不仅考虑工具包本身的外形、色彩等“产品因素”，还考虑人体工学、协同设计和数据支持[25]，在多学科知识的整合与集成的基础上完成设计。此时，工业设计已经从原本对产品进行设计，转向对产品、系统、服务和体验进行设计，且加入了更多的“人因”考量。

此外，代尔夫特理工大学的工业设计在设计思想上体现了从“怎么设计”到“应该设计什么”的转变，强调工业设计应有社会责任感。该校工业设计工程学院的工业设计研究主题分为两类：社会挑战(Societal Challenges)主题和学科视角 (Disciplinary Perspectives)主题。其中，社会挑战主题关注健康(Health)、移动(Mobility)、可持续(Sustainability)和设计中的设计（Designing Design)；学科视角主题关注人类(People)、技术(Technology)和组织(Organisation)(如图 1-4 所示)。这将教育与社会、生活结合起来，工业设计不仅满足人们的需求，更作为一种新的手段用来设计人们的生活方式和促进社会发展，追寻一种可持续、健康的生活，以期建立更和谐美好的人类社会。

图 1-4　代尔夫特理工大学工业设计工程学院的研究主题[24]

1.2.2　阿尔托大学：以跨学科性与协同合作为导向

阿尔托大学工业设计的跨学科性体现在不同设计“类型”的交叉与综合运用。我们经常提到的跨学科一般是指跨学科门类进行合作，如艺术学和工学、艺术学和管理学等进行合作。然而，阿尔托大学工业设计的跨学科是指在工业设计领域内，学生可以进行

[24] 参见代尔夫特理工大学官方网站。

[25] 甘为，薛海安：《荷兰项目式跨学科合作设计教学新实践——以代尔夫特理工大学为例》。《艺术设计研究》，2020 年第 2 期，第 121—126 页。

产品、服务和系统及三者综合的不同设计训练，产品、服务、系统是工业设计范畴下不同的“类型”设计。

阿尔托大学由赫尔辛基理工大学、赫尔辛基艺术大学和赫尔辛基经济学院三所大学合并而成，如今有 6 个学院：工程学院、商学院、化工学院、理学院、电气工程学院、艺术设计与建筑学院。其中，艺术设计与建筑学院的设计系里，工业设计以“协同工业设计”(Collaborative & Industrial Design)的名称出现。“协同工业设计”专业在阿尔托大学并不单纯指工业产品的设计，还包含交互设计、服务设计、协同设计及其他新兴的设计方向。目前，艺术、设计与建筑学院的重点研究领域在可持续设计、基于实践的设计研究、以人为本的设计、协同设计四个方面[26]。

阿尔托大学工业设计的协同合作体现在与不同文化背景和世界观的人一起工作，具体表现为两点：一是多种类型的工作室，二是不同背景的学者共同工作(如图 1-5 所示)。在艺术、设计和建筑学院，学生可以使用不同类型的工作室，包括印刷、金属和木材等与加工工艺相关的实验室，3D 打印、电子、网络等与数字相关的工作室。在这些实验室里，有一流的领域专家进行指导，在学生需要时为学生提供学习和研究上的支持。此外，学生与教师团队共同合作，促进了课堂学习的蓬勃发展，包括课程期间的反馈、批评、评论和公开讨论。在日益复杂的社会中，协同合作确实不总是那么容易，为了使协同合作更加顺利地展开，阿尔托大学采取的方法是“加快节奏行动”。设计的整个过程包括用户研究、概念提出、原型制作、实验和测试等环节，明确在哪个阶段应该做什么事情，在进行到什么程度时应该结束，是“加快节奏行动”的主要方法。无论是跨学科性还是协同合作，阿尔托大学的工业设计教育最终都是为了塑造可持续发展的未来。

图 1-5 阿尔托大学联合设计研究小组正在进行项目讨论[26]

[26] 参见阿尔托大学设计系官方网站。

1.2.3 米兰理工大学：倡导国际化与综合技术的工业设计教育

从表面来看，米兰理工大学设计学院的“工业设计”已名亡实存。2011 年，米兰理工大学设计学院还有“工业设计”这个方向，从 2012 年开始，它就不再出现在专业目录上。如今，米兰理工大学设计学院的本科教育包含 4 个方向：传播设计、时尚设计、室内设计和产品设计；硕士教育包含 7 个方向：传播设计、设计与工程、时尚系统设计、数字与交互设计、集成产品设计、室内与空间设计、产品服务系统设计[27]。从这些方向上，没有看到一个工业(Industrial)的字样。但是就世界设计组织对工业设计的最新定义来看，米兰理工大学设计学院的产品设计、集成产品设计、产品服务体系设计与工业设计强相关。同国外许多大学的工业设计一样，“工业”二字已非常模糊。仔细剖析米兰理工大学设计学院的“工业设计”，无论是从产品、系统、服务还是从体验来看，都涉及工业设计。例如，将产品与系统结合起来，形成产品设计、集成产品设计两个方向。又如，将服务与体验结合起来，形成产品服务系统设计方向。虽然无法在其方向命名中找出单独的“系统设计”与“体验设计”这两种类型的设计，但是米兰理工大学早已将这些内容纳入以产品和服务为载体的设计方向中。这也代表了当下高校设计教育对“工业设计”专业的一种流行解构与诠释。

国际化是米兰理工大学设计学院的重要战略之一(如图 1-6 所示)。米兰理工大学设计学院有一个专门的部门负责推进设计的国际化，其主要举措是举办培训活动、加入国际协会、打造高校战略伙伴关系[27]。举办培训活动促进了教学人员的国际交流能力，激发新的研究主题和学科领域，引入新的培养和教学模式，这对教学工作保持世界前沿做出巨大贡献；加入国际协会，如“国际设计组织”等，建立世界范围内的广泛设计联系，甚至把握对世界设计的话语权，不仅为米兰理工大学设计学院带来设计交流上的便利，更为意大利在世界设计中占据一席之地打基础；加强与世界知名国际大学如阿尔托大学、代尔夫特理工大学的联系，打造高校战略伙伴关系，促进长期的教育交流，通过会议及出版物传播该校当前所研究的内容，使意大利的设计“走出去”。从以上的设计培训活动、设计协会联系、设计高校伙伴关系等措施可以看出，意大利设计教育的国际化战略从严格控制设计教育国际化质量、加大财政支持打造国际化教育网络及国际联合办学体现国家意志三方面出发，使其设计教育体系成为全球高等教育国际化进程中的国际代表[28]。通过一系列的活动与措施，米兰理工大学的工业设计在国际上保持着领先地位。

[27] 参见米兰理工大学设计学院官方网站。

[28] 黄艳丽，戴向东：《米兰理工大学设计教育国际化战略研究》。《现代大学教育》，2019 年第 3 期，第 47—54 页。

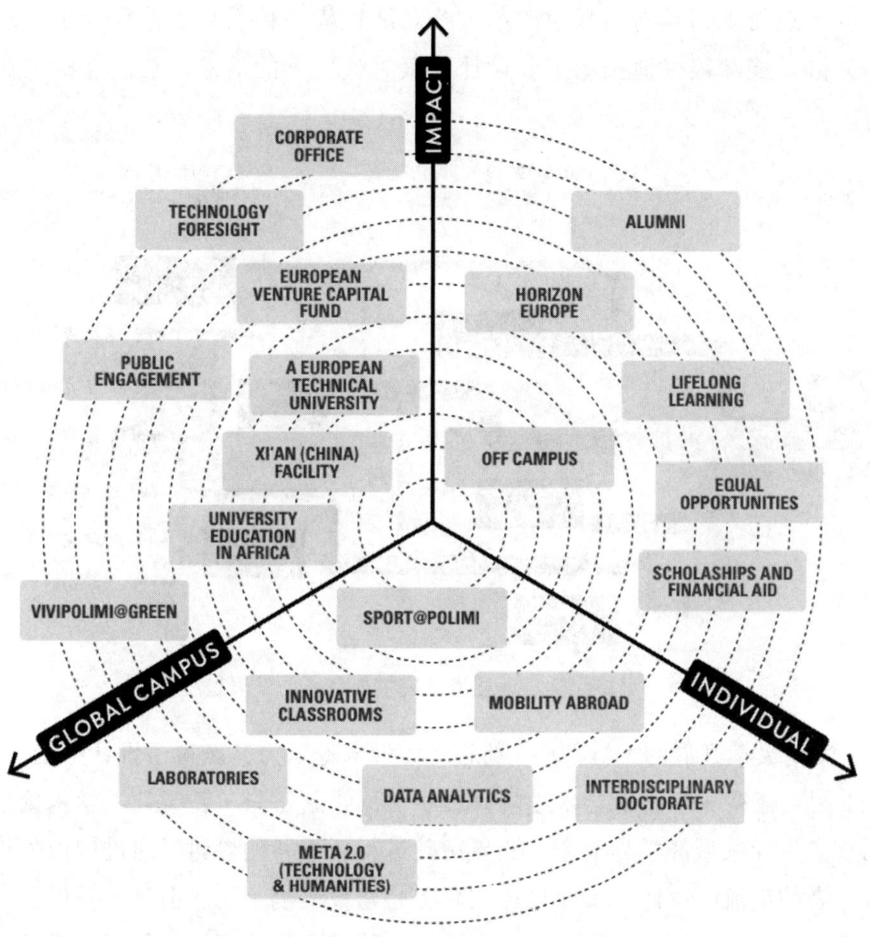

图 1-6　米兰理工大学设计学院未来三年的规划地图[27]

1.2.4　湖南大学：围绕“新工科”顶层设计构建工业设计专业教育模块

湖南大学是我国较早一批建立工业设计专业的大学之一。湖南大学工业设计专业始创于 1977 年，发展至今已有四十余年的历史，在设计理论与设计实践上成果斐然，是国内工业设计教育的突出代表。“模块制”是湖南大学设计艺术学院在工业设计教学上的特色，也是面对特定产业方向设置的教学组织单元，使工业设计教学能与具体产业进行链接。2020 年，为了适应“新工科”专业改革，该校对工业设计教学模块体系做出了重要调整(如图 1-7 所示)，形成智能装备、智慧出行、智慧健康、数据智能与服务设计、可持续与生态设计、数字文化创新等 6 大模块[29]。这是一种以国家顶层设计

[29] 袁翔，季铁，何人可：《工业设计“新工科”专业改革下的毕业设计教学——湖南大学设计艺术学院的行动与思考》。《装饰》，2021 年第 6 期，第 24—26 页。

为指导，以产业需求为导向的教学改革策略。通过模块体系将工业设计学科进行教学方向上的分割，能够很好地推动工业设计紧跟时代发展的前沿，从而保持工业设计的创造活力。

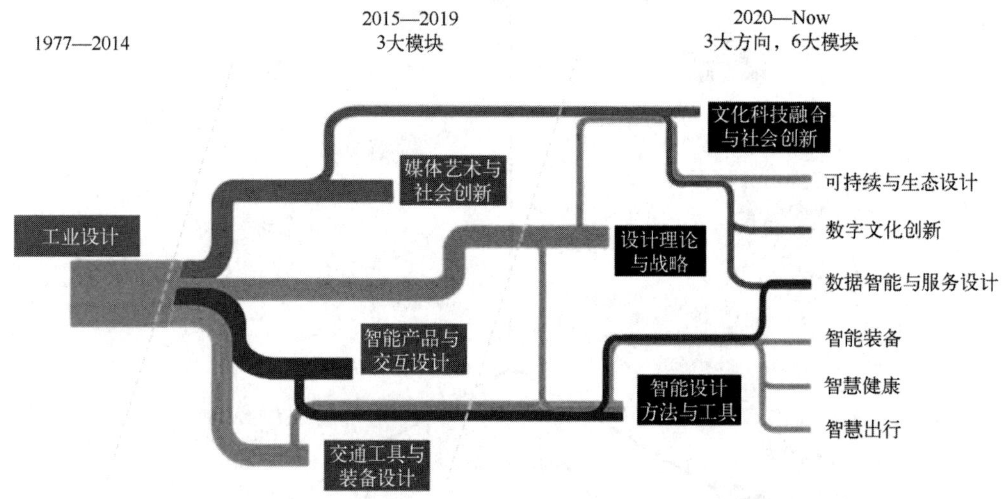

图 1-7　湖南大学设计艺术学院模块体系的发展过程[29]

此外，湖南大学开展的“新工科·新设计”学术论坛为其赢得了设计上的工科阵地。2020 年 11 月，湖南大学设计艺术学院开展了首届“新工科·新设计”学术论坛，邀请了国内外众多设计领域的学界大家、业界精英进行新工科的探讨。通过国内外设计领域顶尖专家学者的交流、探讨，工业设计在新工科建设语境下稳步前进。发展至今，该学术论坛已经举办了十余期，为新工科建设语境下的工业设计研究提供了不竭的力量。对湖南大学来说，可以借着新工科建设语境焕发工业设计的活力；对工业设计学界来说，则可以借鉴以国家顶层设计为指导的学科发展方向。

1.2.5　同济大学：致力于打造“环同济知识经济圈”

同济大学工业设计的思维创新产生于设计创意学院的工作室。设计工作室一般由几位教授为核心，教授带领若干学生对特定的设计方向进行深入研究，整个过程更接近实际的企业项目设计过程，而不是学校内传统的“教与学”的教学活动过程，这是一种以学习者为重心的教育方式。这种工作室的学习方式通过加强学生的适应能力、应变能力、实际动手能力和创新创造能力，促使学校培养出来的设计人才贴近社会实际需求。这里所解决的问题是，缩短学生在学校学习的知识与社会实际应用的距离。包豪斯也是出于此原因，推出了设计工作坊的教学模式，培养了一批具有实践能力的应用型设计师。从学校方面看，更多体现的是教学活动如何切实改进人才培养方式以适应真实的社会生产活动；从企业方面看，校企合作项目能激发更多现实条件限制下的创造力，用学校里天马行空的“智慧”来解决实际问题。在同济大学设计创意学院的工作室里，教学设计已经成为实际应用的项目设计，不再是课堂与纸面上的知识。同济大学设计创意学院工作室体制不仅为师生提供了一个教学实践环境，还加强了产学研合作系统的紧密性。

成果转化是产学研合作所追寻的目标之一。大学是知识成果的聚集地，每位师生都是知识成果的创造者。在知识经济、知识付费的当下，知识成果的转化是提高生产力的有力手段，也是国家、民族创新发展的不竭动力。产学研合作有利于打破各界的信息壁垒，缩小学校和社会对人才培养与需求之间的差距，从而使企业能够找到“好用、实用、耐用”的人才，学生“学有所用”，科学研究既有技术又有方向。大学知识成果转化主要以各类产学研平台为主要渠道。围绕同济大学知识生产而来的环同济知识经济圈，是一种新的产学研模式。环同济知识经济圈从自发到政府引导，以致形成一个成熟的设计行业集聚区，是国内不多见的、较成功的知识成果转化模式[30]。

围绕成果转化，同济大学和上海杨浦区联手打造的“环同济知识经济圈”，历经十余年发展，已成为国内设计行业规模最大、产业链完整、集群效应明显的知识经济圈[31]。这个知识经济圈以同济大学的上海区位和设计智力为核心，通过环校打造经济圈的方式推动智力成果的转化。而其中，主体是同济大学的师生们。在同济大学学习知识的学生，毕业后在同济大学附近创业，逐渐形成了如今的环同济知识经济圈。旧城区的改造加上不断注入的鲜活力量，且同济大学位于上海这个时尚之都，使得环同济知识经济圈重点发展出了创意设计产业、国际工程咨询产业、环保与新能源技术产业等不同领域的产业集群，用设计带动了杨浦区的经济发展，同时也开创了一种设计产业化的新模式。围绕环同济知识经济圈，同济大学于 2019 年还开展了首届环同济设计周，并借此发布《全球创新设计竞争力报告》一书。环同济设计周发展至今已有四届，期间广泛邀请国内外专家学者对设计研究进行交流讨论。

1.2.6 浙江大学：以智能化与数字化为特色

浙江大学的工业设计颇具特色，原因是工业设计系隶属于计算机科学与技术学院。艺术与设计学院和计算机科学与技术学院下的工业设计有何不同？一是学术氛围不同。在艺术与设计学院，不少学生都有艺术背景，思维逻辑中“感性”成分占有较大比重；而在计算机科学与技术学院，大多数学生都有理工科背景，思维逻辑中“理性”成分比

[30] 参见同济大学设计创意学院官方网站。

[31] 卢乔森：《如何打造环高校知识经济圈——以成都市为例》。《中国高校科技》，2019 年第 6 期，第 79—82 页。

较大，思维和逻辑更加严谨。在不同环境下培养并最终输出的设计人才会存在巨大区别。二是教师背景不同。一般院校工业设计系的教师都是工业设计领域内的教师，而浙江大学工业设计系教师的研究方向大多与智能技术、信息技术有关，这是由工业设计系隶属于计算机科学与技术学院所决定的。基于上述教学特征，浙江大学工业设计系的数字化和智能化特征十分明显。

数字化在 20 世纪随着计算机技术的发展，早已深刻地改变了工业设计的面貌，如 CAID 的出现，人们可以在计算机上作图，而不仅仅停留在纸上作图。如今，工业设计的数字化发展逐步走向工业设计的智能化发展。工业设计的智能化使设计内容在大数据、物联网和人工智能等技术的支持下呈现出“非物质”的属性，使产品以更加符合人类行为与思维的方式出现。2020 年，浙江大学工业设计系的毕业设计展在“云端”拉开帷幕，其毕业设计展的名称为“另存为”（如图 1-8 所示）[32]。“另存为”本是人们操作计算机时的一种文件保存方式，但是通过这次毕业设计展，丰富了“另存为”的内涵。它是学生学习告一段落的标志，也是知识应当被铭记的标志。在这次毕业设计展中有不少与“智能”相关的作品，如快递驿站模块化智能货架系统的设计、智能食品留样柜系统设计等。无论是展览的内容，还是学生表达设计创意的技法，都与数字化和智能化密切相关。

图 1-8　浙江大学工业设计系 2020 届毕业设计展海报[32]

此外，校企合作助力浙江大学工业设计的数智发展。“浙江大学国际设计研究院”是浙江大学设计学博士点建设的承担单位，也是工业设计、产品设计本科点及设计学、工

[32] 浙江大学国际设计研究院：《浙江大学工业设计系 2020 线上毕展“另存为”开幕》。

业设计工程硕士点建设的参与单位，还是浙江大学计算机辅助设计与图形学国家重点实验室的成员单位[33]。例如，浙江大学的项目团队与阿里巴巴前沿技术联合研究中心共同进行智能音乐创作的项目开发，在短视频、Vlog 时代，为自媒体创作人提供便利的视频剪辑工具(如图 1-9 所示)。该研究院是设计创新平台，它与设计行会组织全面合作，与国际知名企业共同开发创新设计课程、建立工作坊并联合科研，使浙江大学工业设计教育的异军突起成为可能。

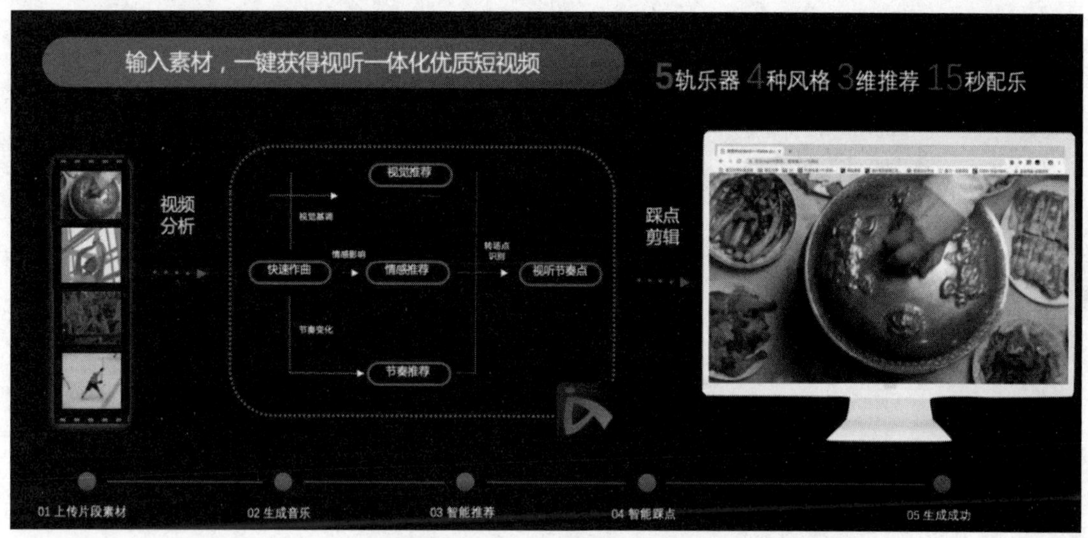

图 1-9　余音：智能音乐创作[33]

1.3　新工科建设语境下工业设计教育的新突破

我国工业设计发展至今不过几十年，但是随着科学技术的发展和人们生活方式的改变，工业设计所涉及的范围逐步扩大，从原本以工业产品设计为主扩展到如今以服务和体验设计为先。国内产业界强烈要求把“中国制造”转变成“中国创造”的呼声，使我国高等工业设计教育有了重大转机和面临更大的挑战[34]；在教育界提倡“新工科建设”以推动产业变革这样的语境下，工业设计专业发展有了新的突破口。综合前文提到的全球知名设计院校的工业设计教育现状，结合新工科建设语境下工业设计面临的机遇和挑战，明确当前工业设计教育发展思路的底层逻辑：学科融合、产教融合、内外融合与传授设计能力“迁移”的方法，以寻求工业设计教育创新发展的方向(如图 1-10 所示)。

[33] 参见浙江大学国际设计研究院网站。

[34] 何晓佑：《从“中国制造”走向“中国创造”》。南京：东南大学出版社，2016 年版，第 131 页。

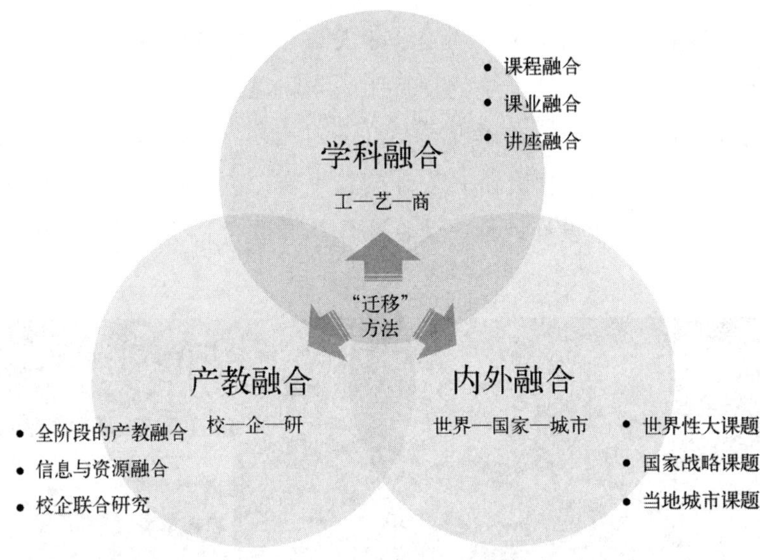

图 1-10　新工科建设语境下工业设计的"一法三融"模式(作者自绘)

1.3.1 "工—艺—商"学科融合

首先是理工类大学不断强化工业设计专业的工科基因。一直以来，工科强调的是应用的技术、方法和能力，主要针对现实中的实际问题提出解决方案。作为工科门类下的工业设计同样如此，它虽是由西方工业革命带来的词汇，但进入我国后为了适应现实需要，辅助制造业的发展而不断进行调整。从工业设计传入我国的脉络来看，虽然先从艺术院校发展而来，但在理工类学校的发展更为迅速，其历史使命也更能体现出来——助推中国制造业的转型升级和高质量发展。工业设计发端于制造业，与制造业密切相关，工科基因是其"显性基因"。正如当年的"日本制造"一样，"中国制造"在 21 世纪初似乎更多指向的是缺乏创新创造能力的中国制造业。如今，世界各地都能看到"Made in China"的商品。我国已经连续十一年成为世界第一制造业大国，世界制造已经离不开中国。在提升中国制造"质"的方面，工业设计有着义不容辞的责任，其工科基因的优势应当发挥出来。

其次是工业设计的艺术性与其他理工类专业的融合。随着科技的发展，"中国制造"正逐步走向"中国智造"和"中国质造"。智能制造等新一代技术助力工业设计的发展，为工业设计实践提供技术的支持与扩展。例如，以 3D 打印为代表的增材制造技术，使得工业设计在满足人们个性化的需求方面得到了深化。仿真技术也由传统的 3D 模型向虚拟现实(VR)、增强现实(AR)等强调用户体验的方式转变。以创新为核心的工业设计无疑是推动制造业转型升级的一个重要利器。但是，没有其他工科专业的技术支持，工业设计也可能成为"纸上谈兵"。因此，在前述的大学里，工业设计与其他专业如车辆工程、计算机科学与技术等携手共进、互相补充，使得工业设计能够更好地对接产业。

此外，课程的互补性也有所体现，在提倡学科交叉融合的当下，有不少课程都是不同专业的学生共同上课，由此加强了不同学科之间的沟通交流。无论是理工类大学，还是综合大学、艺术类大学等，都在强调工业设计与信息技术的融合。例如，江南大学工业设计专业引入 C 语言、Swift 等技术课程，形成了产品设计、软件交互、硬件交互三大能力模块[35]。清华大学在新工科概念提出后，探索“学科交叉的教学方法”，创建了智能工程与创意设计（CDIE）专业，来自不同学院的教师承担不同学科的教学工作，为交叉学科教学模式尝试迈出第一步[36]。广东工业大学工业设计专业与机电工程学院、自动化学院等打通专业，创建机器人学院。

最后是工业设计越来越借鉴工商管理的知识进行研究与实践。工业设计刚传入我国时属于狭义范畴的概念，更多被认为是产品的外观设计。如今，从世界设计组织对工业设计的定义来看，工业设计的范畴发生了变化，目前至少包含 4 个部分——产品、系统、服务及体验。此外，它还包括利用设计思维所创造的商业模式创新，这部分可以说是设计与工商管理相结合产生的内容。无论是将工业设计分为 4 个部分还是 5 个部分，都可以看出工业设计与其他学科有着广泛的联系。另外，其他学科也会引入工业设计相关的课程，以拓展本学科的知识范围，如设计思维、营销设计、管理设计、组织设计等，即工业设计渗透到各个专业里。因此，工业设计，或者说“产业设计”，是对生产关系的调整，使产业发展更加合理、有序和健康。

总的来说，学科融合的目的，其实就是增加不同专业学生的知识面，为将来走向社会的人才具备能够应对复杂社会系统做准备。在高校，工业设计学科融合的具体方式有课程融合、课业融合和讲座融合。课程融合可分为两种类型：一是将其他学科的知识纳入工业设计的课程体系中进行学习，也是目前最普遍的做法；二是就同一门课程将不同专业的学生放到一起共同上课，促进不同学科之间的交流，在国内还比较少见。课业融合是指针对同一课程作业或者由教师和企业发起的综合性较强的项目，需要不同专业的学生进行合作，以促进学科间的知识融合。讲座融合鼓励不同领域的专家就同一话题进行讨论，也可以就同一主题让不同专业的学生参与进来共同探讨。此外，工业设计学科融合的模式也需要打破现有模式、全面对外开放，以解决工业设计与何种专业何种课程进行融合的问题，这需要考虑三个方面：一是学校本身的办学理念，二是本地产业的需求，三是生源自身的特色。清楚考虑上述这个核心问题后，开设试点班就是下一步的具体操作。

---

[35] 邓嵘：《知识结构转型与培养路径思考——以江南大学产品设计、工业设计专业教学改革为例》。《装饰》，2021 年第 6 期，第 40—41 页。

[36] 张雷：《培养具有创新力和领导力的一流设计人才——写在清华大学美术学院工业设计系 2021 年毕业季》。《装饰》，2021 年第 6 期，第 16—17 页。

1.3.2 “校—企—研”产教融合

产教融合的深度与地缘优势颇为相关。目前，地缘优势更多用在经济领域中，表示某个地区在特定的空间所体现出来的优势，包括自然资源优势、文化优势、地理优势等。这些优势在特定的时空综合起来，是其他地区所不能够代替的，拥有独特性和唯一性。例如，米兰这个地区的优势，是在历史的长河中积淀出来的，在很长一段时间内所表现出来的特征就是时尚、艺术和设计。相应地，米兰的文创产业发展得十分迅速，至今，米兰拥有全球一半以上的著名时装品牌，是欧洲重要的工业中心之一，是意大利经济最发达的地区。在米兰市的三所公立大学中，米兰理工大学是理工类研究型的大学，将其作为我国新工科建设的对标高校，其合理性也得到了解释。又如，同济大学的工业设计专业，直接就在环同济经济圈里转化落地，服务、推动当地产业的发展。总而言之，利用地缘优势促进工业设计教育的发展的优点在于，一是对工业设计的发展来说，工业设计教育的产业化特征更为明显，工业设计作为应用学科的性质突显出来；二是对工业设计产业来说，本地生源服务于本地产业的优势加强，沟通成本降低；三是对区域发展来说，不同区域的工业设计教育根据当地企业需求分型分类发展，反过来又促进了工业设计产业的差异化发展。地缘优势的利用也要考虑到校企的“衔接性”与“联动性”。

衔接性是从高校一方来说做出的主动向产业靠齐的举措。就目前我国工业设计产业的发展来看，以珠三角、长三角、京津冀和东北地区为主要阵地，分别突出了消费电子产品、互联网企业、高精尖产业、工程装备的发展特色。再进一步，根据设计产业的规模和强弱，暂且可以将其归纳为从北到南的三个设计产业高地及特色：北方城市的工程装备、中部城市的互联网企业、南方城市的消费电子产品。从高校工业设计专业发展情况来看，北方高校如北京理工大学，其工业设计重点突出在航天航空、军事用品上，突显工业设计助推国防和军事相关的重大装备特征；中部高校如同济大学强调创新创业，武汉理工大学强调智慧交通、智慧出行等的设计，突出了互联网时代的万物互联特征；南方高校如广东工业大学，与创想三维、美的集团进行校企合作，分别开展消费级 3D 打印机、小家电的设计项目，突出以消费、用户体验为核心的工业设计特色。也正是因为这种“场域”的差异，使得各个地区的高校也根据实际的产业特征来调整人才培养计划和教学方案，力求培养出来的人才能够很好地衔接到社会并成为栋梁之材。

联动性是高校与当地产业相互影响的一种关系。联动性主要体现在学校与企业实际项目的合作上，学校培养能够应对现实生产需求的人才，企业能够紧跟最新的设计研究步伐。校企合作是提高校企“联动性”的一种方式。其实校企合作在包豪斯的时代就已经出现，如今很多学校都强调学生要到企业做实际项目，培养学生的专业实践能力。高校“创新班”“定向班”“实验班”等的组建与设置，就是为了组建队伍一起为企业的实际项目工作。从“课”到“课程群组”的转变，也是项目对不同专业之间要融合、协作的要求。2014 年，有学者提出工业设计应当围绕专业核心课建立课程群，以此建立跨学科的综合性高校工业设计教育模式[37]。发展至今，许多高校的工业设计专业都有类似课程群的概念。例如，广东工业大学艺术与设计学院工业设计专业在本科二年级将会分流为三个方向——服务设计、体验设计、装备制造与机器人设计，以三个方向为核心组建各自的课程群。现阶段我国工业设计教育在对学生的理论知识传授与技术训练方面呈现出“滞后性”与“前瞻性”两种路径，但无论哪种路径，都与现代企业对人才的需求存在着巨大的偏差。技能较滞后的学校需要调整教学内容以适应企业需求，而思维较滞后的企业也需要汲取学校先进的思维方式，反之亦然。知识过于陈旧或研究过于新颖，都需要进行调整以为现实生产所用。由此，校企合作变为现阶段高等工程教育类课程中的一门“必修课”，也是学生步入社会的“预热课”。

产教融合是应用型高等教育发展的必由之路。在新工科建设语境下，为了更好地应对未来的挑战，以产业需求为导向进行校企合作是必然的选择。目前我国校企合作的路径有校企共建产业学院、校企联合开设产学研基地、企业导师与学校导师“双导师”制联合培养等。产教融合的理念在高校工业设计专业已经不是什么新鲜的事儿了，但是真正做到产教融合的设计学校并不多。对企业来说，产教融合所带来的风险与收益无法预见；对学校来说，尽管有所谓的产教融合，然而，毕业生就业率低或者转行率高，就意味着学校对接产业的能力十分薄弱。全阶段的产教融合意味着高校按学年进行不同的校企合作课题或者项目，而不像以往大多数大学那样，在本科三年级才进行校外实习，经过几个月的实习，“应用型人才”还没有真正达标。按学年进行由浅入深、由点到面的校企合作项目，能够加深学生对实际生产的理解，也能够提高学生的实际经验。信息与资源的融通是校企合作迫切需要解决的课题，信息交流的障碍导致学校与企业“相轻”，资源共享的落后导致学校知识与企业知识断层，不利于学生就业。因此，搭建校企信息与资源共享平台可以架起二者合作的桥梁。

1.3.3 “世界—国家—城市”内外融合

设计即生活。21 世纪全球化的进程日益加快，设计渗透于人类生活的各个方面，衣、食、住、行、学习、工作、社会交流、旅游娱乐等无一不涉及设计。设计与生活息息相关，在生活的任何一个角落都能看到设计的影响与渗透，每个人总是在不经意间与设计发生着这样那样的关系。

从全球工业设计教育的发展前沿来看，工业设计的世界性体现在：一是以长期的社会性问题为主题进行设计，二是以突发的社会性事件为主题进行设计。通过对长期与短

[37] 尹虎：《工业设计创新与工业设计教育发展》。《东岳论丛》，2014 年第 6 期，第 153—156 页。

期的全球社会性主题进行课题训练，引起设计专业学生对“世界”这个整体的关注，以设计来引导社会创新。长期的社会性问题，如可持续发展的问题、第三世界绝对贫困与医疗落后的问题，是工业设计聚焦的方向。

从我国工业设计教育发展的现状来看，工业设计的民族性体现在：一是主动向国家重大产业战略靠齐，二是挖掘我国工业设计的文化特征。在主动向国家重大战略靠齐方面，作为高校工科门类下的工业设计，近年来根据“一带一路”“碳中和”“乡村振兴”等国家战略，做出了不一样的探索并形成了特色。但总的来说，都要以国家战略为指引方向，做到专业人才培养与国家发展需求紧密结合。例如，湖南大学根据国家战略设置专业方向，并制定了 6 个模块，通过模块制动态连接教学与产业[29]；四川美术学院设计学专业群则提出“四个服务”——服务大西部文化传承创新、大都市经济转型与产业升级、大农村城乡融合发展、大后方国防重器装备设计[38]。这种紧跟国家战略设置专业方向的方法，很好地解决了教条化、固定化且过于陈旧的专业方向设置问题。在挖掘我国工业设计的文化特征方面，美术院校的工业设计专业优势更加明显，而理工类大学则实力稍弱。这也就是为什么近年来一直会有强调提升工程人才人文素养的建议被屡次提及。总的来说，理工类大学工业设计对国家重大战略尤其是“中国制造 2025”的呼应性强一些，而对工业设计的文化特性方面尤其是“工业文化”则仍需探索出适合自身的操作路径。

在工业设计教学中强调内外融合，目的是使学生将世界作为一个整体来看待，将设计作为一种改变生活方式的技能来看待，最终是提升工业设计人才对人类命运共同体的思想境界。世界性大课题注重以世界为一个整体和系统进行设计考虑。例如，工业革命后碳排放的增加使得生态环境恶化，这已然不是在某个区域控制好碳排放就能解决的问题，而是全人类共同携手才能解决的。那么设计在其中能发挥怎样的作用？这就是世界性大课题。国家战略课题在湖南大学等一些高校已有体现，如根据国家战略顶层设计调整工业设计的研究方向。当地城市课题是设计最能直接作用且有成效的课题研究方向，尤其是以社区为单元进行的设计研究，在这方面可以参考阿尔托大学、同济大学关于社会创新的一系列案例。

1.3.4 传授“迁移”的思维与方法

对大多数学习者来说，“什么知识最有价值”的答案是“科学”；而对工业设计专业的学生来说，学会“迁移”自己所学到的设计技能与思维则是最有价值的知识之一。这

[38] 蒋金辰：《“从专业技能型到社会主题型”设计教育改革探索》。《装饰》，2021 年第 6 期，第 56—57 页。

里的“迁移”能力，是指面对新的环境与挑战或者面临新型产业的新要求，学生会通过以往的经验与知识来处理新的问题，并能够快速找到合适的方法来解决问题。这与教育学中的学习迁移理论的正迁移概念相近，强调先前学习的知识对后续知识的学习起着促进作用。

从工业设计技术的转变历程来看，也可以清晰地窥见“迁移”能力越来越重要。在计算机没有普及的年代，工业设计的构思只能通过人工绘图及人工制造实体模型来表现。当时的工业设计理论及技术还属于开创时期，“手作”的方式十分明显。直到 20 世纪末，工业设计还处于以狭义产品为核心的阶段，其相关理论也只围绕产品展开，如产品色彩、产品造型、产品材料等。20 世纪 90 年代以来，以计算机技术为基础的信息技术发展迅猛，计算机辅助工业设计横空出世，极大地便利了设计构思的表达。以创新为灵魂的工业设计也因计算机技术迈上了一个新台阶，CAID 已经应用在计算机辅助造型技术、人机交互技术、智能技术以及新兴技术上[39]。近年来，虚拟现实技术、3D 打印技术的应用越来越广泛，这也被运用到工业设计生产的过程中，成为工业设计专业理论与技术的一部分。与此同时，信息技术的发展迫使设计师需要学习其他工程技术学科的内容。因此，在科技飞速发展、辅助工具越来越多的情况下，快速掌握新工具的使用方法，是工业设计人才的必备技能，这也发挥了设计能力“迁移”的作用。

此外，对工业设计人才培养来说，提升学生的设计责任感与学习自适性十分重要。从我国高校工业设计专业的发展来看，教学目标从以往强调学生“学习为了满足企业要求，达到就业的目的”，转变为“学习为了改变生活和创造美好社会的目的”。因此，在进行工业设计教学活动时，教师不仅考虑工业技术相关知识的灌输，还会考虑培养的工业设计人才在社会中的定位。不能只顾着加快经济发展，而对环境造成污染；不能只满足于人类的物质需求，而对精神需求不屑一顾；不能只考虑生活便利的方方面面，而对引领健康的生活形态袖手旁观。代尔夫特理工大学的“应该设计什么”这句话，明显地体现了设计的责任感。

工业设计人才学习的自适性体现在两方面。一方面是学会终身学习，随时能够接纳新的知识以适应社会变化，即可持续学习的能力。终身学习在 20 世纪就已经被提出，即“活到老学到老”。它倡导的是每个受教育的个体都必须掌握一种随机应变、不断学习的能力，这种能力能够使个体在其一生中受益。工业设计专业的学生在掌握终身学习的能力时，会触类旁通地掌握主动学习的能力，这是工业设计学科的交叉性决定的。社会变革如此之快，唯一不变的就是“变”。另一方面是在知识更新速度加快的背景下，要有勇于自我塑造、自我革新的能力。具体来说，以自主选择课程和自主把控学习时间

[39] 潘云鹤，孙守迁，包恩伟：《计算机辅助工业设计技术发展状况与趋势》。《计算机辅助设计与图形学学报》，1999 年第 3 期，第 57—61 页。

与规划为例，“Z 世代”学生对学习时间、学习过程的需求更为灵活，大量的线上教育发展迅速，而学生对线上学习的方式易于接受和掌握。通过合理分配线上和线下的学习时间，可以实现学生学习过程重组，有效提升实践学习效率。在这种情况下，学生更应该保持一颗好奇的心，勇于自我革新、自我塑造，以应对不断变革时代的各种挑战。

思考题

1．新工科建设语境对工业设计学科的发展有何启示意义？

2．全球高校工业设计的发展有何趋势？

3．新工科建设语境下，工业设计学科可以从哪些方面实现再创新？

推荐阅读书目

1．袁熙旸：《中国现代设计教育发展历程研究》。南京：东南大学出版社，2014 年版。

2．何晓佑：《设计驱动创新发展的国际现状和趋势研究》。南京：南京大学出版社，2018 年版。

3．何晓佑：《从中国制造走向中国创造——高等教育工业设计专业教育现状研究》。南京：东南大学出版社，2016 年版。

4．清华大学美术学院中国艺术设计教育发展策略研究课题组：《中国艺术设计教育发展策略研究》。北京：清华大学出版社，2010 年版。

5．克劳斯·雷曼：《设计教育 教育设计》，赵璐、杜海滨译。南京：江苏凤凰美术出版社，2016 年版。

6．沈榆，张国新：《1949—1979 中国工业设计珍藏档案》。上海：上海人民美术出版社，2014 年版。

第2章 工业设计本体论

求知的本性使人类并不满足于对事物表象的认识，而要追根溯源，探寻事物之所以为此事物的内在根据。本体即存在于对事物存在终极根源的追问与探索中。工业设计本体论是对工业设计存在本身的形而上思考与拷问的结果。而厘清工业设计概念含义，揭示工业设计的本质与现象、共性与个性、一般与个别的关系，呈现隐含在其背后的衍变逻辑与设计范式类型，是工业设计研究中需要解决的核心问题之一。而工业设计作为人类进入工业化以来现代设计的典范形态，属于设计学的重要学科范畴。因此，对工业设计本体的探讨构成界定设计学学科属性的必要前提，也是夯实设计学理论基石的重要之举，对推动工业设计专业教育和实践的发展具有独特且不可替代的作用。

2.1 工业设计概念的衍变脉络

工业设计作为设计的下位概念和工业时代的产物，无论是一种生产实践活动还是对这种实践的理论总结和阐释，至今不过一百多年时间。从知识考古学的角度看，“工业设计”一词最早出现在 1883 年英国《艺术联盟》月刊上，而“工业设计”真正作为机械化生产和工业发展的衍生物被首次提出是在 1919 年[40]，之后的几年中，“工业设计”一词多指广告中的工业产品图像设计。从 1927 年开始，美国早期工业设计师贝伦·盖茨将工业设计广泛应用于工业产品，这是“工业设计”这一专业词汇指代含义的第一次转变[41]。此后的时间里，多轮次的工业革命推动产业持续转型升级，也不断撼动着学界对工业设计的固有认知，使工业设计成为一个含义不断迁移、流变的概念[42]，促成了研究者与工业设计之间的一种复杂微妙且难以言说的裹缠关系：一方面，强烈的求知欲驱

[40] 王受之：《世界现代设计史》。北京：中国青年出版社，2002 年版，第 5 页。

[41] 凌继尧：《工业设计概念的衍变》。《南京艺术学院学报(美术与设计版)》，2009 年第 4 期，第 13—15 页。

[42] 张映琪，辛林岭：《工业设计定义的演变与工业革命的相关性浅析》。《艺术科技》，2016 年第 10 期，第 293 页。

使着无数设计大师与学者试图一探工业设计的堂奥和门径，反复对其加以界定言说，意图触摸到并固化其最坚实的内核；另一方面，无数专家学者对工业设计却言人人殊，在某种程度上似乎又遮蔽了工业设计的本真属性。其仿佛成为一个流变体，始终与人们的探索之间保持着若即若离、触不可及的状态，让人难以揭开庐山真面目。这种实践与认知之间的巨大张力越加激起了人们探索未知世界的好奇心，形成了推动工业设计概念历史衍变的内在动因。

应该说，不同时代的不同设计从业者和研究者对工业设计有着不同的理解和认知，由此产生形形色色的定义。这些视角、观点、时代坐标不同的定义构成工业设计研究的知识历史，也或多或少地参与或推动着工业设计研究的历史进程。梳理工业设计概念的衍变有其自身的独特意义。

在众多的工业设计定义中，素有“设计界的联合国”之称的国际工业设计协会(International Council of Societies of Industrial Design，ICSID)在不同历史阶段对工业设计定义的数次修订尤为引人注目。这是因为，作为具有半官方背景的全球性设计组织(设计共同体)，其每次对工业设计定义进行修订，不但都秉持审慎性和必要性原则，而且该定义作为集体智慧的结晶，凝聚着行业与时代共识，体现了设计界对工业设计本质认识的最大公约数，代表着一个特定历史时期设计共同体的主流观点，因而往往被视为极具标志性、权威性和社会影响力的定义，甚至在某种程度上还规约了工业设计在一段历史时期的发展方向，更彰显工业设计研究的时代底色与相对成熟的水准。这体现了工业设计理论对工业设计实践的反推性引导力，确保工业设计实践行驶在时代的主航道上。

鉴于设计学界对 ICSID 工业设计定义的知识传播尚存在一些错误和破绽，在此有必要澄清三点：一是对每则定义的出台时间顺序进行梳理，提供正确清晰的工业设计定义衍变时间线；二是讲清楚这些定义所处语境下的确切含义，避免主观臆断式的肢解；三是揭示这些不同时期工业设计定义衍变的生成逻辑。

迄今为止，ICSID 对工业设计这一概念先后有过四次影响较大的定义，分别为 1959 年定义、1969 年定义、2002 年定义[43]及 2015 年定义，按时间先后顺序依次将其命名为定义一、定义二、定义三、定义四。

2.1.1 1959 年定义：“职业区分说”

1959 年 9 月，成立于 1957 年的国际工业设计师协会在瑞典斯德哥尔摩召开的第一届大会上，正式投票将组织名称改为国际工业设计协会，一字之差也预示着该组织的

[43] 付秀飞：《试匡正对 ICSID 工业设计定义的不当引译》。《艺术教育》，2011 年第 7 期，第 12—13 页。

未来发展超越专业实践，带有更多的研究属性，并顺理成章地发布了工业设计的首个定义。

工业设计师是这样一种人，他们凭借训练、技术知识、经验和视觉感知能力，而有资格决定批量生产的工业产品的材料、结构、形态、色彩、表面处理、装饰等所有方面或其中几方面。当包装、广告、展示和销售等问题的解决需要视觉鉴赏力、技术知识和经验时，工业设计师也可以去关注。那种以手工工艺生产的、基于工业或商贸的工艺品的设计师，当按他的图纸或模型生产的作品是商业性质的、大批量的，而不是手工艺人的个人作品时，也被认为是一位工业设计师[44]。

定义一并非严格意义上的工业设计定义，实则对工业设计师的职业范围、职业技能、职业要求等做出详尽描述，意在通过工业设计师与手工艺人的职业区分来直观呈现工业设计的性质，姑且命名为“职业区分说”。其一，工业设计师的设计对象是批量化大生产的工业产品(包括商业性的大批量生产的工艺品)而非个人作品，强调工业化大生产的前提条件，这也是工业设计师的职业活动范围所在，借此工业设计区别于艺术创作和手工艺设计等活动领域。其二，工业设计师的职业技能是“凭借训练、技术知识、经验和视觉感知能力”而形成的综合造型能力，尤其是对工业产品(包括包装设计、广告设计等市场开发环节)的形式美化能力。其三，工业设计师的职业要求是赋予工业产品“材料、结构、形态、色彩、表面处理、装饰等所有方面或其中几方面以新的品质”，也就是说，同样是造物活动，工业设计师的工作比手工艺人要复杂得多，广泛涉及产品形态、结构、工艺等某个或多个层面，同时延伸到“包装、广告、展示和销售等市场开发环节”，工业设计师的职责范围和能力要求都大大拓展了。

耐人寻味的是，定义一对工业设计师的“职业区分”在国内的工业设计界影响极大，还曾阴差阳错地被当成子虚乌有的“1980 年定义”广泛引译，一度成为我国工业设计启蒙的权威读本，产生了深远的导向性作用。究其原因，该则定义严格区分了工业设计师

---

[44] 参见 WDO 官网：Industrial Design Definition History。这段话的英文原文是：An industrial designer is one who is qualified by training, technical knowledge, experience and visual sensibility to determine the materials, mechanisms, shape, colour, surface finishes and decoration of objects which are reproduced in quantity by industrial processes. The industrial designer may, at different times, be concerned with all or only some of these aspects of an industrially produced object.

The industrial designer may also be concerned with the problems of packaging, advertising, exhibiting and marketing when the resolution of such problems requires visual appreciation in addition to technical knowledge and experience.

The designer for craft based industries or trades, where hand processes are used for production, is deemed to be an industrial designer when the works which are produced to his drawings or models are of a commercial nature, are made in batches or otherwise in quantity, and are not personal works of the artist craftsman.

与手工艺人的职业活动属性，高度肯定了工业设计师的工作价值，初步明确了工业设计的目标、对象、技能、任务等，对当时正迈向工业化的我国设计从业者来说无疑醍醐灌顶，为他们的职业活动提供了重要的努力方向和行为参照。

1963 年 ICSID 曾对工业设计有过修订："工业设计师的职能是为物品和服务提供这样的形式，使人们的生活高效和令人满意。目前，工业设计师的活动范围几乎涵盖了所有类型的人工制品，尤其是大规模生产和机械驱动的人工制品[45]。"这仍是对工业设计师的职业描述，但影响不大，很快就被 1969 年定义所取代。

2.1.2 1969 年定义："本体构建说"

1969 年定义(即"布鲁塞尔定义")在国内同样有多个版本，如"1954 年版""1964 年版""1970 年版"等[43]，由时任主席马尔多纳多(Tomas Maldonado)提出，最早见于马尔多纳多 1965 年发表的《工业设计教育》一文[46]。国内在工业设计知识的传播中通常将之视为 ICSID 的最早工业设计定义版本：

工业设计是一种旨在确定工业产品形式属性的创造性活动。形式属性不仅包括产品的外部特征，还包括结构与功能关系，应从生产者和消费者双方的角度，使这个关系系统变得条理清楚、明白易懂。工业设计扩展到涵盖工业产品所营造的人类环境的一切方面[47]。

相较于定义一基于"职业区分"的描述性表达，定义二则简明扼要得多，更接近一则标准定义，表现出下定义者对工业设计本体——"形式属性"的精准识别。其一，以属加种差的方式对工业设计的本质进行界定：工业设计作为人类的一种"创造性活动"(属)，其区别于其他创造性活动的根本性质在于"确定工业产品形式属性"(种差)。马尔多纳多还进一步将"形式属性"的范围框定在"外部特征"和"结构和功能关系"两方面。也就是说，工业设计的"形式属性"既要赋予产品更加吸引人的外观(外部特征)，也要确定产品的结构联系和功能联系，使产品的各种内部因素协调整合在一起，呈现出令生产者和消费者都满意的产品语义特征(产品外貌成型过程令各方满意)。这就清晰界定了工业设计的本体，与工业生产中的其他活动划清了界限。其二，提出"从生产者与消费者双方的角度"，超越了定义一的设计师个体视角，显然对设计师洞察生产者和消

[45] 参见 WDO 官网。这段话的英文原文为：The function of an industrial designer is to give such form to objects and services that they render the conduct of human life efficient and satisfying. The sphere of activity of an industrial designer at the present embraces practically every type of human artefact, especially those that are mass produced and mechanically actuated.

[46] 凌继尧：《艺术设计概论》。北京：北京大学出版社，2012 年版，第 17 页。

[47] AD De. Groot: Methodology: Foundations of Inference and Research in the Behavioral Sciences. The Hague: Mouton, 1969.

费者的双方需求，设计出更富有功能美感的产品提出了更高要求。工业设计师通过对物的形式属性设计使“生产者—产品(物)—消费者”三者之间的关系更和谐统一，工业设计成为联结生产者和消费者的桥梁与纽带。其三，工业设计外延开始扩展到产品所处的人类环境，即工业设计除设计物外，还要考虑物与物、物与人、物与社会的系统关系，但其主要对象依然是工业产品。总之，定义二与马尔多纳多担任校长的德国乌尔姆设计学院办学理念一脉相承，奠定了工业产品美学的基本准则——简洁、明晰、整一、理性，锚定了工业设计的本体，确立了工业设计的主战场与核心区，为发挥工业设计在工业生产中的独特作用开辟了道路。

2.1.3 2002 年定义：“跨界协作说”

2002 年定义是 21 世纪初的产物，表明在沉寂了 30 余年后，伴随着社会经济、技术、文化等外部条件的急剧变化，设计界对工业设计的认识发生了深刻变化。

设计是一种创造性的活动，其目的是为物品、过程、服务及它们在整个生命周期中构成的系统建立起多方面的品质。因此，设计既是创新技术人性化的重要因素，也是经济文化交流的关键因素。其任务如下所述。

设计致力于发现和评估与下列项目在结构、组织、功能、表现、经济上的关系：增强全球可持续性发展和环境保护(全球道德规范)；给全人类社会、个人、集体带来利益和自由；最终用户、制造者和市场经营者(社会道德规范)；在世界全球化的背景下支持文化的多样性(文化道德规范)；赋予产品、服务、系统以表现性的形式(语义学)并与它们的内涵相协调(美学)。

这种变化表现有四。其一，设计的边界趋于扩张而非收缩状态。这与定义二迥然有别，定义二将工业设计精准定位到工业产品的形式属性，为其划出了清晰的边界；定义三则是以工业化为前提对广义设计疆域的勾勒，范围广泛涉及“物品、过程、服务及它们在整个生命周期中构成的系统”，重心开始有位移，设计的非物质性受到前所未有的重视，实现了由产品形式属性到包括全生命周期系统的产业链设计的转变[41]。其二，设计的社会弥合性功能得到充分认可：设计成为联结技术、人文、经济、文化的“重要因素”和“关键因素”，是弥补科技与人文割裂、经济与文化鸿沟的强有力手段，通过设计使得上述外部因素联结为一个有机整体。其三，定义从全球道德规范、社会道德规范、文化道德规范、语义学及美学五个方面阐释了设计的方法和目标[48]，并致力于设计与以上范畴“在结构、组织、功能、表现、经济上的关系”等多个维度的探索与评估，设计的跨学科性开始受到关注。跨界协作与集成性联合探索成为值得鼓励和提倡的新方向。其四，设计思维呈现开放式发散而非收敛状态，对跨界合作的新成果充满了期待(“建

[48] 罗婷：《设计三态：由工业设计定义变化论起》。《艺术百家》，2017 年第 6 期，第 247—248 页。

立起多方面的品质”），设计不仅创造新物种，同时要肩负起全球可持续发展和环境保护、社会道德、多元文化等方面所应有的责任，整体提高生命的价值，设计思维的系统整合性构成设计定义的重要维度。可谓设计建立产品、过程、服务的全生命周期系统的“跨界协作说”。

与此相呼应，国际艺术、设计与媒体院校联盟(CUMULUS)成员联合签署的《2008京都设计宣言》郑重指出，在“全球发展和随之产生的相关生态与社会问题引发了对设计、设计教育、设计研究的新需求及提出新机会”的背景下，“设计自身也面临需要重新定义的挑战”。作为设计教育和研究者的国际组织，该机构表达了设计教育对创建一个可持续的、以人为本的创新型社会所应承担的全球性义务与责任，设计教育应充分认识到设计所具有的新价值及新的设计思维方式，实现由关注物质和外观到关注文化、思想内涵和非物质的转变，加强设计师在解决生态与可持续发展问题方面的合作，从而为改善人们的生活品质做出贡献。

21 世纪初的工业设计定义整体呈现出由内敛收缩型(对内聚焦设计本体)向跨界协作型(对外扩张设计思维的跨学科整合)的转变趋势，从着力于划清与相关活动边界的“设计有界”趋向“设计无界”发展，强化问题导向、思维联结、跨界协作、社会担当意识。

2.1.4 2015 年定义：“多维协同说”

2015 年在韩国光州召开的第 29 届年度代表大会上，延续近 60 年的 ICSID 正式更名为世界设计组织(World Design Organization，WDO)，并对工业设计给出了最新定义：

(工业)设计旨在引导创新、促发商业成功及提供更好质量的生活，是一种将策略性解决问题的过程应用于产品、系统、服务及体验的设计活动。它是一种跨学科的专业，将创新、技术、商业、研究及消费者紧密联系在一起共同进行创造性活动，并将需解决的问题和提出的解决方案进行可视化，重新解构问题，还将其作为建立更好的产品、系统、服务、体验或商业网络的机会，提供新的价值及竞争优势。(工业)设计是通过其输出物对社会、经济、环境及伦理方面问题的回应，旨在创造一个更好的世界[49]。

与前三则定义相比，定义四暴露出将涉及设计的“知识网络”列举穷尽且分析透彻的“野心”，对设计发展蓝图进行了颇为详尽的描述，可称之为“多维协同说”，具体表现如下。

其一，目的协同。突出工业设计目的性的三个维度：“引导创新”的社会维度、“促进商业成功”的市场维度和“提供更好质量的生活”的日常生活维度。这几乎触及了工业设计所能抵达的各个方面。

[49] 参见 WDO 官网：Definition Of Industrial Design。

其二，问题驱动与设计对象(设计客体)的关系协同。定义四强调设计是一种策略性解决问题的创造性活动，其不仅致力于发现问题、提出问题，而且要重构问题，形成策略性解决问题的实践方案。这是设计活动区别于科学技术等创新活动的一个独特之处。基于问题驱动意识，定义四还明确揭示了设计对象是“产品、系统、服务、体验”四类输出物，除纳入定义一(工业产品)、定义二(工业产品的形式属性)、定义三(产品、服务和系统)的对象外，还增加了体验这类情感情绪性的输出物，涵盖了从有形之物(产品、系统)到人的行为(服务)再到无形之体验的设计全链路，逐层递进，逻辑关系更为严谨清晰且贴合设计实践，场域贯通价值链各个环节之现实，解决了后工业社会以来困扰业界已久的实际设计对象与原设计定义不匹配的问题。

其三，跨学科作业与设计关联主体的关系协同。工业设计跨学科作业的专业属性得到明确，其成为联系创新、技术、商业、研究及消费者的广泛跨界行为。这种跨界不仅基于产业链上中下游紧密联系的需要，也从消费者利益角度来整合社会资源、科学研究、技术创新等因素，使之更好地服务于生活世界。除了消费者主体，经营管理者、设计师乃至设计研究者等不同的设计关联主体都在定义四中给予了关照，例如，设计为经营管理者“提供新的价值及竞争优势”；设计师则基于问题导向下策略化的视觉和体验解决方案，“创造一个更好的世界”等。设计关联主体间的紧密合作，“共同进行创造性活动”，不但构成了跨学科作业的前提条件，更促成了设计主客体关系的良好互动，建立起“更好的产品、系统、服务、体验或商业网络”，完成了从倚重产品延伸到构建人、物、场景、商业间的和谐关系[50]的跃变。

其四，目标协同。建立“更好的产品、系统、服务、体验或商业网络”不仅是工业设计的出发点，也是工业设计的输出物。作为上述多维度协同的最终结果，设计通过其输出物来实现社会、经济、环境及伦理和谐发展的理想境界，人类的美好生活成为工业设计的终极追求。设计作为基于问题驱动的美好生活策略性解决方案，有机协同了发展目标中工具理性和价值理性的内在冲突，成为到达彼岸世界的渡河宝筏。

2.2 工业设计概念衍变的“三个逻辑”

那么，究竟是哪些因素推动了工业设计概念的衍变？蕴含着何种逻辑必然？由马克思主义唯物辩证法“历史的与理论的”两个逻辑相统一进一步发展而来的中国特色社会

[50] 刘永琪：《国际设计组织宣布的工业设计新定义的内涵解析》。《商场现代化》，2015 年第 26 期，第 239—240 页。

主义发展道路的理论逻辑、历史逻辑、实践逻辑“三个逻辑相统一”的科学论断[51]为我们提供了一个很好的分析框架和方法论利器，借此可以探寻到真正的答案。

2.2.1 多层级的知识创构：工业设计概念衍变的历史逻辑

从工业设计概念衍变的历史发展来看，不同历史阶段对工业设计概念的理解产生变化是一个客观事实，呈现出“职业区分→本体构建→跨界协作→多维协同”的清晰演进路径。而隐含在这些不同定义背后的工业设计认识则是逻辑之链上的智慧果实，呈现了从历史事实到历史逻辑的变化过程，有其历史发展的必然性。这种必然性表现如下所述。

1. 设计实践在先，理论概括的概念成型在后

工业设计作为设计的现代形态，是人类设计活动适应工业化大生产这一新的历史阶段的必然产物：首先出现了工业设计的新兴实践，在实践中形成了对工业设计的若干初步概念性认识；然后在此基础上，为了促进工业设计更好地发展，产生了相关的社会性组织，进而才有组织内部经过广泛讨论得出的工业设计学术标准；最后基于这个学术标准，提炼总结形成某个特定历史阶段关于工业设计的普适性定义。这就是工业设计概念衍变的历史事实。“先有术，后有学”，工业设计概念的形成是对工业设计实践阶段性总结的产物，没有工业设计实践这个源头活水，就没有基于工业设计实践的相关概念认识和工业设计定义，更遑论系统的工业设计理论了。

2. 工业设计的每次定义都有特定的时间刻度和相对稳定性

应该说，工业设计的组织定义和个体定义除视角上的差异外，还有社会功能方面的极大不同。作为工业设计师或学者对工业设计的定义只代表个体的一家之言，是基于个体实践或观察思考得出的结论，有时难免流于主观片面；而作为组织定义则需统筹兼顾众家之长，广泛地凝聚产业界和学界的共识，因而具有相当的普范性和社会影响力。前已指出，在 1959 年召开的首届大会上，国际工业设计师协会正式更名为国际工业设计协会，旨在超越专业实践，为该组织的未来发展开拓更广阔的空间，如“研究与新兴工业设计专业学术标准相关的问题，从而提出建议和标准”。显然，ICSID 在成立之初就不甘于仅仅成为一个工业设计师的职业组织，或者说仅仅停留在设计实践的经验交流或行会组织层面，而更有志于为当时尚属新兴的学术领域——工业设计提出统一的学术标准，以便最大限度地集聚行业智慧，从概念内涵上厘清工业设计的本质和属性，为工业设计发展指明方向。

---

[51] 张雷声：《关于理论逻辑、历史逻辑、实践逻辑相统一的思考——兼论马克思主义整体性研究》。《马克思主义研究》，2019 年第 9 期，第 48 页。

可以说，ICSID 关于工业设计的每个定义都是精思熟虑的产物，代表着那个时代工业设计界对工业设计认识的最大公约数，留下了特定的历史刻度。这个历史刻度表达了一个时代对工业设计的普遍看法，对哪些创造性活动属于工业设计范畴、哪些不属于工业设计范畴进行筛选和过滤，集中映射出工业设计概念的时代印记，传递出工业设计概念衍变的历史逻辑。理论一经产生，就指导着实践。工业设计的历史刻度和时代共识，不仅是对工业设计的理论归纳，更要在此后一段历史时期规约着工业设计的实践路径，形成普适性的行业规范。因此，这样的工业设计定义具有较强的话语主导权、行为约束力和行业引导性，对工业设计实践形成探照灯般的照亮功能，从而奠定了其行业权威性和一定时期的相对稳定性。

3. 工业设计的每个定义只是其“截断面”而非“全界面”

这是由人类认识的历史局限性决定的。“截断面”是指工业设计界基于特定的社会、经济、技术、文化条件对工业设计的整体性理解与认识。这就造成了某个定义描述工业设计概念内涵不可避免地带有历史局限性或某种先天性缺陷，只能对工业设计属性的某个层面、方面、维度和角度进行阶段性归纳与概括，而难以超越时代系统把握工业设计的“全界面”，尽善尽美地呈现出工业设计的本质属性。例如，早期的工业设计定义(定义一和定义二)都将工业设计对象聚焦在“批量生产的工业产品”，凸显了 20 世纪五六十年代对机械化时代工业设计的特定对象及工业设计师的职业属性与手工艺人的本质不同，这就将工业设计与手工艺设计严格地区分开来，对工业设计来说无疑是认识上的巨大飞跃。然而在对工业设计本质层面揭示的背后，隐含着认识论上的遮蔽和巨大缺憾：因为即使在工业化大生产过程中，工业设计也不可能只盯着有形的“批量化工业产品”做文章，其实它还广泛牵涉制造业上下游的产业链，如“产品、服务、系统”等方面。这种弊端在定义三中得到了克服。而随着束缚工业设计实践的观念消解，工业设计生产力和创造力获得了极大的解放，工业设计的实践疆域不断拓展，工业设计在社会经济发展中的作用日益彰显。而定义四将对象扩大到“产品、系统、服务、体验”四个方面，更加注重体验经济和服务经济背景下的设计新形态，使设计活动成为链接设计师个体与企业、产业、文化、社会乃至地球生态的重要媒介，同时也是打通多个学科领域的重要节点。这是知识网络时代对工业设计全界面系统呈现的一种尝试。

4. 工业设计概念衍变存在延展性与变易性

工业设计定义的先天性缺陷逼使设计共同体对工业设计概念的理解和认识不可能一劳永逸，停留在某个历史性片段裹步不前，而是需要与时俱进，不断调适其与设计实践的关系，以求在新的时代语境下对工业设计做出新的理论概括。每个定义对工业设计知识边界的触探与固定，都在某一层面、方面、维度、角度拓展和提升了对工业设计的认识，具有自身特定的历史方位。因此，在这些不同历史阶段的工业设计定义之间不存在颠覆性的关系而是渐进的改良，即后一个工业设计定义不是对前一个工业设计定义的全盘否定，而是在批判中的继承与升华，是历史的扬弃。

工业设计定义的延展变易性与ICSID一直以来求新求变、力争创造性突破有着紧密关联。ICSID在不同历史时期对自身有着不同的定位与使命，例如，20世纪60年代的快速增长，成为超越政治边界的包容性和真正外向的组织；20世纪70年代致力于成为沟通世界不同国家、民族设计的桥梁，即资本主义国家和社会主义国家的设计之桥、欧美国家和亚洲国家的设计之桥，相继获得联合国教科文组织(UNESCO)、联合国经济和社会理事会的专门咨商地位，以此获得广泛开展国际合作的机会；20世纪80年代开展组织整合，相继与国际平面设计协会理事会(ICOGRADA)和国际室内建筑师/设计师团体联盟(IFI)建立更密切的工作关系，和联合国教科文组织等联合开展设计主题实践与研究；20世纪90年代面对不断变化的世界继续在国际舞台上发挥作用，主办世界设计大会，持续关注与商业设计价值、环境可持续性和知识产权相关(设计保护)的问题，并强调组织中教育和企业成员持续加盟的重要性；21世纪以来进一步加强了设计的国际组织联系，成立国际设计师联盟(IAD)，启动世界工业设计日，以强调工业设计对经济、社会、文化和环境发展的影响，授予“世界设计之都”(World Design Capital)，肩负新的使命，信守对设计更美好世界的长期承诺，从设计角度应对全球相关性的地方挑战等[49]。

ICSID成立以来对工业设计创新的持续探索，包括自身组织结构的调整变化，成员构成的变化及与相关世界组织的紧密合作等，是推动工业设计概念衍变的催化剂，使之始终能够站在国际前沿，保持其在工业设计定义领域的权威性，并能帮助社会各界更好地了解和认识工业设计，发挥工业设计应有的社会职能。在这个意义上，ICSID成为联结全球工业设计界与其他各界如工商界、学界及社会组织间的桥梁和纽带，在不断扩大组织的全球影响力方面功不可没。

总体来看，工业设计概念衍变是在特定、具体的历史情境下展开的，其整体的衍变历程呈现出多层级的知识创构过程：围绕“批量生产的工业产品”的“创造性活动”这一核心领域，工业设计知识如滚雪球般越滚越大，一层层积累、叠加，愈加丰富和完善，进而形成关于工业设计的相对成熟的知识系统。这是一个汰旧立新的过程：工业设计的合理内核得以保留，同时淘汰一些不合时宜的提法，更增加了基于知识前沿的新认识、新判断，形成了某种规律性的概念衍变历程，表现出继承性与创新性的辩证统一，具有自身的历史逻辑。

2.2.2 多节点、动态性“知识网络”关系的构建：工业设计概念衍变的理论逻辑

近年来，广泛分布于认知心理学、信息科学、管理学、物理学、电子电气工程、电

子商务、图书馆学情报学等多个学科领域的知识网络研究[52]为考察工业设计概念衍变的理论逻辑提供了一个值得借鉴的总体框架。工业设计概念衍变的理论逻辑是透过现象直抵本质层面，揭示不断丰富和完善工业设计的知识体系而完成“知识网络”构建的“必然性联系和内在规定性”[53]。它们决定着工业设计本体研究的深度、性质和方向，具体表现为三重知识网络关系的构建。

1．个体知识网络构建中的互动性嵌入：工业设计概念衍变的理论基石

从个体性的认知心理角度看，“知识网络”可以扼要表述为“经过编码、加工后的知识是一个相互间有清晰逻辑关系的多层次的整体”[54]。这种形象性的比喻说法，实指知识主体的个体知识网络构建过程。

就知识分类而言，对工业设计的定义主要涉及三种知识类型[55]的综合运用。一方面，工业设计本身是一门实践性极强的学科，存在着大量难以用语言清楚表述的技术知识形态(阐述技术规则)和实践知识形态(通过实际操作演示而习得)，属于程序性知识范畴，即回答工业设计应该“怎么办”或“如何做”(how to do)的问题。与此同时，对工业设计的定义则属于陈述性知识范畴，主要用来描述工业设计“是什么”(what)或解释“为什么”(why)的问题，需要以命题(判断句)及命题网络(多个句子)的表征来呈现。另一方面，“定义一”与“定义二”主要涉及程序性知识和描述性知识两种知识类型，但是随着工业设计实践日益广泛融入人类经济社会文化科技活动，21 世纪初的“定义三”开始为工业设计定义注入了新的知识类型：规范性知识，即关于应当或不应当的事情的真理性认知[56]，如“增强全球可持续性发展和环境保护”“给全人类社会、个人和集体带来利益和自由”等有关工业设计“应该是什么”(should to be)的知识。这种带有崇高使命和社会责任感的规范性知识在“定义四”中得到了进一步强化，以突出其在“社会、

[52] 邱均平，吕红：《基于知识图谱的知识网络研究可视化分析》。《情报科学》，2013 年第 12 期，第 8 页。

[53] 张雷声：《关于理论逻辑、历史逻辑、实践逻辑相统一的思考——兼论马克思主义整体性研究》。《马克思主义研究》，2019 年第 9 期，第 50 页。

[54] 丁家永：《知识的本质新论——一种认知心理学的观点》。《南京师大学报(社会科学版)》，1998 年第 2 期，第 67—68 页。

[55] 1966 年，Towers、Lux、Ray 将人类知识分为“描述性知识”“规范性知识”“形式性知识”“实践性知识”四大领域。描述性知识是描述现象或事件的知识，这种知识用来追求及建立现象或事件的事实，如物理、化学、生物和社会相关知识；规范性知识是判断现象或事件适切性、好坏、美丑的知识，这种知识用来追求现象或事件的价值与信念，如哲学知识；形式性知识是统整所有知识的知识，如数学、语言及逻辑等知识；实践性知识是对现象或事件采取适宜行动、实践的知识，这种知识用来追求有效的应用行动，如医疗、新闻、工程、设计和教育等知识。牛慧卿：《知识交易视角下知识分类的研究》。《科技和产业》，2012 年第 10 期，第 137 页。

[56] 于肖寒，路强：《伦理学与规范性知识——陈真教授访谈录》。《晋阳学刊》，2019 年第 1 期，第 11 页。

经济、环境及伦理方面问题”的回应与解决能力，“创造一个更好的世界”。

显然，对工业设计的定义实际上是一个通过描述性知识及规范性知识来锚定作为程序性知识的工业设计本体的探索过程。工业设计作为一种策略性解决问题的创造性活动，其本体是工业设计师“凭借训练、技术知识、经验和视觉感知能力”获得相关设计技能的一个习得性的操作问题，即通常我们所讲的程序性知识(实践性知识)，属于“术”的层面，但对这个基于实践的程序性知识把握则必然进入“学”(学问)的层面。它需要我们对设计实践及现象进行思考、辨析、抽象、批判、比较、分析、归纳、综合等，进而形成基于科学研究之后提炼关于工业设计的“概念”“事物”“规律”“规则”等判断性命题组成的描述性知识范畴。与此同时，工业设计还应担负起更多的伦理责任(对个体、他人、社会、环境等)，进入工业设计知识“道”(道理、伦理)的层面。

我们看到，任何一则工业设计定义实质上都是上述三种知识类型的综合体：以工业设计进化与迭代的实践性知识为基础，以有关工业设计究竟如何的描述性知识为目标，以工业设计该往哪去的规范性知识来定方向。如果说程序性知识(实践性知识)和描述性知识是基于专业实践和客观事实所形成的“实然性”知识领域，那么规范性知识则是进入“应然性”知识的理想之域，是关于工业设计理应如此(基于愿景、将来时)的境界化描述。这三种知识之间的结构关系并非完全静止的、孤立的，而是渐进的、互动性嵌入的动态发展过程。

这一过程可以简要描述为以下两方面。

一方面(有关工业设计知识网络的系统构建过程)，工业设计概念的形成遵循了“术”(程序性知识)→“学”(描述性知识)→“道”(规范性知识)三者间彼此互动性嵌入的递升过程。由“术”到“学”既是提炼归纳，“学”又对“术”构成某种规范和约束(互动性嵌入)；而工业设计在“学”的层面反复思考探索还需上升到理想性的“道”的境界，方能最大化地呈现工业设计的价值意蕴；反过来，工业设计之“道”也需反哺“学”的层面的思考之价值指向的多重维度，使其蕴含更多可回味的哲理性和方向性。

另一方面，从认知心理学角度分析，工业设计概念完成在主体心理层面的内化过程则是与前相反的“道”→“学”→“术”的递降过程。我们认知个体首先基于设计之“道”(普遍原理)形成对工业设计的规范性认知，然后在描述性的命题网络中得出关于工业设计的事实性判断，进而在实践性操作中将工业设计的描述性知识规则转化为自身体验，完成对个体行为的自动化支配，形成基于设计问题驱动的个体知识网络。这里每一次工业设计概念之生成与内化均需在不同知识类型之间的互动性嵌入中构建工业设计的知识网络，经历了“术”→“学”→“道”的递升及“道”→“学”→“术”的递降的双向互动过程。而工业设计概念的每一次衍变则同样经历了类似于前一次工业设计定义中不同知识类型的递升递降过程，不断夯实工业设计概念衍变的理论基石，从而完成对前一次工业设计定义的修订与升级迭代。

2. 知识本体网络(科学知识网络)的多节点构建：工业设计概念衍变的理论拓展

基于工业设计知识本体网络构建的视角，上述个体知识网络的构建则是不断扩展的知识节点间相互关联的过程。这种知识节点构成的工业设计知识本体，是理解和把握工业设计知识最重要的知识单元(知识点、知识因子)。图书情报学界通常将“知识网络”理解为“由众多的知识节点(知识因子)与知识关联构成的集合”[57]。这种集合的关键之处在于知识关联，其可分为知识内联关联和知识外联关联两种。其中，内联关联构成知识个体，链接知识的内涵联系，即各知识节点间的结构联系；知识外联关联是知识个体间的外延联系，构成知识网络的各种关联链接[57]，即社会知识网络链接(详见后面第 3 点)。

从知识网络的观点来看，相对于知识网络的整体，可以认为知识链是指知识网络中新知识节点产生的具体过程，即知识产生、发展和完善的具体循环过程，是知识网络整体中的微循环部分[58]。在工业设计的概念衍变中，不同知识节点间至少存在以下两种知识内联关联。

其一是设计对象间的内联关联。工业设计定义实质上围绕着设计对象的变化逐渐形成了四大知识节点——产品设计、系统设计、服务设计、体验设计。这四大知识节点彼此间并不是相互割裂的，而是在现代生产关系中，沿着设计与生产制造、销售、使用的完整流程自然地由一个节点联结另一个节点来串成知识网络结构：先基于机械化大生产时代聚焦于批量化产品的外在形式美化和视觉处理的单一知识节点，再开始触探产品形式属性这一工业设计知识本体。形式属性不但包括产品的外在形式(定义一主要涉及)，而且关联到结构与功能等工业设计产品的内在属性，并首次明确工业设计的“创造性活动”属性定位，由此紧密连接起工程技术领域的知识。这种知识节点的关联关系因此变得丰富生动起来，并一举奠定了学界对工业设计的主流认知，稳定延续了 30 余年。除了批量化的工业产品制造环节，工业设计的知识节点在 21 世纪初进一步延伸到围绕产品制造上下游的生产全系统链条乃至无形的服务环节，以产品为媒介实现其产业增值功能。工业设计的对象进一步丰富，全产业链条和服务等更具增值效应的环节作为新的节点加入知识网络中来，进而基于主体的个人主观体验也成为工业设计的对象物，即以物为媒介实现对人的体验提升与情感评价。

随着新知识节点的加入，工业设计知识内部的关系变得越来越复杂与多元，涉及领域也不断扩大，但这些知识节点间的内联关联则在复杂中显得有迹可循：工业设计定义由聚焦于产业链的产品设计环节，拓展至原料采购供应链、生产制造、销售消费、使用体验、报废回收等全产业链、全系统、全过程的整个环节。这些知识节点既相对独立，形成基于自身知识节点、理论基点和学理延伸的理论闭环，对设计增值效应发挥着不同

[57] 赵蓉英：《论知识网络的结构》。《图书情报工作》，2007 年第 9 期，第 6 页。

[58] 赵蓉英：《论知识网络的结构》。《图书情报工作》，2007 年第 9 期，第 9 页。

的作用，又彼此关联，不断拓展着工业设计的价值链条，形成协同共振乃至放大效应。在这种多节点的知识本体网络构建过程中，原有知识节点在结构中的作用非但没有弱化，反而因为薄弱环节得到有益的补充和完善，各节点间的知识链接更为紧密，进一步强化了整体性，成为一个系统的有机整体，犹如知识拼图一般，完成度越来越高，对工业设计本体触探的面相变得更清晰，在复杂的知识本体网络构建中完成了工业设计概念衍变的动态结构演化。

其二是多学科知识节点的内联关联。随着新设计对象的复杂联结，新的各类学科知识源源不断地充实到原来的网络中，如工程技术科学、系统科学、服务科学、商学、管理科学、心理学、美学、伦理学、人类学、生态科学等新知识源源不断地加入进来，学科层面的工业设计知识网络不断得到充实和优化。工业设计作为一个典型的跨学科知识交叉领域在学界形成了广泛共识。人们越加深刻地认识到，工业设计绝非单一的知识领域，而需要从业者形成广泛的跨界联盟，面对真实生活世界的复杂性问题提供策略性解决方案。

我国颁发的首个工业设计政策文件《关于促进工业设计发展的若干指导意见》(工信部联产业〔2010〕390 号)，将工业设计定义为“以工业产品为主要对象，综合运用科技成果和工学、美学、心理学、经济学等知识，对产品的功能、结构、形态及包装等进行整合优化的创新活动”，显然吸收了当时学界的最新研究成果对其做出理论归纳。由设计对象的多节点构建，到强调跨学科协作的重要性，工业设计本体的多节点链接关系被牢牢确立。工业设计概念衍变中的理论得到了极大的拓展，研究视野持续扩大。

由上可以看出，工业设计概念的两种知识内联，一方面是单一知识节点的内化关联，形成基于如产品设计、系统设计、服务设计、体验设计的各自知识节点的内在结构；另一方面又要在产品设计、系统设计、服务设计、体验设计、生态设计、社会创新设计等渐进形成的知识节点(工业设计子系统)之间构成复杂的知识网络系统联系，形成更高层面的知识网络，以形成工业设计知识本体网络的多节点联系与构建。

3. 知识主体关系网络的动态性构建：工业设计概念衍变的外联关联

前述工业设计知识本体网络的构建过程，同时也是工业设计知识个体间的主体关联过程。这是一个在社会个体之间进行的知识网络链接过程。如果将考察设计活动的时间线拉长，可发现设计“关联人”(设计者、制造者、销售者、使用者)在不同历史阶段的社会分工及所扮演的角色具有各自不同的作用：远古时代，人类在进行石器设计时，集设计、制造和使用三者于一身；到了农耕时代，社会分工出现，手工业逐渐从农业中分离出来，手工艺人除设计和制造外，还负责销售；进入工业时代，社会分工更加细致，出现了专业的设计者、制造者、销售者，他们各司其职共同为使用者服务，但此时使用者属于被动接受商品属性的状态；到了知识网络时代，物质条件极度丰富，使用者对商品有了更高要求，设计者、制造者和销售者必须考虑使用者的感受，根据使用者的反馈为他们提供更适合的商品；随着大数据、人工智能技术的发展，社会开始进入数据智能时代，原有社会分工中各个角色的边界变得模糊，设计者、制造者、销售者、使用者处于一个相互融合的体系中，社会分工依旧存在，但是不同角色之间产生了基于大数据的交叉和融合[59]，如图 2-1 所示。

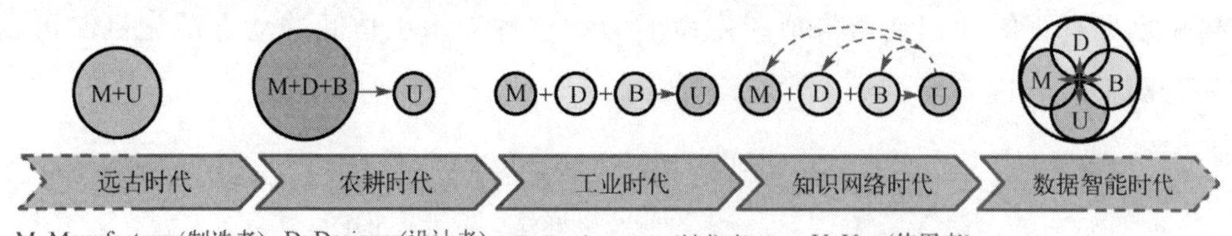

图 2-1　时代变迁下基于社会分工的设计角色演变[59]

图 2-1 所示的简单模型为我们考察工业设计概念衍变逻辑中的知识主体关系网络——设计“关联人”的外联关联提供了有益的参照。在工业时代，工业设计师成为一个独立的职业从生产、制造、销售等活动中分离出来，但随着知识经济和数据智能时代的到来，设计者又重新融入制造者、销售者、使用者一体的状态。而这显然改变了工业设计的知识生产形态，导致其必然由只关注工业化分工条件下工业设计师个体专业技能的概念转变为“用户中心”乃至数据互联的工业设计知识网络构建新动向。如果说基于社会分工的以上四者之间设计“关联者”角色确定了分析工业设计概念动态衍变的大框架，那么在这个大框架下设计组织内部成员多元化构成促成的知识流动性动态关联则对定义工业设计更为重要。基于社会组织关系的知识网络构建是一个“从知识生产到知识在不同行为主体间转移、传播、扩散的过程”[60]。当代工业设计解决的问题已远远超出单一个体的能力范围，设计共同体（社会组织）的构成也日益复杂：不但有工业设计师这个主体，还有平面设计师、建筑设计师等相邻行业的密切协作，更有设计研究者、组织管理者、科技工作者、市场营销人员等不同领域专家构成设计共同体内部的相互切磋、碰撞交流良好机制。在这一过程中，每个知识个体都是这个社会知识网络中的重要节点和媒介，在跨界交流、汲取吸纳设计共同体不同知识来源的知识整合应用过程中，逐步形成知识跨界流动的社会知识网络。这是工业设计概念在社会组织内部的知识流动，是基于跨学科知识整合在设计共同体内部达成共识的碰撞过程。当其凝固和固化后，进而更广泛地在企业、各级政府、研究机构、中介机构和教培机构等形成广泛的知识外溢效应，从而实现了由知识主体关系网络到组织知识网络再到社会知识网络的系统整合与构建。工业

[59] 王震亚，等：《设计学的开放性概念与产业模型》。《包装工程》，2020 年第 20 期，第 47 页。

[60] 肖冬平，等：《基于嵌入视角下知识网络中的知识流动研究》。《情报杂志》，2009 第 8 期，第 117 页。

设计的每次定义都是基于设计共同体碰撞形成的知识整合行为，而每次定义的更新则意味着工业设计知识的时间性流动、空间性流动和组织性流动的综合成果。其向社会各界传播扩散则是知识普及的常识化过程。

相较于个体知识网络、知识本体网络而言，社会组织中的主体性关系构建更具动态性和渗透性，导致主体间的知识流动更具变化性。而知识本体有且只有在知识主体间流动起来才具真正的知识创新价值和生命活力。这种知识主体间的动态演化机制可以用图 2-2 来表示。

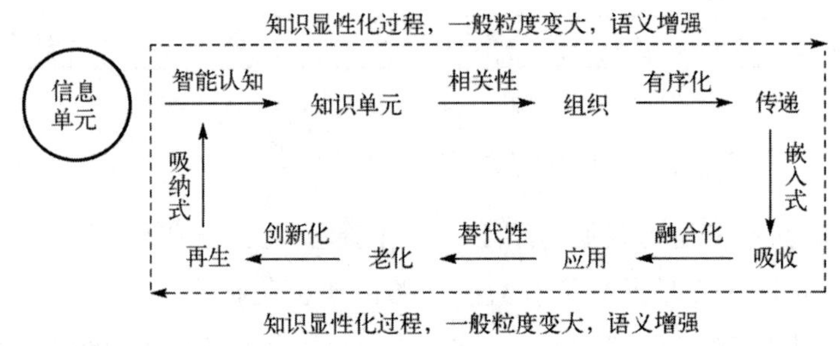

图 2-2　知识主体间的动态演化机制[61]

图 2-2 中蕴含着知识产生、组织、传递、吸收、应用、老化和再生的全生命周期历程。首先是单一知识节点的显性/隐性转化，具体包括社会化、外化、综合化和内化。从知识个体的认知性产生到渗入相关性组织，展开有序化传递和嵌入式吸收，实现融合化应用，逐渐替代性老化，重新吸纳性再生和碰撞性创新，工业设计概念获得创造性的认知和发展。在这些动态演化过程中，工业设计知识本体粒度因需而变大、变小，形态也在语法、语义和语用之间转化。与此同时，工业设计知识网络构建更体现在不同知识节点(单元)之间的多元化关联上，以及关联的方式(直接的还是间接的)和强弱(显现的还是潜在的)上。知识就是在这样的链条式演化和网络化关联中不断周期性地运动着的[61]。

不同知识网络类型(个体认知性知识网络、基于事实理据的知识本体网络和社会组织中的知识主体网络)实现内部或彼此之间知识的转移是知识组织内部实现知识创新的重要途径，从个体、组织内部与组织之间等不同角度来研究知识网络的构成与演化，可实现多模知识网络的知识组织与管理，了解知识扩散的规律与路径，促进知识在组织成员间的共享，提高知识的整合效率，实现协同创新等目标。这也突显了工业设计概念衍变的理论逻辑研究的社会价值。

工业设计概念衍变中的个体性认知联系(通过知识内联构成个体知识)、知识本体的内涵联系、知识组织内部及之间的外延联系，牢牢把握了工业设计知识网络构建的三大

[61] 姜永常:《基于知识网络的动态知识构建:空间透视与机理分析》。《中国图书馆学报》，2010 年第 7 期，第 116 页。

关键性联系，揭示了知识生产、创造环节的链状循环——知识链的纵向链接(知识流动)、横向链接(跨领域、跨学科)及交叉性链接(组织内部的知识流动和组织外部的知识外溢，即对其他学科的影响程度)[62]，在变动不居的知识网络构建过程中实现其定位工业设计原位概念的使命。

2.2.3 在现代产业实践中呈现多重面相：工业设计概念衍变的实践逻辑

工业设计概念衍变的背后是工业设计实践的异常活跃，并溢出传统意义上对工业设计范畴的认知，必须对其加以重新校准，以引领工业设计实践的时代主航向。这体现了理论逻辑与实践逻辑相互支持、相互促进、彼此呼应的内在统一性。

需要明确的是，实践不等于实践逻辑：现实世界中，实践的表象往往是杂乱无章、千变万化、零散和毫不相干的；实践逻辑则不同，其客观揭示了各实践要素间的结构关系，是对正在进行着的实践活动的必然性和规律性的概括。工业设计领域也不例外。作为一门实践学科，工业设计如何从看似纷繁复杂、混沌无序的实践中提炼出鲜明、有规律可循的实践逻辑是其面临的一项重要且紧迫的任务。

工业设计实践总是面向现实世界，把解决现实问题放在首位的，是对现实世界中的现实问题的回应。现实问题是指在生产生活实践中必须面对和解决的实实在在的问题，而非虚拟的问题、思想世界中的存在论问题、理想化问题。其所要解决的是将科技成果转化为现实生产力的“最后一公里”问题。而这些问题通常也构成一个时代亟待解决的时代命题。

人们经常说，工业设计是价值链的源头、产业链的上游、创新链的起点，也是推动经济社会高质量、可持续发展的关键手段。这是经过一百多年的实践累积才形成的共识。当代工业设计已深深嵌入现代产业经营活动中，成为企业创新活动之有机组成部分而存在，锻造出鲜明的生产服务业的产业属性(详见第 7 章)。其归属于现代产业实践的有机整体，不可脱离现代产业活动而单独存在。只有在这种产业定位中才可能呈现出工业设计实践的多重面相，映射出工业设计概念衍变的实践逻辑。

1. 人本面相：人的社会需求构成工业设计实践的内生动力

工业设计实践的人本面相主要在满足人的社会需求中得以呈现。在现实世界的社会生活中，人的社会需求是多种多样且分不同层次的，如马斯洛所言的生物需求(饮食、休息、安全)、归属关系和爱的需求、受尊重的需求、认知需求和自我实现需求等。较低层级的需求与人的关系密切，是应该优先满足的需求；而越高级的需求与人的纯粹生

[62] 赵蓉英：《论知识网络的结构》。《图书情报工作》，2007 年第 9 期，第 8—9 页。

存的关系越小，但这些需求的满足越能使人产生幸福感。这些层次的需求具有递进的性质，当某种需求得到满足后，它就不再成为某种行为的推动力。设计在不同历史发展阶段满足人类的不同需求，依次产生农耕社会为了生存的设计、工业化社会为了发展的设计、信息化和智能化社会为了幸福的设计等。早期的工业设计主要满足人的低层级需求，现在逐渐向体验等高层级需求迈进。可以说，不同层级的现实需求发出指令，为工业设计提供解决问题的发力方向，构成工业设计实践的内生动力。

就社会需求的类别看，有个体性的微观层面需求，也有总体性的国家、社会乃至全球发展的宏观层面需求。宏观层面的总体性需求是微观层面的个体性需求合集，两者具有根本利益上的一致性，包含以人为本，获取用户需求，打造令用户满意的核心要素，进而追求人—机—环境协调。相对而言，宏观层面的总体性需求对推动工业设计实践与产业快速发展的影响力更大，更易催生某种工业设计观念，加速工业设计概念的成型。例如，第二次世界大战后，德国如何在资源短缺的情况下快速重建，成为整个国家面临的问题。在这样的社会总体性需求导向下，一栋栋具有强烈现代主义风格的“方形水泥”建筑快速建成，“少即是多”的理念由此大行其道，成为一种社会普遍认可的设计观念。而当代社会的为人类命运共同体、地球命运共同体而设计也正是基于“人的需求”最大公约数才提出的，为工业设计实践人本面相的题中应有之意。正是无数真实的“人的需求”创造了消费的动力，也推动着实践中的工业设计创新不断前行。

2．技术面相：将潜在需求转化为现实需求的结构成形力

按照需求满足的紧迫性和存在状态，人的社会需求可分为潜在需求与现实需求。其中，现实需求是指已经存在的且有具体指向的需求；而潜在需求则是虽有短缺感觉但无具体指向的需求。由于没有具体的对象，所以这种需求还不具有现实性，而只是一种潜在状态的存在。只有当相应的能满足这种需求的对象出现以后，潜在需求才能转化为现实需求。一般而言，前者位于优先满足的位置，潜在需求则位居其次，而一旦现实条件满足了可实现性，就可将其转化为现实需求，其发展潜力更大，属工业设计更应发力研究和满足的对象。

工业设计之所以是一门实践性强的应用学科，是因为其以应用科技为抓手，沿着人的社会需求这条主脉络，通过现代技术手段将潜在需求转化为现实需求，以呈现工业设计的技术面相。技术的现实条件提供了工业设计实践得以展开的前提和保证。例如，人类很早就有了飞天的梦想，但在不具备相关技术条件的情况下，只能以“奔月”“飞毯”等神话的形式存在，随着航天技术的成熟，航天飞机、神舟系列飞船等工业设计成果则让梦想变成现实。又如，“千里眼”“顺风耳”是农耕时代人类超越时空限制的想象物，现代社会随着通信技术、计算机技术的快速发展，天文望远镜、遥感卫星、智能手机等工业设计产品将其转化为现实。

迄今为止，人类社会已经完成了两次工业革命、五次技术浪潮[63]，正处于第三次工业革命后期，并出现第六次技术浪潮的新态势[64]。一方面，人类工业设计实践的每一次巨大跃迁，都活跃着科技第一生产力的身影，是其直接作用的结果或影响之产物。第三次技术浪潮期间，依托电力、电机及流水线等相关技术[65]构成工业设计得以产生的必要条件——批量化流水线生产；20 世纪 50 年代开始的第五次技术浪潮带来了计算机、微电子等技术，完成了从手工与经验设计向计算机软件辅助设计的嬗变与迭代；近年来，由于人工智能、大数据、云计算、虚拟现实、3D 打印等科学技术在工业设计中的广泛运用，AI(人工智能)设计成为新的航向标。可以说，每一次技术创新浪潮都给工业设计自身带来了翻天覆地的变化，赋予工业设计以新手段、新工具，推动了工业设计的进化与迭代。另一方面，技术进步为工业设计提供新材料、塑造新形态，如农业社会的设计依托自然材料和金属材料产出了类似于木质水车、青铜器皿等器物；工业社会和信息社会的工业设计依托复合材料产出了人体骨骼类产品。此外，新型磁性材料、生物材料等也给工业设计提供了新的尝试方向，这大大拓展了工业设计的应用范围，提升了设计效率。工业设计实践的与时俱进性在技术创新浪潮的日新月异变革中得以酣畅淋漓地呈现。其既将潜在需求转化为现实需求，又为现实需求的解决提供切实可行的方案，在技术上赋予产品形式的结构成形力。

3. 艺术面相：锻造工业设计实践的审美成形力

有学者认为，工业设计的实际含义应该是“工业产品的艺术设计”，而不是机械的工业设计[66]，这准确地指出了工业设计的艺术面相。工业设计产生的背景和初衷是提高机器批量生产中工业产品的艺术质量。工业设计的先驱者约翰 · 罗斯金提出了“工业艺术”“日用品艺术”的概念，把这些艺术看成艺术大厦的基石。现代工业设计教育奠基人、魏玛包豪斯大学创立者和首任校长格罗皮乌斯提出了“技术与艺术——新的统一”的口号，旨在克服早期机器生产所造成的技术和艺术的脱节，恢复、重建艺术家与生产世界已经丧失的联系。

如果说，工业设计的技术面相是探求某种合适的结构而赋予产品相应的实用功能，以结构影响了产品形式从而形成的结构成形力；那么，工业设计的艺术面相则是产品满

[63] 克里斯 · 弗里罗，弗朗西斯克 · 卢桑：《光阴似箭：从工业革命到信息革命》，沈宏亮译。北京：中国人民大学出版社，2007 年版，第 150 页。

[64] 眭纪刚：《结构调整、范式转换与“第三次工业革命”》。《中国科学院院刊》，2014 年第 6 期，第 723—732 页。

[65] 韩江波：《智能工业化:工业化发展范式研究的新视角》。《经济学家》，2017 年第 10 期，第 21—30 页。

[66] 凌继尧：《艺术设计十五讲》。北京：北京大学出版社，2006 年版，第 17 页。

足审美需求的能力在形式中表现出的审美成形力。工业设计在人周围制造了一个封闭的、具有审美意义和实用意义的器物圈(包括由器物延伸出的服务和体验)，如图 2-3 所示。人仿佛是器物圈的中心，器物则形成环环相套的同心圆。与人的生活关系越密切的器物，就越具有审美价值。最内层的是人的服装和装饰品；逐渐向外扩展的是人在日常生活中使用的器物：家具、器皿、灯具、文具、玩具、日用品、儿童用品等；接着是通信工具、电子产品、家用电器等；再向外是交通工具、医疗器械、运动器材等；最外层是生产工具、机床、各种机器、仪表、设备等。

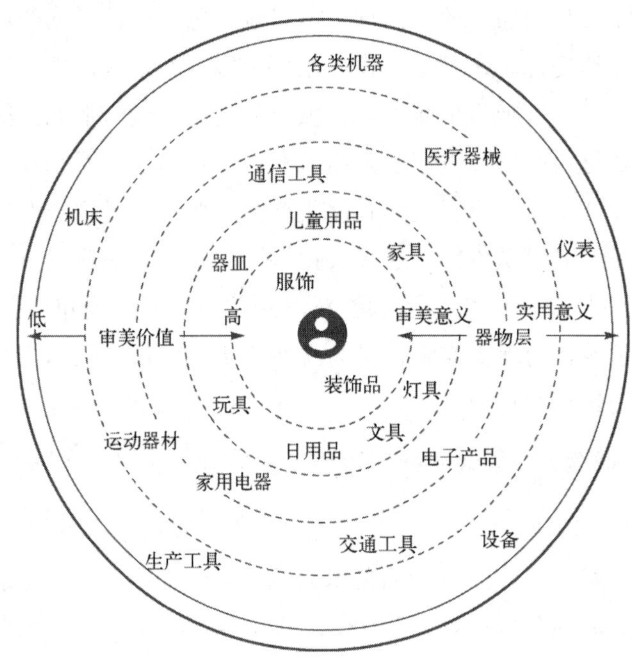

图 2-3　以人为中心兼具审美意义与实用意义的器物圈

在不同的工业设计产品中，如在轿车和拖拉机、计算机和仪表中，实用功能和审美功能的关系、结构成形力和审美成形力的关系是变化的。距离器物圈内层越近，器物的结构成形力越小，审美成形力越大；反之，距离器物圈内层越远，器物的结构成形力越大，审美成形力越小。尽管结构成形力和审美成形力的关系不断发生变化，但是在工业设计产品中它们始终处在某种程度的统一中[67]。工业设计中的艺术面相使得工业设计产品蕴含美与价值、情感的表达，展现产品品质，引起生活方式变革，进而提升其社会效应，展现国家形象。

4．商业面相：明确的目的性和强烈的功利性指引工业设计实践方向

商业是进行市场营销、获取利润的要素，同时也是实现工业设计价值的重要途径和

[67] 凌继尧：《物的意义的生成》。《江苏社会科学》，2008 年第 3 期，第 21—22 页。

手段。随着知识技术的商品化，工业设计将会更加关注经营模式和服务模式的创新，其向产业链下游自然延伸是逻辑发展的必然。

前面已指出，工业设计从来只是整个产业链或价值链创造过程中的一个先导环节，属于生产服务业的一个部门。工业设计无论是和生产相互适应，还是从生产部门中独立，对生产制造的影响都是持久而深远的，同时也影响着终端消费者的抉择。“工业设计成为生产和销售之间的桥梁。”这是 1929 年世界经济大危机时许多美国企业通过工业设计来摆脱困境的经验之谈。类似的说法还有“美是销售成功的钥匙”“丑货滞销”。传奇设计师雷蒙·罗威堪称商业主义设计的典范，他的设计作品从总统专机到百姓日用，名目繁多，如“奇点”冰箱制造出销售“沸点”，赋予可口可乐更加微妙、更加柔美的瓶子曲线设计和商标设计，为可口可乐带来巨额利润等，创造出工业设计的商业神话，由此形成了美国工业设计史上声势浩大的商业主义设计运动。

工业设计的商业面相是由其生产经营活动的市场属性决定的，在市场经济条件下更是如此。区别于纯艺术的无功利创造活动，工业设计实践是一种市场导向的强功利性和目的性活动，必须充分考虑到市场的因素。对于一家企业或一个国家而言，如果工业设计投入缺乏大规模商业应用前景，就难以为企业或社会创造利润，提升企业和国家竞争力，很难称得上是成功的设计。毕竟，现代企业的经营活动以利润获取为目的。从经营管理者的角度考虑，其在工业设计创新方面的投入需要纳入 R&D（研发）的总投入中进行绩效考核。工业设计创新的成功与否，需要经过残酷的市场检验与验证。它不是温室里娇嫩的花朵，而是在市场经济的大风大浪里闯荡颠簸，靠“真刀真枪”拼出来的胜利果实。

5. 文化整合：在设计思潮的嬗变中塑造文化复合体

文化乃是人类创造的不同形态的特质所构成的复合体[68]。按形态通常将其划分为器物文化、行为文化和观念文化。工业设计过程其实是上述三种文化形态的整合过程，因为其以观念的构思形成产品或服务的表象，作为物质生产的前提，使生产活动可以依据人的自觉目的来进行。它既要以一定的价值观念为导向，又要以一定的生活方式和生产方式为依据。因此，工业设计实践以社会需求为依据，使各种文化在内容与形式、功能与价值目标的调整中重新组合起来，是将不同文化之间相互吸收、融化、调和而趋于一体化的过程。工业设计作为文化整合，涉及整个物质世界、社会环境、自然环境及消费者个人的身心发展，不仅为人们未来的生活勾画出物质环境的具体形态，而且设计着消费者未来的主体属性，作用于人的精神生活和个性心理等不同层面[69]。

---

[68] 司马云杰：《文化社会学》。济南：山东人民出版社，1985 年版，第 11 页。

[69] 凌继尧，徐恒醇：《艺术设计学》。上海：上海人民出版社，2006 年版，第 333 页。

就此而言，工业设计本身是一种独特的文化，它以观念文化为指导，以行为文化为参照，以物质文化为目标，由此来推动观念文化、行为文化(生活方式)、物质文化的互动和发展，表现出自身的稳定性和延续性。产品特质、设计风格、品牌等只构成了设计文化的显性因素，而前述的人本面相、技术面相、艺术面相、商业面相则充分体现了工业设计实践活动的复杂度和丰富性，并最终塑造了工业设计的文化复合体形态。这也造就了工业设计独特的文化品格，其不但扮演了调和科技理性(技术创新)与艺术创意(创意创新)的“居间者”角色，而且本身即是一种文化，“应当是人类未来不被毁灭的、除科学和艺术外的第三种智慧和能力[70]。”其在知识网络经济下探索“物品、过程、服务”中的“方式创新”——谋“事”，在研究上具有广泛性和纵深性，并以整合性、集成性的概念加以定义。因此，工业设计作为文化实践是整合前述各种面相的结果。工业设计的文化属性并不脱离于人本、技术、艺术和商业而单独存在，前述的每种工业设计面相本来就属于工业设计文化的某一层面，类似工业设计的人本文化、技术文化、艺术文化、商业文化之显现。而工业设计作为文化的独特之处在于，它是由上述不同文化层面相融相合相通塑造出的人类创造活动复合体，前述的每种面相在工业设计实践中水乳交融在一起，你中有我，我中有你，难分彼此。

由设计而进阶为文化，除了上述共时性多重面相的结构性呈现，还有其在历时性演进中展现为文化之共性特征，可谓设计思潮之演进。设计何以成潮？大量的设计实践、观念向一个方向或类似的方向发力、奔赴是以成潮。设计思潮与社会文化思潮之间有着复杂的裹织交缠关系，也表现出共同的演替规律。梁启超曾最早揭示了文化思潮的嬗变更迭现象：“凡文化发展之国，其国民于一时期中，因环境之变迁，与夫心理之感召，不期而思想之进路，同趋于一方向，于是相互呼应汹涌，如潮然。始其势甚微，几莫之觉；浸假而涨——涨——涨，而达于满度；过时焉则落，以至于衰熄。凡‘思’非皆能成‘潮’；能成‘潮’者，则其‘思’必有相当之价值，而又适合于其时代之要求者也。凡‘时代’非皆有‘思潮’；有思潮之时代，必文化昂进之时代也[71]。”梁启超的这段话准确揭示了文化思潮兴起的社会环境与社会心理等原因及其呈现的典型特征。而在设计思潮演替中同样具有类似文化思潮的牵引现象。设计思潮是文化大潮中的一朵绚烂且不可忽略的浪花。

正是在翻涌的时代大潮中，设计思潮的演替突显出工业设计的某一真实面相，让我们得以穿越表象而触碰到工业设计坚实的实践逻辑，如国际主义和高技术风格的功能与技术面相、式样主义设计的商业面相、波普设计等后现代主义设计思潮对文化审美的倚

[70] 柳冠中：《设计：人类未来不被毁灭的“第三种智慧”》。《设计艺术研究》，2011年第1期，第3页。

[71] 梁启超：《清代学术概论》。北京：东方出版社，1996年版，第1页。

重、绿色设计与可持续设计的人本关怀等。这些思潮或作为文化思潮之一分子，或作为独立的文化现象而存在，将纷繁复杂的工业设计实践中孕育的思想种子捡拾起来，悉心呵护，反复磨砺，进而酝酿成熟，浩荡奔流，塑造着工业设计的多重面相，最终汇成了工业设计发展的总体性潮流。

我们所理解的工业设计实践创新不是单一方面的创新，而是需要融合技术、制度、管理、市场、环境等多因素于一体的创新，是融合技术、艺术、文化、人本和商业创新方式的组团式共同创新。共同创新是指工业设计推动的创新是全领域、全员覆盖的而非局限于某个单一领域、单个组织的独立创新，是秉持“你好我好大家好”的共同发展壮大理念，基于价值链整合和产业链重构，以工业设计创新驱动人本、科技、艺术、商业等多领域齐头并进的集成创新、组团式创新，从而实现社会全要素创新发展，而不是自立山头、占山为王式的排他性发展。在这一过程中，工业设计成为串联各种创新要素的黏合剂，“重组知识结构、产业链，以整合资源，创新产业机制，引导人类社会健康、合理、可持续生存发展的需求[72]。”

至此，工业设计在整个国家发展战略中的意义更加突显，它并非仅仅作为生产服务业的一个部门而存在，更是构成文化创意产业的核心内容，成为国家锻造文化软实力的助推器和催化剂。从社会机制和文化价值观角度而言，工业设计给我们带来视野和维度改变的能力和方式，从而开发我们的理想，提出新的观念和理论。它能激起人类追求单纯、和谐、美好的智慧，在人类继续进化过程中陶冶内在的潜能，改变已有的度量、标准、模式，创造还未曾有过、更美好的生活方式[73]。

浩荡的工业设计实践进程所表现出的实践逻辑是，其位于“设计研发—生产制造—产品服务—品牌营销—终端消费”的产业链上游，以满足人的社会需求作为问题解决的目标，以技术创新作为结构成形力，以艺术创意作为审美成形力，以商业开发作为实现工业设计价值的重要途径和手段，依次呈现出工业设计的人本面相、技术面相、艺术面相和商业面相，并进而整合成为独特的工业设计文化，在驱动经济转型升级的同时，推动文化创意产业的创新发展，提升国家文化软实力，从而塑造出崭新的国家形象，如图 2-4 所示。

从三个逻辑的内在关系看，历史逻辑、理论逻辑统一于实践逻辑，它们是实践逻辑的科学反映，只有与“当下的实践、发展了的实践相结合”，它们才能真正地展现出各自不同的价值。

[72] 柳冠中：《原创设计与工业设计“产业链”创新》。《美术学报》，2009 年第 1 期，第 12 页。
[73] 张晓刚：《论工业设计的创新驱动力》。《包装工程》，2010 年第 4 期，第 105 页。

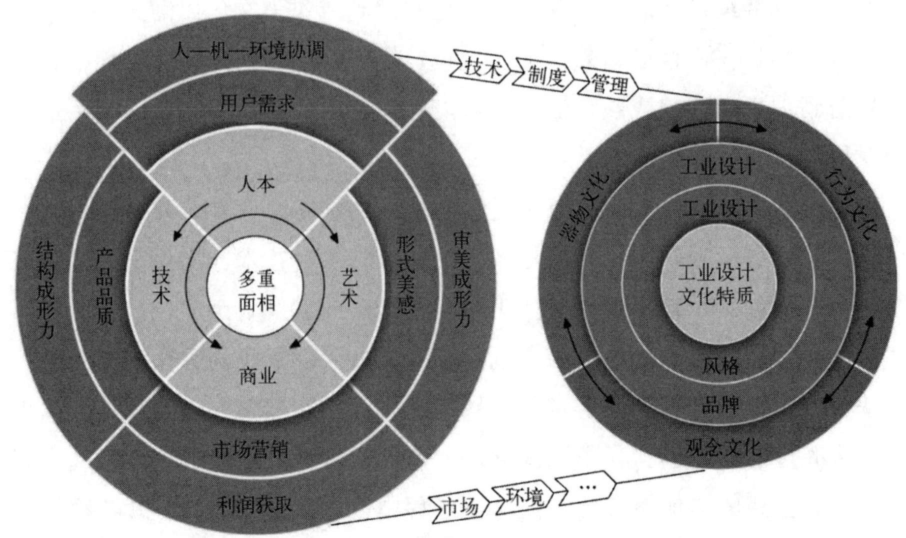

图 2-4 工业设计实践逻辑中的多重面相与文化整合

2.3 工业设计概念衍变驱动设计范式转向

工业设计的概念衍变不但内含着“三个逻辑”，而且这“三个逻辑”还进一步驱动了设计范式转向。在此有必要对工业设计范式的层次做出界定与区分，进而对工业设计概念衍变的逻辑与设计范式转向之间的辩证关系进行探讨。

2.3.1 设计范式三层次：实践、研究、学科

范式研究是 21 世纪以来各学科关注的学术热点问题。按照托马斯·库恩的观点，范式是一门专门学科的实际工作者所共同掌握的，有待于进一步发展的基础；它包括世界观、信念、理论和方法等[74]；根据研究视角和作用范围的不同可将范式分为学科范式和研究范式[75]。传统意义上的实践范式只被视为学科范式和研究范式的第三个层级[64]。但在设计领域则有所不同，学界通常将设计范式理解为一段历史时期内大多数设计师及设计从业人员所公认和采用的设计原则、价值取向、美学标准、操作流程、组织模

[74] 托马斯·库恩：《科学革命的结构》，金吾伦、胡新和译。北京：北京大学出版社，2003 年版，第 9 页。

[75] 任翔，田生湖：《范式、研究范式与方法论——教育技术学学科的视角》。《现代教育技术》，2012 年第 1 期，第 10—13 页。

式、行为规范、技术手段及工作方法[76]，更关注的是其实践层面。因此，将设计范式划分为设计实践范式、设计研究范式、设计学科范式三个层次来展开分析更契合设计学科的实际。

从历史发展来看，自人类诞生，设计实践就作为人类一项必备的生存技能而存在。早在 7000 年前，长江下游流域河姆渡文化中就出现了干栏式房屋和犁地工具木耜，这正是原始先民为了生存而做出的朴素而又实用的设计。设计这一行为还体现在各类陶器的造型中，例如，红陶深腹双系罐左右两边的双耳造型就是为了穿绳悬挂、方便携带，而这样肚大双耳的陶罐造型也被保留而成为该类陶器的造物标准。这些在实践中形成并广泛使用的造型设计都是与器物相关的设计实践范式。直到公元前 770 年开始的春秋时代，对器物设计的探讨和研究才被人们所总结和记录。例如，《老子》中对车轮、器皿和房屋等器物中“空”的探讨，认为“空”非“无”，而是实现功能的必要元素。战国时期，我国的第一部关于手工艺的著作《考工记》总结了古代器物的制作技术和经验，提出了古代器物基本制作原则，包含丰富的设计观念。几乎在同一时期，古希腊的苏格拉底通过对“金盾与粪筐”的讨论，阐述了“物的美丑评判以效用为先”的设计思想。这些在漫长的历史长河中被保留下来的记载，是当时的思想家对器物所呈现出的设计方法、思维、观念的研究，也是最早出现的设计研究范式。20 世纪 20 年代，魏玛包豪斯大学对现代设计教育体系的确立，标志着设计学科的诞生。自此，设计不再分散于各个领域，而是逐步开始建立理论、研究和实践的结构化体系，即设计学科范式的初步形成。

设计实践范式、设计研究范式和设计学科范式三者之间的关系简要如图 2-5 所示。设计实践范式是设计相关从业人员在实践中针对不同的问题和需求进行设计，最终获得实践验证的一套相对规范、固定的设计流程方法。单一的设计实践范式适用范围相对狭窄，只能解决某一领域的某类实际问题。设计研究范式是对一定量的设计实践范式进行总结归纳而后形成的结构性研究系统，这一系统涵盖某一类设计研究活动的工具、程序、规范及流程等方面内容。设计学科范式是在设计实践范式和设计研究范式的基础上超意识形成的结构性组合，包括设计界公认的设计原则、价值取向、操作流程、行为规范、技术手段及工作方法等。当设计学科范式逐步成熟后便对研究和实践层面形成了指导意义，但其结构化、规范化的特性反过来又对设计研究范式和设计实践范式产生了限定，只有当某类研究或实践符合设计学科范式的基本原则和核心理论时，才能被称为设计的研究或实践。同样，设计研究范式也对设计实践范式产生了限定。而当特定的限定内所具有的方法、工具、观念等不足以解决设计实践中的问题时，新的设计实践范式便又在设计实践中酝酿产生，设计范式三个层次间的更迭将再次发生。

---

[76] 秦佑国，周榕：《建筑信息中介系统与设计范式的演变》。《建筑学报》，2001 年第 6 期，第 28 页。

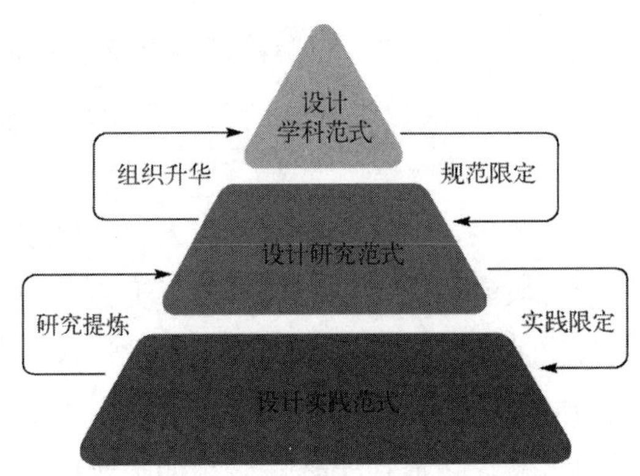

图 2-5　设计范式三个层次的关系简要

2.3.2　工业设计概念衍变中的设计范式转向

除设计范式三个层次间有着推动和限定的关系外，每个设计范式层次内部的转向则遵循工业设计概念衍变的“三个逻辑”关系导引。受到不同时代背景下的人本、技术、艺术、商业及设计思潮的影响，当代设计范式转向在三个层面表现出不同的趋势和特征。在实践层面，设计从工业产品设计发展到介入社会创新、乡村振兴等领域，设计实践范式的转向表现出面向生活世界的渗透性弥散。在研究层面，逐步出现工业产品设计研究范式、交互设计研究范式、体验设计研究范式和服务设计研究范式等多种研究范式共存的状态。在学科层面，工业设计从美术学科中剥离，吸收工科、管理学、心理学的大量理论和方法，形成了多学科交叉的学科范式。

1. 设计实践范式转向：面向生活世界的渗透性弥散

生活世界是近年来学界关注的热点话题，经过思想领域内的层层累加，其从最初的哲学概念表述转换成一个开放、蕴含丰富性和多样性、作为可能性之大全的世界，进而成为人文主义对世界的理解方式，并成为一种开放性的世界模式[77]。面向生活世界，可以极大拓展工业设计的学科场域。这从教育部于 2020 年 10 月颁布的关于“设计学”一级学科新增博士、硕士授权点申请条件的规定中可以看出端倪。其中规定申请单位可设置 3 或 4 个学科方向，且必须包含 1 个反映本区域文化经济发展急需的方向，以体现尊重设计学发展的共性规律、交叉学科属性，在把握国内外设计学前沿学科发展动态的基础上，强调服务于经济生产发展、社会文明建设、传统文化保护、惠及民生福祉等价值目标。这些价值目标是工业设计面向生活世界构建开放性学科场域的可持续发展动力。

[77] 刘振，徐立娟：《走向生活世界：后脱贫时代反贫困社会工作的范式转型》。《深圳大学学报》（人文社会科学版），2021 年第 3 期，第 122—123 页。

设计的发展是由实践从根本上推动的。从农业时代进入工业时代，工业设计的兴起伴随建筑、产品领域涌现出的大量实践，如马赛尔·布劳耶创造的一系列轻巧、功能化的钢管椅。工业设计在产业界的异军突起，对整个设计实践范式的发展产生了巨大影响。ICSID 对工业设计的前两次定义总是以对产品功能性与外观造型之间的平衡性描述为中心的，直接继承了包豪斯的遗产。直至现在，国内的部分产品设计依然沿用当时的设计实践范式。

20 世纪 80 年代，计算机的普及使设计进入新的领域，随之形成界面设计、交互设计新实践范式。苹果、微软、IBM 等公司相继开发出商用的 PC 端图形界面，苹果公司于 1984 年开发的 Mac OS System 1.0 的很多交互设计逻辑至今还在使用。知识经济时代来临，设计在实践层面介入其他领域的案例越来越多。例如，设计联合技术——VR（虚拟现实）设计使人—机之间的交互突破了 2D 界面上单纯的点按，声音、动作、视线等新的交互方式逐渐被重视并运用，使用者的体验感快速提升[78]；设计介入社会创新——由园艺设计师发起的“纽约社区花园”活动提供了数百个共享花园以满足城市居民的花艺和家庭蔬菜种植需求，除此以外，这些花园也逐渐演变成交流和活动中心，分布在纽约各个角落[79]；设计助力乡村振兴——成都明月村从 2013 年开始，通过文创产业融合乡村带动当地旅游，吸引了水立方总设计师等多名设计师参与乡村建设。在实践层面，设计不断介入其他领域，呈现出“无边界”发展的趋势。设计实践范式从最初在产品和建筑领域的集中式爆发，到如今服务于制造业转型升级与提质增效的产业设计、推进文化产业发展和文化事业繁荣的文创设计、聚焦城市环境改善的微更新设计、致力于乡村全面复兴的乡村振兴设计等。可以说，当代工业设计实践从设计参与、设计介入到对生活世界无所不在的渗透性弥散，其造成的后果之一是：设计不在，设计又无所不在。也就是说，设计不再局限于专业的学科领域，而是日益向多个学科及知识领域弥散，导致设计无界的状况，令设计学界难以把握设计范式的准确边界，进而造成设计范式多元并置、淡化甚至弱化学科归属的实践导向。

2. 设计研究范式转向：从单一研究范式到多元范式并存

严格来说，前文分析的四次工业设计定义是当时设计共同体对众多设计实践范式的适应性选择、总结和提炼，并在此基础上给予的理想化展望结果，每次工业设计定义都是一种设计研究范式转向。得益于设计实践范式在不同领域的开疆辟土，现有的设计研究范式也在不停地发展革新。当新实践范式无法用已有的研究范式进行解释和延伸时，新的设计研究范式便被催生。工业设计定义中提到的产品设计研究范式是基于制造技术

[78] Zikas P, Papagiannakis G, Lydatakis N, et al: Immersive visual scripting based on VR software design patterns for experiential training. The Visual Computer, 2020,36(10):1965-1977.

[79] Manzini E: Making things happen: Social innovation and design. Design issues, 2014,30(1): 57-66.

而产生的，从 1959 年定义被提出至今，已发生了巨大变化：方法从单纯的“凭借经验及审美”发展到“关注人—使用环境”；设计呈现方式从手绘表达发展到虚拟模型建立；生产方式从批量化生产发展到 3D 打印。此外，设计思想也从最初强调批量化、标准化发展到个性化、定制化。于是，基于信息与互联技术的交互设计研究范式应运而生，但不管是产品设计研究范式还是交互设计研究范式，其本质都是处理“物”及“人—物—环境”之间的关系。对“服务”这一虚拟“事”的设计，在产品设计研究范式中提出了“产品生命周期理论”来解释，在交互设计研究范式中则提出了“多点交互理论”，但对“服务”的设计实际上超出了这两个研究范式所能囊括的范畴，于是借鉴管理学的研究范式[80]，产生了服务设计研究范式。此外，设计研究还在“以用户为中心”的基础上产生参与式设计的研究范式；围绕文化语境、材料和设计实践形成设计人类学研究范式，如田野调查和设计民族志；从符号学研究中借鉴形成设计语用学的研究范式；从管理学中借鉴形成设计管理研究范式等。

3. 设计学科范式转向：从美术学科范式到交叉学科范式

某种程度上，设计学科范式是在高等教育中逐步凝聚形成的。通过高校联合产业界与学界，加速实践范式和研究范式的相互转化，促成研究范式向学科范式的提炼与升华。魏玛包豪斯大学、芝加哥设计学院、英国皇家艺术学院、斯坦福大学设计学院等在不同历史时期都曾承担了这一角色，推动了设计学科范式的创新发展。

总体来看，设计学科范式经历了从美术学科范式到交叉学科范式的重大变化。在包豪斯教育之前，人们的普遍认知是“设计属于美术”。在包豪斯的教育理念提出之后，设计独立于美术学，从美术学中继承的中国设计史、外国设计史、设计概论等构成设计学科的理论基础，设计学科呈现出审美性和创新性，被归类于艺术学科[81]。但工业设计从“工业化”中诞生所带来的工科属性，使设计学科范式具有应用性、技术性等工科范式的相关特征。这些在 ICSID 对工业设计的前两个定义中都得到了鲜明的体现。而在定义三呈现出的设计学科范式中，涉及一定的语义学内容，体现出学科的交叉性。2011 年，国务院学位委员会发布了《学位授予和人才培养学科目录(2011)》，从此设计学可授予工学和艺术学学位。定义四呈现出的设计学科范式则更复杂：从诸多其他学科中汲取了与设计学科相适应的方法、理念和工具进行融合，设计学科范式已完全实现了从美术学范式到交叉学科范式的转变。设计学科范式将在不同学科的交流中保持活力，并持续更新。

当代工业设计的学科场域结缘于设计相关学科之间存在的一个时空关系和网络环境。这个学科场域，按照与工业设计本体关系的疏密程度，相应可分为核心层、关联层

[80] 王国胜：《设计范式的突破》。《设计》，2015 年第 18 期，第 69—73 页。

[81] 祝帅：《当代设计研究的范式转换——理论、实务与方法》。《美术研究》，2013 年第 2 期，第 47—51 页。

和实证层。核心层构建需细致梳理、充分借鉴、批判吸收中外工业设计的思想、学说、观念，以马克思主义为指导，形成本学科的核心范畴与理论架构，建立自己独有的学科定义、概念、理念、方法，形成逻辑清晰、体例完备、知识贯通、体用兼备的理论体系。关联层构建则综合运用与设计学相邻或相近的学科理论和方法，如人文社会科学的历史学、美学、伦理学、社会学、文化学、心理学、美学、管理学、广告学、营销学等，理工方面如机械工程、建筑学、数理统计、信息科学、计算机科学等。实证层则是设计学应用性的鲜明体现，是在手工艺设计、产品设计、视觉传达与媒体设计、信息与交互设计等具体设计实践领域的设计策略、手段、方法、路径的集合，构成对设计实践活动的解释力、支撑力和引导力。贯通设计学学科场域的三个层，关键在于面向生活世界，回应重大现实问题关切的能力。这样形成的工业设计学科场域，各相关学科在其中都是有生气、有潜力的存在，都有非常明确的价值诉求，可以融多学科于一体且充满生机和力量，真正实现守正创新。

2.3.3 工业设计定义与设计范式三个层次间的相互作用

首先，工业设计定义对工业设计实践范式具有规约性和指导性。工业设计定义是对现有的诸多设计实践范式的提炼总结，是对设计概念的确切表述，是一种设计研究范式。学界对产业中已有的设计实践范式进行核心理论提炼，是在特定时空条件下归纳总结的设计认知最大公约数。在摒弃了设计实践范式中的一些非核心因素后，设计定义呈现出逻辑严密、规范有序的特点。但与其他设计研究范式不同的是，工业设计定义作为对工业设计本体的探究，具有更高的抽象性和概括力，一般不涉及具体的方法和工具，更多的是方向性的指导和范围的框定，称为一种描述性和规范性的设计研究范式。工业设计定义一旦被设计共同体广泛接受和认同，在一定的时空区间又将展示出对新设计实践方向的引导性与规范化，使工业设计实践在一定程度上遵循既定的流程和规范，更具方向性。

其次，工业设计研究和工业设计实践之间的相互激发与碰撞，推动工业设计定义的调适与完善。在一段历史时期内，具体的工业设计实践受到了工业设计定义的规约和指导，但最终还是由市场和技术所驱动的，呈现出无边界化、持续性的发展趋势。这对工业设计定义的规约性又发起了挑战，即工业设计定义呈现出的“设计有界”和工业设计实践展现出的“设计无界”产生了强烈的冲突。但正是这种矛盾冲突让工业设计定义和工业设计实践之间呈现出相互博弈的状态，展示出设计领域无尽的张力。当工业设计定义不足以概括和指导实践时，就必然会出现工业设计定义的衍变，以适应工业设计实践。而工业设计实践的持续性拓展与扩张，在不同时代呈现出不同的形态。这也决定了设计共同体对工业设计的认识不可能一成不变，而要与时俱进，进行新的理论概括与提炼，即工业设计定义只有进行时，没有完成时。而这种工业设计定义作为设计研究范式的典范描述，和设计范式演变一样具有延续性。它的每次更新并不是对上一次定义的全盘否定，而是一种基于实践范式变革的调适、补充和完善。

最后，工业设计定义是准确把握设计学科范式的压舱石。设计学科范式是在工业设计定义过程中设计共同体经过广泛讨论、透彻理解并达成共识的基础上，完成对各设计研究范式核心理论的结构性组合才确立的。每个工业设计定义的内容至少应包括设计对象、设计本质、设计范畴和设计方法等从实践中提炼并得到确证的内容，是设计共同体对工业设计实践做出的最集中、最典型、具有一定前瞻性的理论概括。因此，工业设计定义除了能够如前文论述的那样能够指导实践，还能作为学科范式的压舱石压实设计学科建设和发展的基础。在设计学科建设中，设计学科范式的游移不定，正是因为设计共同体对工业设计定义的准确度和涵盖范围依然处于未确定状态。而对工业设计认知越清晰，剖析越深入，工业设计定义也就越准确，越有助于化解分歧、凝聚共识，推动设计学科的发展与成熟。从这个角度看，明晰设计范式的三个层次，辨析工业设计本体，探索其与设计范式之间的内在关联，对工业设计学科的发展有强烈且重要的指导意义。

思考题

1. 简述工业设计概念的衍变脉络。
2. 如何从知识网络的角度理解工业设计概念衍变的理论逻辑？
3. 在工业设计实践中会呈现哪些面相？它们是如何整合成独特的设计文化的？
4. 简要分析设计范式的三个层次。
5. 概述工业设计概念衍变中设计范式转向的主要内容。

推荐阅读书目

1. 凌继尧，徐恒醇：《艺术设计学》。上海：上海人民出版社，2006 年版。
2. 凌继尧：《艺术设计概论》。北京：北京大学出版社，2012 年版。
3. 柳冠中：《事理学方法论》。上海：上海人民美术出版社，2018 年版。
4. 柳冠中：《中国工业设计断想》。南京：江苏凤凰美术出版社，2018 年版。
5. 托马斯·库恩：《科学革命的结构》，金吾伦、胡新和译。北京：北京大学出版社，2003 年版。

第3章 工业设计范畴论

范畴是人类认识之网的纽结，也是一门学科中的基础和核心概念，对一门学科的构建起到基础性的支撑作用。作为人类工业革命以来一种重要的创造性活动，工业设计经过一百多年的演变，日益与科学、技术、产业和文化相融合，现已成为一个多领域交叉的学科。按照世界设计组织（WDO）对工业设计最新定义的解读，工业设计发展至今，已相继产生出产品设计、系统设计、服务设计和体验设计四大类型。它们构成了工业设计领域的核心范畴，体现了工业设计由围绕“物”设计转向围绕“人”设计的专业演变过程。这四者既相互关联，又相对独立。在不同的范畴下，工业设计活动各有所长与特点。本章将对上述四大工业设计范畴进行分析。

3.1 产品设计

在工业设计的所有范畴中，产品设计是基础的也是处于核心位置的一个范畴。通常意义上，产品是指人们运用一定方法加工创造出来的实体物品。有学者对设计做出这样的解释：设计是指把一种设计、计划、设想、问题解决的方法，通过视觉的方式传达出来的过程。其核心内容涵盖三个方面：计划、构思的形成；把计划、构思、设想、解决问题的方法视觉化处理并传达出来；计划通过传达后的具体应用[82]。从这一解释可以看出设计活动是一个过程，我们不能把产品设计简单理解为外观设计等某一步骤性活动。

3.1.1 广义与狭义的产品设计

从迎接新一天开始的手机闹钟，到晚上伴随人们安然入眠的呼吸夜灯，产品扎根于生活中，无时无刻不影响着我们的生活。产品之所以被人们理解并大量使用，是因为有设计师从设计上进行各种美学性和功能性考量。设计师主导的“以满足用户需求为目的造物过程”即产品设计的基本概念。

[82] 王受之：《世界现代设计史》。北京：中国青年出版社，2002年版，第12—13页。

广义的产品设计包括人类的所有造物活动。从人类开始制作石器工具开始，设计就有了实质性的行为，并在其后随社会发展出现了各种各样的产品。产品按照生产方式可分为手工艺产品和机器产品，从这个角度就可以将产品设计界定为手工艺产品设计和机器产品设计[83]。

手工艺产品设计是指依靠双手和简单工具对产品原料进行有目的的设计和加工。这里的简单工具是指传统的手工工具，例如，在雕花创作过程中，手工艺人所用的雕刻刀即为传统工具。手工艺产品的历史非常悠久，在出现机械化生产以前，手工艺是人们获得生产和生活资料的主要途径。受地域和文化影响，手工艺产品通常具有浓厚的文化底蕴和明显的风格特色。手工艺产品不同于机械化生产的产品，不会生产出完全相同的两件产品。即使是同种产品，也会因手工艺人制作时的情感因素不同而产生差别。常见的手工艺产品有皮具、纸质产品、陶瓷等。

机器产品设计是以机器生产为主导的产品设计。这一设计方式的出现得益于工业革命爆发后工业化制造能力的提升。工业化生产降低了生产成本，给予设计普及的可能，促使更多满足需求的良好产品的产生，也将产品设计与其他学科进行了交叉融合。例如，蒸汽火车的出现，让机械制造与化学、动力学、社会学等相互联系与交融，形成了一个有机的统一体。

工业设计范畴下的产品设计一般是狭义的产品设计，即包含家具设计、医疗用品设计、军事用品设计、交通工具设计、电子产品设计等多个领域在内的[83]，着重关注工业产品造型、功能、加工工艺、装饰、结构、人机工程等方面的产品物质性设计。现在的工业设计不仅指产品的物质性设计，还包含围绕产品所产生的系统、服务、体验等非物质性的设计。

需要明确的是，广义与狭义的产品设计都是围绕着人展开的，当产品设计在市场经济的引导下愈加成长壮大的时候，对使用者需求的关注也日益增强。产品设计最终还要回归人们的生活，回归真实的日常，所以考虑并沉浸到人们使用产品时的真情实景就显得很重要。设计不仅是让产品看起来怎么样，更应是使用起来怎么样(That’s not what we think design is. It’s not just what it looks like and feels like. Design is how it works——Steve Jobs)。最初遥控器的设计是典型的以产品为中心的设计，所有的功能都在遥控器的形式上体现，但其实人们经常使用的只有开关键、频道控制键、音量播放键，那些没有多大用处的按键却占据遥控器的大部分空间且影响使用。当设计师站在使用者的角度思考问题并考虑使用者的需求后，就设计出了更简洁易用的遥控器(如图 3-1 所示)，这样让产品在真正意义上服务于人。

[83] 尹定邦，邵宏：《设计学概论(全新版)》。长沙：湖南科学技术出版社，2016 年版，第 222—228 页。

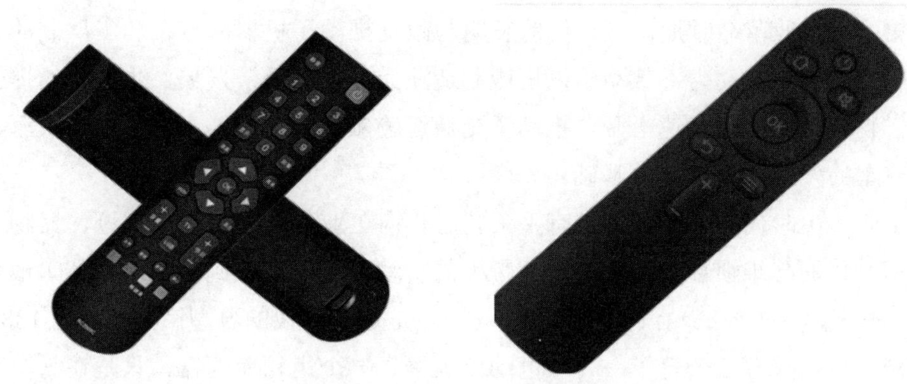

图 3-1 遥控器的设计对比

3.1.2 产品设计的变革与发展

2013 年，德国在汉诺威工业博览会上提出了“工业 4.0”概念，并于当年发布《工业 4.0 实施建议》，第四次工业设计革命就此拉开序幕。各个国家都推出了符合自己国家制造业创新发展的战略计划。我国于 2015 年制定的属于自己的“工业 4.0”战略《中国制造 2025》中提出，制造业全局发展的核心是创新，跨行业协同创新，利用网络化、数字化、智能化的技术，走创新驱动发展的道路[84]。

工业 4.0 不仅仅是制造业的一场革命，在工业制造这一大系统中，创新模式、服务模式、产业价值等整套闭环链都会产生变革。此次变革的不同之处在于整个产业链的起点不同。工业 1.0 到工业 3.0 的变革为生产力的提升做出了巨大的贡献，使得原始的手工业生产逐渐转向机械化、规模化、自动化、标准化生产。工业 1.0 到工业 3.0，都将生产力的需求作为出发点，通俗地说就是当下有什么水平的生产力就生产什么样的产品，从生产端开始自上而下地转向消费端。工业 4.0 恰好相反，把用户的价值需求作为整条产业链的起点，从用户的需求点出发，为用户提供定制的产品及服务。

工业 4.0 的变革使得工业设计的视角发生了转变。从时间维度梳理工业 1.0 到工业 4.0 的发展进程，结合汽车的设计演进，可以帮助读者更好把握不同工业阶段的技术特点及产品设计发展方向。

1. 工业 1.0 背景下的产品设计

工业 1.0 即第一次工业革命，发生在 18 世纪 60 年代至 19 世纪中期，是由英国发起的一场技术型革命，它的出现开启了机器代替手工生产的新局面。

---

[84] 邓志革，黎修良，沈言锦：《“中国制造 2025”背景下的汽车专业群建设方案研究》。长沙：中南大学出版社，2016 年版，第 7 页。

第一次工业革命时期，蒸汽机的发明与改良推动了机器的普及和工厂制的建立，蒸汽机作为主要生产动力，带动了以机械制造业为标志的经济发展。生产力的提升使得冶炼和矿物开采的产能急速上升，推动了交通运输领域的革新，为后续蒸汽火车、蒸汽轮船及汽车的发明奠定了动力基础。

工业 1.0 时代的产品明显带有手工艺时代向工业化初期过渡的痕迹，器物的形式停留在旧时代的思维惯性中，蒸汽革命带来的新动能还没有找到合适的载体。最早的汽车雏形——卡尔·本茨三轮汽车(如图 3-2 所示)是这一时代的典型产品。这辆 1885 年造出的水冷汽车，只有三个轮子、一个电动点火器、一个齿轮差速器，只是在马车基础上增添了发动机和制动把手等部件。当机器制造逐渐取代手工生产后，产品设计的机械化程度不断提高，工业 2.0 随之到来。

2. 工业 2.0 背景下的产品设计

工业 2.0 即第二次工业革命，发生在 19 世纪后半期至 20 世纪初。与第一次工业革命不同，第二次工业革命的主导国家为美国和德国。此次工业革命以电力驱动为主导，采用标准化、规模化、流水化的生产方式，开创产品批量生产的新模式，人类从此进入了“电气与自动化时代”。电力驱动的产生促进了产品设计在新时期的新发展，在这个时间段以电力驱动产品，继电器、电气自动化控制机械设备相继出现。

从法拉第发明制作的发电机开始，到手摇式直流发电机的问世，电气领域的发明竞相出现。电的稳定性和使用的可靠性使得工业又有了新的面貌，进一步推动了生产力的发展。19 世纪 80 年代左右，以煤气和汽油为燃料的内燃机诞生，90 年代柴油机设计成功，内燃机的出现从根本上解决了交通工具发动机的问题。以汽车为例，当时具有代表性的产品是美国福特汽车公司推出的福特 T 型汽车(如图 3-3 所示)。这款汽车相比于卡尔·本茨的三轮汽车有着更强的马力、更结实耐用的结构及更舒适的驾驶空间。T 型汽车在结构外观及材料工艺上与现代汽车更相似，可以说是家庭轿车的第一种车型。

图 3-2　卡尔·本茨三轮汽车

图 3-3　美国福特汽车公司的福特 T 型汽车

工业 2.0 时期的汽车采用流水线生产技术，这种将设备零部件连续流动装配的方式大大缩短了组装一辆汽车所用的时间，为后世汽车批量生产的方式提供了基础原型。

3. 工业 3.0 背景下的产品设计

第二次世界大战结束后，许多国家开始休养生息，在这个过程中工业在悄无声息地发生着变化。美国原子弹的成功试制、苏联发射的第一颗人造地球卫星、晶体管计算机的问世等都暗示着工业 3.0 的到来。从二十世纪四五十年代开始一直延续到现在的第三次工业革命，通过电子信息技术、计算机互联网技术、自动化技术的广泛应用，极大地影响了我们的生活，是人类文明史上继蒸汽技术、电气技术之后的又一重大变革。

第三次工业革命涉及信息、生物、航空航天、新能源、新材料等多个领域，这不仅推动了人类社会在经济、文化、政治方面的变革，也影响了人类的思维和生活方式。机器正在逐步替代人类作业，生产工人只需动动手指下达指令，机器就能自动完成操作，实现以往复杂且耗时的人工操作。

从工业 1.0 到工业 3.0，最重要的是生产方式的改变给整个人类社会带来了一系列的连锁反应。以算术为例，起初人们采用在绳子上打结、在木头或石头上刻痕等方式来记数；随着社会的发展和人类的进步，有了机械式的计算工具，如算盘；现在可以用电子计算机等设备进行记数。每一次变革和发展都是对过去的继承和延伸。

这一时期，技术变革对汽车业的影响更为显著。最具代表性的就是日本汽车业的异军突起。虽然日本的汽车业起步较晚，但凭借着完善的生产管理机制及严谨精益的生产方式，日本成为继欧洲、美国之后的第三个汽车工业发展中心[85]。以丰田汽车公司为代表(如图 3-4 所示)，丰田汽车不仅把产品质量放在首位，还将技术服务放在重要的位置。这个时期的汽车制造业开始对汽车自身进行优化设计，如优化汽车动力、体积、安全性能、能源排放等。20 世纪 90 年代，日本汽车设计与生产中陆续出现了雨刷器、空调、安全气囊、卫星定位等智能化自动控制系统，这样的汽车产品问世后受到消费者的普遍欢迎，国内销量大幅上涨，日本成为当时世界汽车产量第一的国家。

4. 工业 4.0 背景下的产品设计

2013 年汉诺威工业博览会上，德国正式提出了“工业 4.0”的想法，并将其列入《高技术战略 2020》中，希望在未来 10～15 年的时间里最大程度地实现生产的自动化，物联网和大数据技术在这个时代承担的是核心技术支持。越来越多的机器会代替人工，甚至可以实现无人工厂。2018 年，德国出台了《高技术战略 2025》，该战略旨在促进科研和创新，加强德国的核心竞争力。新政策重点发展数字化智能技术，涵盖人工智能数字化对生

[85] 卢进勇，程晓青，李思静：《日本汽车产业海外发展路径对中国的启示》。《国际贸易》，2019 年第 2 期，第 62—67 页。

活质量、就业水平、医疗水平、持续发展、环境保护、生物多样性等领域的全面渗透，联合科学、经济和社会界，通过共享新技术、新成果的方式方法，将科研和创意转化为生产力。这一概念的提出迅速得到全球众多国家的认可，也为工业发展的未来指引了方向。

图 3-4　日本丰田汽车公司的丰田第三代佳美

第四次工业革命使原先孤立的产品加入互联网和大数据，结合智能化方式组成的系统，给原始的产品设计带来了巨大的变化。特斯拉将 IT 技术和产品智能化带入汽车行业中，让我们看到了智能化工业设计与机械、电子系统的完美融合。蔚来、小鹏等智能汽车的出现提醒着人们，未来智能汽车会像现在的智能手机一样普及。与其说它们是汽车，不如说它们更像一个行走的电子智能产品，传统的按键被浓缩到一个电子屏幕上。只要轻点屏幕中的触控图标，车主就能对车辆进行便捷的操控，包括语音操作、智能领航，整辆车已然变成了一个移动终端。在工业 4.0 的背景下，工业设计必将对交通工具搭载人工智能这一形式起到重要作用[86]。

互联网与信息技术的革新让工业设计不仅仅停留在对“物”的设计，更在服务层和体验层进行深入探索，使产品设计的整个流程更加系统、深入，通过高科技让服务型产品的性能和使用流程更完善，让产品更直接地与消费者对话，从而满足消费者的真正需求，给消费者带来更好的体验。

3.1.3　产品设计美学的发展

美学通常被认为是主体能动的审美感知等意识活动，审美意识是沟通人类在有形的物质世界与无形的精神活动的关键决策意识行为[87]。产品设计美学包含审美主体和审美

[86] 肖武坤：《工业 4.0 背景下工业设计在汽车智能化中的应用探析——以特斯拉为例》。《时代汽车》，2016 年第 12 期，第 25—26 页。

[87] 覃京燕：《审美意识对人工智能与创新设计的影响研究》。《包装工程》，2019 年第 4 期，第 59—71 页。

客体间的关系构建。审美客体是被审美主体所感受、体验、改造的具有审美属性的客观对象[88]，并随科技进步、文明发展而产生不同时期的变化。

1. 机械时代的机械美学

机械美学始于工业革命。由于技术的革新，机械生产逐渐取代人工制造，标准化、流水化的制造流程提高了生产速度，导致产品的大量生产而质量被忽视了，批量生产的仿制品必然缺乏优良设计所必需的、完美的手工技艺，大量用机械程序生产出来的设计制品使人们产生怀疑[89]，人们认为机器生产的产品没有灵魂也会让人类失去灵魂。在这样的情境下，人们需要一种适合工业时代的新设计思想将生产与艺术结合起来，可以说机械美学是新兴工业时代的美学诉求。

机械美学这一思潮以机械为隐喻，用净化了的几何形式象征机器的效率和理性，揭示工业时代的本质。一般认为，荷兰风格派和俄国构成主义是机械美学思潮的典型代表。事实上，从芝加哥学派、德意志制造联盟到功能主义与现代主义设计风格对机械化生产的肯定直接促进了机械美学思潮在当时以不同表现形式的萌发。

机械美学注重挖掘机械本身蕴含的美感，这种美感不仅是带来实际利益的功能之美，更主要的是一种前所未有的形式之美(如图 3-5 所示)。它与包豪斯提倡的“形式追随功能”相互契合。要符合流水线的组装生产模式，设计师就要将产品设计成可拆卸的个体，方便流水线工人进行组装。因此，从零部件开始到产品整个系统与部分之间都展现着机械美的标准化。

图 3-5 充满美感的机芯(图片作者：Guido Mocafico)

---

[88] 赖守亮：《虚拟美学中审美客体的演化：单向度到多向度》。《设计艺术研究》，2016 年第 6 卷第 2 期，第 1—5 页。

[89] 石晨：《探析柯布西耶的“机械美学”》。《现代装饰(理论)》，2016 年第 7 期，第 226 页。

机械生产带来的巨大能量颠覆了以往产品成型的方式与产品的最终效果，为后续美学的发展带来了深刻的影响。

2. 电气时代的技术美学

第二次工业革命极大地促进了电力技术的应用，大批电力产品应运而生。产品的极大丰富导致了市场供需关系的改变。企业在成本近似的情况下开始追求产品造型的差异，进而推动了产品技术与美学的共同发展。技术美学作为机器美学的拓展，主张科学研究成果转化为艺术生产实践的方式、方法及其规律所体现出的美学价值。技术美学相较机器美学的发展在于由产品外形触动消费者更深层次的需求，体现出因技术支持功能实现而产生新的合目的性和合规律性的功能美[90]。其中较为典型的是象征速度感、科技感、易于使人联想到繁盛生活的流线型美学风格。

流线型美学风格产生于 20 世纪 30 年代的美国。当时的美国经济实力雄厚，科学技术得到了极大的发展，已经是世界上工业化程度最高的国家之一。大量新金属材料、塑料及合金材料的广泛运用，赋予产品形态更多的可能性。塑料和金属模压成型方法的广泛应用，使制造较大曲率半径的产品成为可能，为流线型设计的出现奠定了基础。

人们将研究发现的空气动力学转化成具体的形态，并将其运用在火车、飞机等交通工具的造型方面，如甲壳虫汽车(如图 3-6 所示)。流线型形态能够保证物体在移动时受到较小的摩擦阻力，从而提高速度。优美的造型和良好的功能让人们在对几何造型的现代主义设计产生审美疲劳后，感受到流线型流动美的旋律，流线型从此成为当时一种广为流行的工业设计风格[91]，可口可乐瓶是典型代表(如图 3-7 所示)。流线型美学风格更多的是一种象征意义，这种有机形态更易于大众理解和接受，这也是它流传至今的重要原因之一。

图 3-6　甲壳虫汽车

图 3-7　流线型造型可口可乐瓶

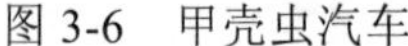

[90] 李洁，袁萍，张瑢：《从工业美学到智能美学》。《包装工程》，2021 年 3 月网络首发。

[91] 康丽娟：《对流线型设计的产生及其在当下流行现象的分析》。《装饰》，2010 年第 4 期，第 108—109 页。

3. 信息时代的认知美学

第三次工业革命后，信息技术再次升级，产品逐渐开始反过来规范人的行为方式。前两次工业革命使得大批量工业产品走进大众的视野，并在大众间形成一定的标准和范式，人们逐渐开始适应和习惯于以特定方式和手段来进行特定产品的操作。例如，人们逐渐依赖的鼠标和键盘，键位的排布(如图 3-8 所示)被大多数使用者所习惯；特定的操作系统、图形界面、操作流程和页面排布已经深入人心。在这样产品细分化、专业化、标准化的情境下，美学标准需要建立在人们的认知和经验基础上，认知美学由此产生。

图 3-8　已经深入人心的键盘排布

认知美学通过产品的形态来固化用户的产品使用经验并规范人的行为习惯，同时也让产品设计更加关注用户的认知需求及情感特征。认知美学的发展，丰富了产品设计的认知语言，不仅减少了产品使用的错误率，让产品发挥出最大的功用，而且越来越符合用户的需求，并朝着个性化方向发展，为后续人工智能美学的发展奠定了基础。

4. 人工智能时代的智能美学

人类社会随着科技发展正在步入智能时代，人工智能技术对人类社会的各方面产生了深远影响。智能时代的审美客体发生了较大转变。在机械、电气时代，审美客体始终是有形的物质，如汽车、家具、电器等。信息时代的审美客体部分转化成虚拟的呈现，如互联网网页、设备中的应用程序等。到了智能时代，审美客体形成大规模的“虚拟呈现”，并且将产品的审美活动模式从原本的“单向度”转向“多向度”。这里的“单向度”是指旧有的审美活动中一维的和线性的数据与信息传输模式，而当今的“多向度”则指多维的、立体的和彼此关联的数据交换和共同关系演进模式[92]。人机关系从原本的被动交互转变为主动交互，人与人工智能逐步达到感知融合、行为融合、情感融合甚至生物融合。

当下的人工智能处于初期时代，人机关系还处于弱融合阶段。此阶段的人工智能产品已经脱离原本的交互模式，开始通过人的不同感官进行交互。例如，“小爱同学”智能音箱，可以识别操作者的语音指令，通过声音进行交互；支付宝等软件提供的刷脸功能，通过面部的生理信号进行交互。此类交互方式导致产品形态逐渐脱离原有的形态，

[92] 王岳川：《后现代主义文化研究》。北京：北京大学出版社，1992 年版，第 16—20 页。

展露出形态脱离功能的美学特点。智能时代在很大程度上解放了功能对形态的限制，也向设计师对文化、经济、技术等社会要素的理解和把握能力提出了更高要求。

人工智能技术正在不断发展，未来人与人工智能的融合会进一步加深。国内有学者认为人工智能在未来发展中应当考虑可持续发展、社会伦理、情感异化、过度依赖的影响约束，采取"适度智能"的设计策略，逐步形成"适智美学"[90]。

3.2 系统设计

"系统"一词来源于希腊语，是英文单词"system"的音译，指由部分构建成整体[93]。钱学森认为：系统是由相互作用、相互依赖的若干组成部分结合而成的，是一个具有特定功能的有机整体[94]。相互有关联的事物集合起来成为一个系统，这个集合又包含很多个子系统，子系统之间相互影响、相互联系，构成一个完整的系统整体。

系统无处不在，从设计学角度来讲，工业革命的发展使得设计所涉及的门类越来越多。设计范围的不断扩大就构成一个系统，系统设计由此诞生。系统设计的思想是指导设计师用系统观考虑设计问题，找出设计的最优方法。

3.2.1 设计的"部分"与"整体"的关系

任何事物都是由整体和部分组成的。整体与部分是相对的，而不是绝对的[95]。一个整体包括很多部分，这些部分之间组合成一个整体，进而形成一个系统。一所学校可以看成一个整体，学校里的人员则是一个部分，教学设施又是另一个部分。教学设施和人员两个部分组合成一所学校的基本单元；一件产品是一个整体，它的颜色、功能、材质等都是独立的部分，这些独立的部分整合起来就是完整的一件产品。

随着设计专业化程度的加深，现代设计要解决的问题越来越复杂，设计师面临的挑战越来越大。从最基本的衣食住行的设计到绿色可持续的设计，设计师凭设计经验和天分灵感已经很难完成一件好的设计。面对这种形势，需要有全局且系统的思维和分析方法才能全面、科学地把握设计对象[96]。系统性的设计思想是将设计的对象、目的、问题等视为一个系统，从整体的观点出发，理清整体与部分、系统内部与系统外部的相互作

[93] 蒋冬梅：《煤炭城市地—矿冲突分析及其调控研究》。《中国矿业大学博士学位论文》，2016 年 5 月，第 22 页。

[94] 左铁峰：《产品形态设计的客体论》。《长春大学学报(社会科学版)》，2021 年第 3 期，第 78—82 页。

[95] 张宇红：《产品系统设计》。北京：人民邮电出版社，2014 年版，第 13 页。

[96] 赵博，戚彬：《系统设计》。北京：电子工业出版社，2014 年版，第 28 页。

用和联系，对目标对象有精确的认知后，从整体和大局出发，实现设计目标的最优化。系统论主要是一种观念，是一种设计哲学观[97]。系统设计不能简单地理解为一个领域或一门学科，它更多的是指导设计师如何科学、合理地了解和创造事物，助力设计不断向前发展。

3.2.2 产品的系统设计

系统设计更多体现的是理性主义和功能主义，系统思想引导下的产品设计相较于艺术设计更为理性，强调产品功能与质量高度统一的同时使产品与周围的环境也能做到和谐统一。每件产品都能视为一个系统，产品的属性、形式及功能、结构都算产品系统的组成要素。要素是系统的部分，系统是要素的整合，要素与要素之间相互联系、相互作用。产品的系统设计是将目标事物当成一个整体的系统，将产品系统与环境系统进行有机联系的一种综合性设计。

产品的系统设计受多方面的影响，如人、环境、经济、社会、科学技术等，这些因素都会影响产品的形成。生活中处处是产品，我们每天与各种各样的产品互动，不同的人使用同一种产品也会出现不同的互动效果。产品设计的意义在于为人类提供更好的生活方式。生活与社会环境和自然环境相互依赖、相互作用，因此三者相互协调，人类生活才会更和谐。设计师应该系统地考虑这些问题。

产品系统设计的思路在于不可片面考虑问题，要有整体系统的设计思路。系统设计的特征主要体现在整体性、综合性和优选性三个方面[98]。

整体性是指当产品的所有构成要素组合在一起时，所形成的整体就有了单一要素不具有的特征。每件产品都是一个独立的有机整体，不能单一地关注部分要素，也不能只看整体而忽略部分。“独脚难行，孤掌难鸣”，系统设计所要表达的与之近似。乐高玩具是一个非常典型的代表(如图 3-9 所示)。每款乐高玩具都有一套相应的零件，玩家按照示意图纸将其组装成一个完整的产品。在设计每个零件时，所考虑的都是最终产品的整体性与适用性。

综合性是用辩证分析和高度综合的方法，使各种要素相互渗透、协调而达到整个系统的最优化[98]。产品设计与自然和社会文化的关系非常密切，一方面，在进行产品设计时要考虑当地地理条件与气候条件；另一方面，产品设计与民族、文化、风俗、礼仪、审美等因素有很大相关性。产品的系统设计需要综合以上所有因素，确保设计的准确性和整体性。

---

[97] 简召全：《工业设计方法学(修订版)》。北京：北京理工大学出版社，2000 年版，第 37—66 页。
[98] 张宇红：《产品系统设计》。北京：人民邮电出版社，2014 年版，第 14 页。

图 3-9 乐高玩具

优选性是在形成系统的设计方案后，在多种设计方案之间通过综合分析找出最佳的解决方案。这是创新产品的有效途径。产品的核心目标是满足使用者的需求，通过优化选择来提高产品的质量。各品牌的产品迭代就是进行优选的过程，通过产品的迭代优化，让产品更易用、更符合当时要求，并以此提升品牌信任度。

3.2.3 产品系统设计的方法与程序

产品系统设计的方法是把研究对象放到系统中加以考察的一种方法，即从系统观出发，始终着重于从整体与部分、整体对象与外部环境之间的互相联系、互相作用、互相制约的关系中精确地考察对象，掌握系统本质及其运动规律，以找到最佳处理问题的方法[99]。

产品系统设计的方法可分为两个阶段：定位阶段和形成阶段。

在设计开始之前，要将产品的整体作为研究的对象。设计是围绕着设计定位展开的，因此明确设计的目标和定位是首要任务。在这一过程中，设计师需要对整个设计流程进行合理的步骤与时间规划，从而实现设计目标。在具体流程中，要先对现有产品进行市场调研及分析，为设计目标的制定提供依据，再明确具体的产品形象与定位。此步骤可以对产品的造型、材质、加工工艺、功能及产品所面向的客户群体等进行畅想并做出决定。换言之，这一过程就是对产品提出概念性设想，通过系统的归纳和整理找出精准的设计定位和正确的设计目标，确保设计师能够始终围绕重点进行设计。

产品系统设计的形成阶段是在产品有了明确的设计定位之后进行的。这一阶段又分为三个部分：分析、综合与优化。分析是综合的前提，给设计提供解决问题的依据，加

[99] 赵博，戚彬：《系统设计》。北京：电子工业出版社，2014 年版，第 88 页。

深对设计的认识，启发设计构思。没有分析就没有设计，但分析只是手段，对分析的结果加以归纳、整理、完善和改进，在新的起点上达到系统的综合才是目的[100]。根据分析的结果进行整理归纳，决定事物的构成和特点，确定设计对象的基本方面是系统综合的意义所在[101]。在这一阶段，设计师要将产品的概念性设想具象化，对产品的功能及结构等方面有细致化的设计与处理，从而形成一个初步设计方案。此时应尽可能地做出多种方案，运用系统观方法选出最优方案来进行后续的产品转化。

分析和综合是相对的。一般来讲，“分析”先于“综合”，对现有系统，可在分析后加以改善，达到新的综合；对尚未存在的系统，可收集其他类似系统的资料，通过分析后进行创造性设计，以达到综合的目的[102]。优化是指采用一定的方式或方法，使产品系统中所要表现的要素以最大化表现。

在产品系统设计中，分析、综合和优化时必须把影响产品的所有因素都综合起来进行分析，注意部分与整体的关系，以产品角度、社会角度、环境角度及利益角度为切入点，使各个角度之间的要素协同发展，追求整体性的正面影响。

设计师在面对多样复杂的设计对象和问题时，需要对产品的系统设计方法和流程有针对性地进行调整，以达到设计产品最优化的目的。

3.3 服务设计

服务设计不同于工业设计的一般范畴，是一个新兴且重要的设计概念。如果说产品和系统设计是“及物”的设计，那么服务设计在某种角度上可以看成“不及物”的设计，其更关心人的存在感与愿景表达，注重文化感受的传递及深入的生活和情感体验[103]。服务设计不仅仅是对“物”的设计，更是对“物”的延伸。服务设计强调设计的创新在于“改变人们看待客观事物的角度和立场”[104]。

3.3.1 从有形的“物”到无形的“服务”

产品包括有形的物质产品和无形的非物质产品。服务就是一种无形的产品，服务设计赋予产品新的价值和意义[105]。虽然服务设计是一种非物质的、无形的设计，但它是

[100] 刘同新：《论艺术设计中系统思维的意义》。《天津美术学院硕士学位论文》，2007 年 5 月，第 9 页。

[101] 过伟敏：《走向系统设计——艺术设计的跨学科合作》。南昌：江西美术出版社，2005 年版，第 194 页。

[102] 周剑：《论文化建筑环境艺术的系统设计》。《武汉理工大学硕士学位论文》，2003 年 11 月，第 80 页。

[103] 高颖，许晓峰：《服务设计：当代设计的新理念》。《文艺研究》，2014 年第 6 期，第 140—147 页。

[104] 樊婧：《服务设计思维在产品设计中的应用研究》。《工业设计》，2021 第 9 期，第 71—72 页。

[105] 罗仕鉴，邹文茵：《服务设计研究现状与进展》。《包装工程》，2018 年第 24 期，第 43—53 页。

伴随着有形环境出现的，且在大多数情况下，会产生某些服务成果。以酒店服务为例，这种类型的服务会特意设计得让人难以察觉，引导用户下意识地用所有感官感知周围的环境。在用户到达酒店的瞬间，甚至在预定下单的刹那，服务设计便悄然地介入了。当用户下单后，良好的服务设计会考虑到用户的下一步需求，并在交互设计上予以支持：方便用户查询到店路径及交通方式，通过大数据为用户预留喜好的房间位置和朝向；当用户到店拿到酒店的房卡时，发现它与以往的酒店房卡在设计上的不同，这样通过视觉和触觉感官为用户留下了深刻印象；用户打开房门插入房卡的那一刻，室内的灯、空调、窗帘都会因用户的到来而运行，语音助手也会欢迎用户的到来；为用户准备好润肤霜及牙膏牙刷。一系列的服务都是通过精心设计后实现的、真正为用户考虑的、了解用户接触点次序来进行的。服务是无形的考虑，通过有形的媒介与用户产生情感联系，通过这种情感的联系可以让用户切实感受到被关怀、被关注。无形的服务通过有形的实物延长了用户的服务体验，可以有效地提高用户对产品的忠诚度，并促使用户把产品推荐给其他用户。

“如果有两家紧挨着的咖啡店，出售同样价格的咖啡，服务设计是让你走进其中一家而不是另一家的原因。”荷兰专业服务设计公司 31Volts 的这句话生动形象地解释出服务这种看似无形却有形的设计对用户的影响。

服务设计是伴随着世界经济转型而产生的当代设计领域的新名词，经过传播和发展，被一些设计强国延伸到医疗、健康、教育、基础设施建设等相关领域[103]。2008 年国际设计研究协会(Board of International Research in Design)出版的《设计词典》对服务设计的定义是：“‘服务设计’从用户的角度设置服务的功能和形式。它的目标是确保服务界面是用户觉得有用的、可用的、想要的；同时服务提供者觉得是有效的、高效的和有识别度的[106]。”除此之外还有很多对服务设计定义的表述，例如，在最新的服务设计范式更迭研究中，我国学者胡飞修订了服务设计的定义：“服务设计是以用户为主要视角、多方利益相关者协作共创，通过人员、环境、设施、信息等要素创新的综合集成，实现服务提供、流程、触点的系统创新，从而提升服务体验、品质和价值的设计活动[107]。”ENGINE 服务设计机构认为，服务设计是一种把以人为本作为首要目标，帮助企业提高用户满意度、忠诚度，帮助产品提高易用度的方式，并将这些方式运用到日常的生活环境、产品等领域。由此可见，目前还没有一个关于服务设计的权威定义，不同学者对服务设计的研究角度不同，所得出的结论也各不相同。但是，我们在不同的定义中总能找到相同点——以人为中心，不管是从用户角度看还是从企业角度看，最终的利益相关者

[106] Erlhoff Michael, Tim Marshall: Design Dictionary: Perspectives on Design Terminology. Boston: Birkhauser, 2008: 355.

[107] 胡飞：《服务设计的范式更迭与广东工业大学的实践——胡飞谈服务设计》。《设计》，2020 年第 4 期，第 62—65 页。

都是人。从用户角度看，好的服务设计能够带来良好的体验，为生活带来便利；从企业角度看，一个好的服务设计能够增加用户的忠诚度，为企业带来良好的经济效益和更多的商业机会。因此，对用户的需求分析是服务设计最重要的任务。在某种特定的情境下，提出合理、完善的系统解决方案是服务设计的关键要素。在这个先把问题拆开细化再重新组合的过程中，需要设计师将各种知识和文化进行融合，与其他领域实现共享，从而完成服务设计整个过程。

服务设计是一门综合性强、交叉范围广的学科，它将不同学科知识和方法结合到一起，形成一个庞大的系统。在这个系统中，设计师更关注的是服务的有效性和价值，因此服务设计具有一定的系统性和复杂性。服务设计并不是一个简单的对服务内容的设计，而是对完成服务这件事的整个过程的设计，并通过物质或非物质、有形或无形的方式展现出来。

3.3.2 服务设计的创新思维

在 2015 年出版的《服务设计思维：基本知识、方法与工具、案例》（*This is Service Design Thinking*: *Basics*, *Tools*, *Cases*）一书中，作者雅各布·施耐德收集了服务设计五原则[108]，如图 3-10 所示。

1 **User-centered:** Services should be experienced through the customer's eyes.

2 **Co-creative:** All stakeholders should be included in the service design process.

3 **Sequencing:** The service should be visualized as a sequence of interrelated actions.

4 **Evidencing:** Intangible services should be visualized in terms of physical artifacts.

5 **Holistic:** The entire environment of a service should be considered.

图 3-10　服务设计五原则[109]

1. 以用户为中心（User-centered）

服务的内在动机是满足用户的需求，要站在用户的角度去思考问题。以星巴克为例，

[108] 雅各布·施耐德，马克·斯迪克多恩：《服务设计思维：基本知识、方法与工具、案例》。南昌：江西美术出版社，2015 年版，第 26—27 页。

[109] Marc Stickdorn, Markus Edgar Hormess, Adam Lawrence, Jakob Schneider: This is Service Design Doing. Sebastopol: O'Reilly Media, 2018:25-28.

星巴克的用户定位非常明确，即受过一定教育、有文学素养和美学品位的商业人士或小资人士。基于此定位，星巴克的门店在空间设计、家具调性及室内音乐的选择上都与用户定位相契合，处处彰显格调和品位。

2．共同创造(Co-creative)

共同创造是指服务的使用者、提供者、生产者、运输者等相关者在一起，使用不同的学科经验、工具和方法来合作提供设计服务。以咖啡为例，从最初的咖啡豆种植、筛选、烘焙，到运输、销售给各个国家不同的企业，再到咖啡豆渣、咖啡杯的回收，如此流程构成了一个完整的服务环。这个服务环涉及种植户、加工厂、销售部门、运输公司等不同的利益相关者，他们在不同时间、不同地域共同完成了服务。

3．次序(Sequencing)

策划一系列连贯的动作，让用户在一步步的顺序中感受节奏带来的良好体验。服务应该被可视化和编排成一系列相互关联的行为。服务是由一连串的动作组成的，并且服务是有顺序的，服务的顺序与用户的体验感有直接的关系。

4．实物(Evidencing)

无形的服务应该以实体的可视化形式表现，即在有形的实体上展现服务设计，以此增加用户的体验感。Gucci 在销售商品的同时，会向顾客赠送精美的手提袋，并在手提袋中附上写有祝福语的信件。商家在提供销售服务时，考虑到要将服务实体化以增强体验感，于是每当顾客拿着精美的手提袋装东西时，都会联想起那次购买 Gucci 的良好体验。让无形的服务价值在现实世界中依托实物和环境证据化，让用户能切实地享受产品给自己带来的服务。

5．整体性(Holistic)

整体性是指服务必须在整个生命周期中体现所有利益相关者的诉求。

《服务设计思维：基本知识、方法与工具、案例》一书更多的是讲述服务设计思维的相关知识，作者雅各布•施耐德在这本书的基础上编写了它的下册，即《服务设计实践》(*This is Service Design Doing*)。在该书中，作者提出了新的服务设计原则，如图 3-11 所示。

(1) 以人为中心：考虑所有被服务影响的人。

(2) 协作：不同背景和职能的利益相关者应该参与到服务设计流程中。

(3) 迭代：服务设计是一个探索性的、适应性的和实验性的方法，根据实施的情况进行迭代。

(4) 有序：服务应该被可视化和编排成一系列相互关联的行为。

(5)真实：需求应该在实际中调研，想法在真实世界中原型化，无形的价值也应在物理或数字的现实世界中证据化。

(6)整体：服务应持续不断地强调跨越整个服务和商业实体中的利益相关者的需求。

由图 3-11 可见，在两代原则的对比中，2017 版六原则中将第一原则以用户为中心改成以人为中心，而共同创造被拆分成协作和迭代两个概念。服务设计是一个围绕用户而展开的设计形式，但这里所指的用户应包括除末端使用者外的服务创造者、服务提供者及受到服务影响的所有利益相关者。因此，用“以人为中心”来定义第一原则更加精准。2010 版的共同创造原则包含共同创造和共同设计两个概念，因为服务的价值是服务的提供者与利益相关者共同创造的；服务是由一群不同背景的人共同设计的；服务设计的实践者更多专注于共同设计这一概念，以此来强调服务设计是设计的新领域。因此，在 2017 版服务设计原则中，将其拆分成“协作”和“迭代”两个新概念分别指代共同创造和共同设计两层含义。

图 3-11　新服务设计原则

服务设计是整合人、行动、目的、场景、媒介等要素的设计。这五个要素属于同一事件或行为中的五个不同方面[110]。

[110] 曹建中，辛向阳：《服务设计五要素——基于戏剧“五位一体”理论的研究》。《创意与设计》，2018 年第 2 期，第 59—64 页。

人，是服务设计五要素中需要考虑的第一要素，与服务设计原则中第一原则相呼应，在服务过程中，所有的利益相关者用各自的行为来共同创造服务，从而实现完整的服务。

行动，是指人的行为活动，在服务过程中人所做出的一系列活动是服务设计的核心。例如，宜家餐厅流水线自助式取餐解决了消费者用菜单点餐的纠结，当消费者经过各个菜品区时，可以更加直观地看到菜品，用较短时间就能决定要还是不要，而且排队的形式也能加快消费者点单的速度，利用人群产生无形的敦促效果。取餐、拿餐具、结账、饮料自助续杯、回收餐盘，这一系列活动就是宜家餐厅服务的体现。服务设计师将整个服务过程中的每一个动作进行合理的分析和安排，通过对用户行为的分析，完成符合用户行为习惯的服务设计。

目的，可以看成服务设计的行动指南，将贯穿整个服务过程。目的决定了服务的性质和形式，直接影响服务的最终效果。在进行服务设计时，要始终将目的作为标杆，让服务围绕目的进行，从而保证服务的方向和正确性。

场景，随着第四产业(服务业)的兴起及网络时代的来临，人们的生活和工作方式发生了改变，服务的时间和空间限制也在逐渐减少。在注重实体经济服务的同时，网络服务也在发生变革。人们足不出户、动动手指就能进行买菜、订餐、订票等活动，甚至还能在家里实现数字旅游。设计师在对场景进行定位设计时，要深入考虑如何从时间和空间两个维度及感官层面给用户足够的体验感。

媒介，服务是无形的，它可以依靠有形的产品或环境来体现。媒介是服务设计的一种显现手段，即通过媒介来展现服务设计。例如，在星巴克线下门店，店员会细心地向顾客询问称呼并将其标注在杯子上，咖啡准备好后会叫顾客的名字让顾客来领取自己的咖啡。这一行为就充当了服务的媒介。线上点餐也是服务的一种媒介表现形式。媒介的形式是多种多样的，受文化、科技发展影响，一些网络服务终端越来越受欢迎。

服务设计思维不同于产品设计思维，它虽与产品有关，但不是产品设计的延展。服务设计的思维逻辑重视的是服务本身，服务设计更多的是设计一种行为，该行为致力于服务化和体验化，而非产品设计所考虑的用造型、颜色、加工工艺等实现产品的某种功能。比起设计细节，服务设计更关心所提供的服务是否有效可行，是否满足要求和创造价值。

3.3.3　服务设计流程

服务设计流程大致分为三个阶段：情境研究、创新与设计、组织与实施。对服务设计来说，每个阶段都需要进行大量的分析研究和实践，每个阶段都非常重要，关乎整个服务设计流程的完整性。众所周知，服务设计具有较强的融合性、综合性，故如何把融合的学科知识在服务设计过程中贯穿起来是整个服务设计流程的主体。

情境研究是服务设计的第一阶段，也是整个设计中最重要的一个阶段。它确定了整个设计的基调和方向，在所限定的空间中探究环境、人、事物三者的关系，有利于帮助设计师形成创新点。在这个阶段要进行相应的设计调研与分析，调研时要根据不同的调研对象选择不同的调研工具。常用的调研方法有桌面调研、实地调研和用户调研。在进行用户调研时可以采用用户访谈、调查问卷等方式，为后续设计提供更多的信息。设计分析的方法和工具能有效地将分析结果呈现出来，如人物志、用户旅程图、故事板等。这些呈现方式会贯穿整个服务设计的流程，在提出方案、方案创新及最终呈现中都会用到。在服务系统中，不能仅仅关心用户的利益，更要关注服务创造者、提供者、监督者、竞争者等所有参与这个服务中的人的利益。因此，相关者地图是厘清这一系列人员关系的重要工具。

人物志也称用户画像，是将设计对象的信息具象化的表现形式(如图 3-12 所示)，设计师在调研完成后将获得的大量信息进行归纳总结，以直观明了的方式体现设计对象的特征。在使用用户画像工具时，目标用户是一个具体的“人”，这个人有名字和照片，他的身上有之前通过调研分析总结出来的特征集合。这样的一种方法能够让设计师清楚地认识在为怎样的人做设计，让设计师有高度的同理心代入，从而更好地了解设计对象，推进下一步设计。

图 3-12　用户画像

用户旅程图用来分析当前所要改进的服务流程(如图 3-13 所示)，它将用户在服务流程中所经历的触点按照时间先后的顺序贯穿起来，把服务分为前、中、后三个阶段。用户旅程图能够为服务设计找出痛点或可设置的服务点。

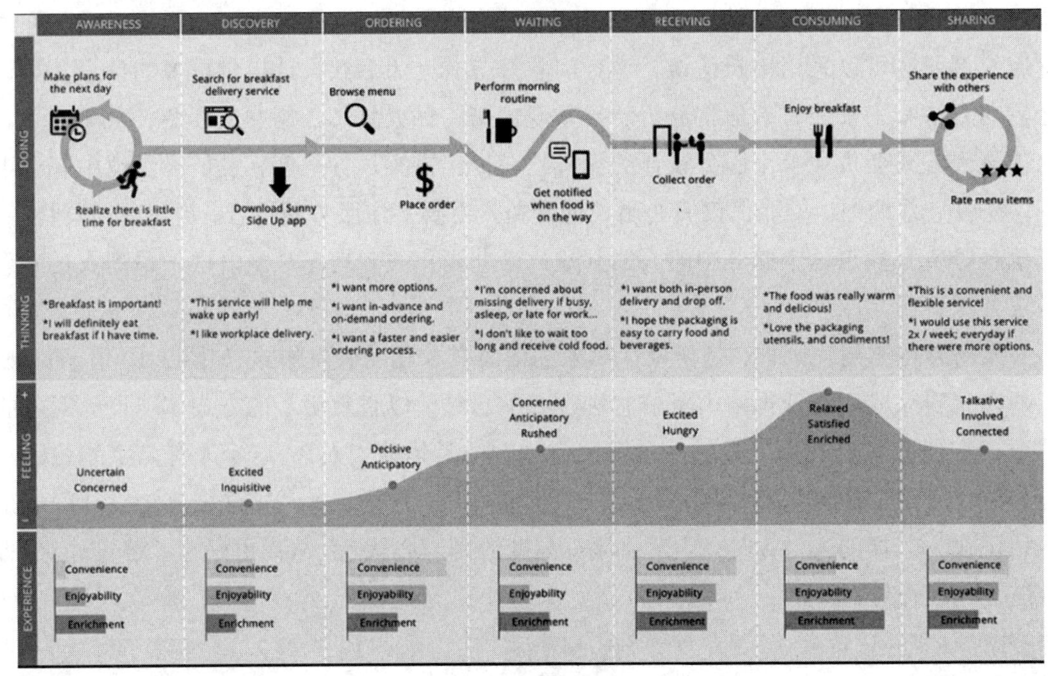

图 3-13 用户旅程图

故事板更像可视化的用户旅程图，它将核心的服务流程用故事叙述的方式直观展现出来，通常使用简笔画、卡通漫画来表现(如图 3-14 所示)。

图 3-14 故事板

在制作利益相关者地图的过程中，要先确定服务的核心用户是谁，辐射在他周边的服务提供者是谁，那些与主要服务提供者相关的次要提供者是谁，将这三类人群确定好后就能体现出利益相关者的主次关系及相互间关联(如图 3-15 所示)。

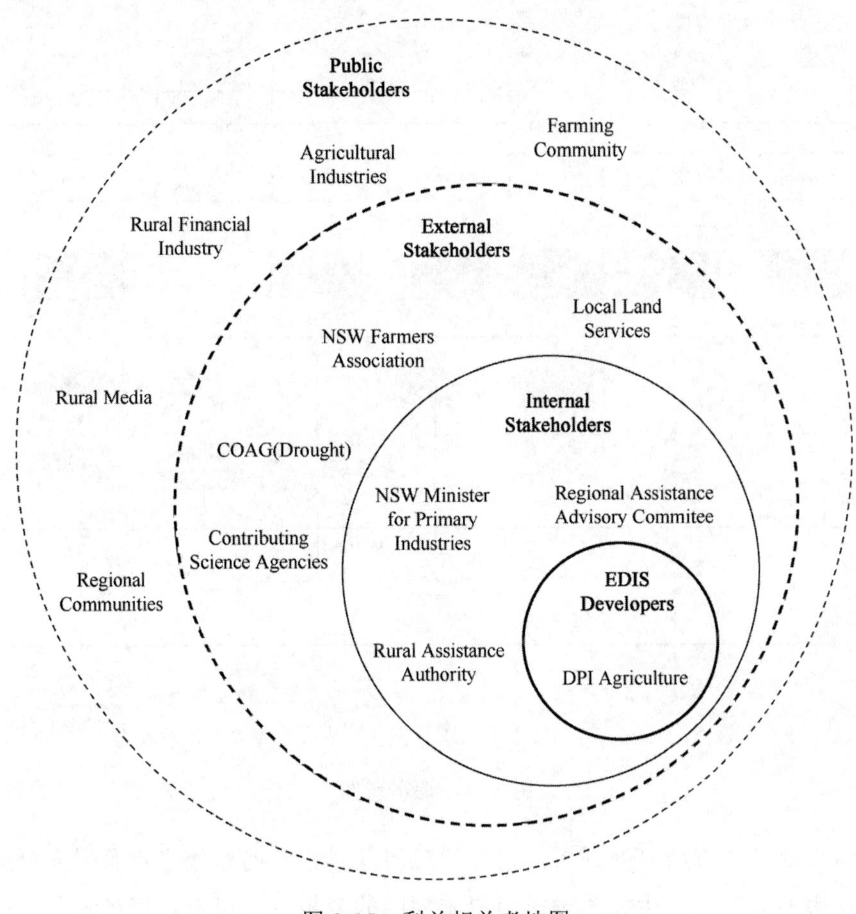

图 3-15　利益相关者地图

服务设计第二阶段的核心是创新与设计，这需要设计师具有敏锐的洞察力和判断力。服务设计更像一个剧本，设计师担任旁白讲述这个故事，因此服务设计师相较于传统的工业设计师，除设计灵感外还需要将各学科各领域的知识进行结合，融会贯通，让服务更全面。在创新与设计的过程中依旧可以采用视觉化表达形式来表达创新，服务蓝图就是表达方法之一。服务蓝图是对如何运作服务的分析和展示，比第一阶段的用户旅程图更详细，如图 3-16 所示。服务蓝图主要包括用户行为、前台员工行为、后台员工行为和支持过程[111]。用户行为就是服务接受者的接受旅程；前台员工行为是指用户与服务提供者直接的互动接触；后台员工行为是指用户看不到的服务提供者所做的工作。服务蓝

[111] 陆雄文：《管理学大辞典》。上海：上海辞书出版社，2013 年版，第 241 页。

图将服务在运转过程中用户、服务提供者及利益相关者的行为进行可视化表达，方便设计师在关系中捋清部门之间的重叠与依赖，找到潜在的问题，探寻可优化的机会。

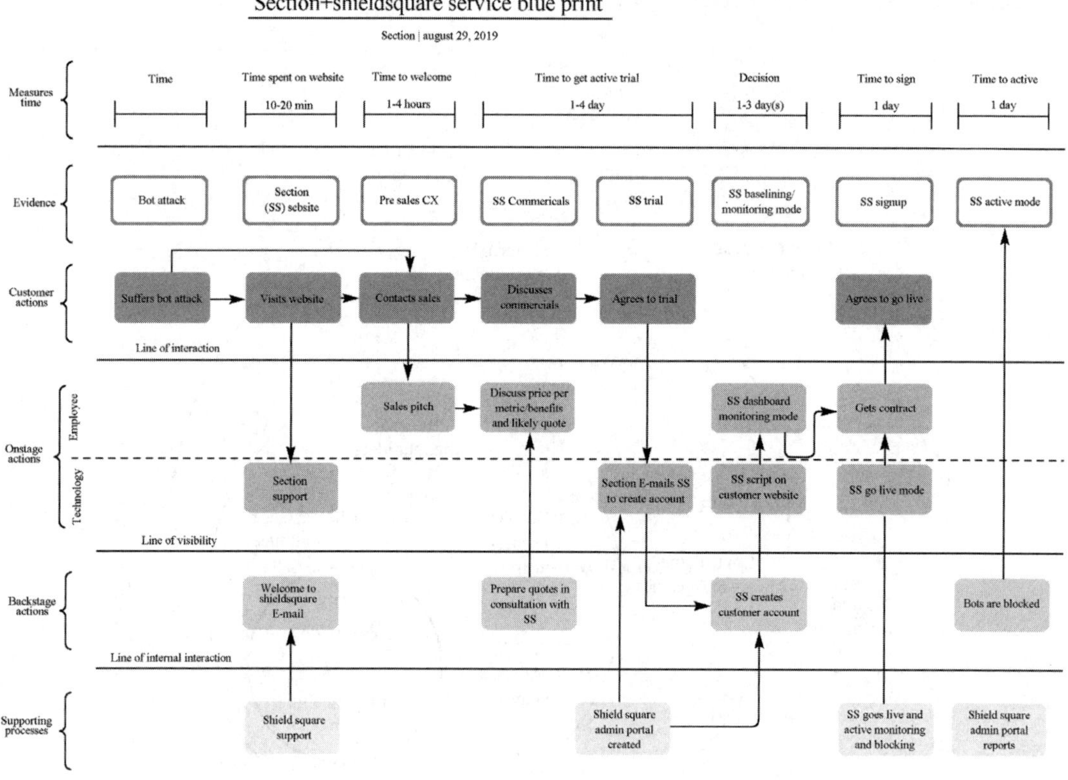

图 3-16　服务蓝图

通过调研及对调研结果的分析，设计师对问题对象及问题改进点有了充分的了解，接下来就是服务方案的产生。通过对用户旅程图的分析，可以发现服务流程中用户满意度低的环节，并对其进行针对性的分析和研究。在方案产生的阶段，设计师所需要的不可或缺的路径就是头脑风暴。在规定时间内提出尽可能多的想法，与合作伙伴分享交流，将想法整理分类，再找到一个合适的方向，最终以这个方向为中心进行深入探析。将初步的概念进行细化深化才能使其成为一个完整的服务。

组织与实施是服务设计的最后一个阶段。服务设计与产品设计不同，服务设计最后的方案不是以产品效果的方式进行展示的，而是一个解决问题的完整方案。它没有固定的表达形式，可能是一份服务报告也可能是一份服务计划书。方案中需要讲述服务是如何被实施的，以及服务的可行性如何。服务原型是比较常见的服务方案表达方式，服务原型可以采用流程解释动画、角色扮演等方式直观地展现给用户，让用户明白服务设计的意义。

3.4 体验设计

设想在 2012 年，若街边某家店铺门上张贴着“室内有 Wi-Fi”的字样，那么这家店铺与其他同类店铺相比会迎来更多顾客。在当时无线网络不普及及个人流量费用较高的情况下，人们会认为这家店铺的服务很全面，会带给顾客良好的体验。但当 Wi-Fi 普及之后，这项服务变得普遍，商家之间又会产生新的服务来提高竞争力。随着服务质量和价值的差异化逐渐缩小，产品和服务日益初级化。面对创新价值的压力，体验经济应运而生[112]。

体验设计是体验经济的产物，与有形的产品、无形的服务相比，体验的特点在于可回味。用户与产品或服务进行互动后，对所接触对象有了一段特殊的经历，回味接触过程后开始着重关注接触对象。这种回味是用户对接触对象的主观感受，也就是用户的体验。

3.4.1 体验的层次与特征

生活中，人们时时刻刻都在与周边的产品、环境产生着互动。有些互动是下意识的举动，很少被感知到，但有些有意义的、糟糕的或特殊的经历就会被意识到，并且被保留在人们的记忆中。这些互动后的主观感知作为一种体验贯穿了互动行为的始终。与服务设计相同，体验设计也将用户作为设计的中心，用户从体验的开始到结尾，从体验的前台到后台，在各个环境场景中、各种触点交互中，均会产生用户体验。用户体验是将用户对产品的需求、想法落地，为产品设计提供依据，并以产品和服务为媒介来展现用户的理想需求。

用户体验往往隐藏在产品或服务的细节之处。当提到产品设计时，大部分人会联想到产品的外观、质感或功能。一个产品具有良好的外观和实用的功能在当下的设计环境中是比较容易做到的，但是以用户认为的体验感良好为目标则不那么容易。产品的每次被使用都会给用户带来体验。用户体验设计通常要结合环境综合考虑问题。以全自动洗衣机上的按键为例，设计师在考虑它的功能、形状、材质与整体相统一的前提下，在用户体验设计方面要进行更细致深入的思考和处理。例如，按键的大小、位置、形式是否能满足目标年龄阶段的人群使用需求，按键是否能在多种情况下都能良好地工作，是否有灯光指示、声音提示等。按键的声音和指示灯似乎无关紧要，但是它决定了用户对洗

---

[112] 王愉，辛向阳，虞昊，崔少康：《大道至简，殊途同归：体验设计溯源研究》。《装饰》，2020 年第 5 期，第 92—96 页。

衣机的触发动作是否有效，是否能顺利地完成目标行为。这一小小的按键作为实施洗衣服务的媒介来实现互动行为，从而使用户产生体验认知。因此，我们可以将体验设计看成一场舞台剧，用户是主演，是这场剧的完成者；服务是整场剧的舞台，为整场剧提供了表演范围；产品是辅助整场剧的道具，产品作为一种工具或一种手段来协助主演完成这场剧；而环境作为舞美则是一种衬托。

唐纳德·诺曼在《设计心理学 3：情感化设计》一书中从心理学角度提出了体验的三个层次：本能层、行为层和反思层。本能层是自然的法则，一些与生俱来的偏好、认知等都属于本能意识，在这个层次中生理上的感知起到主导作用；优秀的行为层设计更重视功能的实现，强调产品在性能方面能否满足用户的使用需求；反思层的真正价值是可以满足人们的情感需求，反思层的设计往往决定着一个人对某件产品的整体印象[113]。

耶西·詹姆斯·加瑞特在《用户体验要素——以用户为中心的产品设计》一书中提出了战略层、范围层、结构层、框架层、表现层等五个用户体验要素层级(如图 3-17 所示)，并根据这五个层级指导设计师进行体验设计。战略层到表现层五个层级的要素是一种自下而上的构建关系，层级之间有着密切的关系，每个层级都由它下面那个层级决定，并且每个层级所做出的决定都会影响到其他层级[114]。

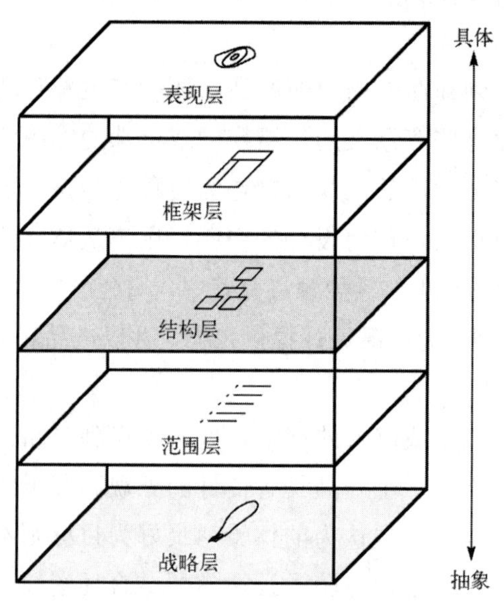

图 3-17　用户体验要素五层级

战略层在整个层级关系中位于底端，是整个用户体验设计的基础，其作用在于明确目标人群，找准用户的需求定位；范围层由战略层决定，是对目标人群和需求进行细致

[113] 唐纳德·诺曼：《设计心理学 3：情感化设计》。北京：中信出版社，2015 年版，第 54—75 页。

[114] Jesse James Garrett：《用户体验要素——以用户为中心的产品设计》。北京：机械工业出版社，2019 年版，第 20—24 页。

的分析和归类，用最佳的方式定义设计产出物的功能和特征及用户与产出物的互动方式；结构层是一个较为抽象的表现层，它在战略层和范围层的作用基础上来定义设计产出物的整体逻辑结构；框架层是结构层的具象表现，为用户提供更容易理解和操作的功能模式，用于优化设计布局；表现层就用户所接触到的层级来说，是设计的可视化阶段，用户能用自己的感官感知到的就是表现层的呈现。在做用户体验设计时，设计师做出每一步设想和决定时都要意识到是否和上下层级保持一致，避免设计偏离正向轨道。

用户体验是产品、交互或服务设计研究的一部分，关注使用者在特定语境下，操作或使用一件产品或一项服务，完成特定任务时的所做、所想和感受[115]。这一时期的用户体验研究更多的是在产品、网站和 App 设计领域，用户体验作为一种设计准则引导设计。当体验作为设计对象独立出来，用户体验就转变成一个新的设计领域——体验设计。在这个转变中，设计师的角色也发生了改变，设计师像一个编剧，为体验设计的实施提供环境、道具，感知用户的各种可能性，为用户定制个性化的服务流程。

有学者认为，从用户体验设计到体验设计，去掉“用户”这个修饰词有两方面的意义：一方面，体验经济中的产品就是体验本身，它需要设计；另一方面，体验所指的不仅是产品的用户体验，还应扩展到服务的顾客体验，以及一切商品的消费者体验，这些上升到普遍的人的体验都需要被设计[116]。

用户体验表现的是微观情境下人与物交互时产生的情感与认知，而体验设计更宏观，在考虑用户体验全程感受的同时，也考虑产品给用户带来的长期影响、意义与价值。宏观的体验设计协调的是系统与世界，关注的是人类文化环境与生态的构建[112]。

3.4.2 体验设计思维

约瑟夫·派恩(Joseph Pine)与詹姆斯·吉尔摩(James Gilmore)在《体验经济》一书中指出，产品是有形的，服务是无形的，而创造出的体验则是令人难忘的。所有事物都可以被商品化，因此想要保持用户忠诚，就必须在产品和公司提供的服务之间建立情感的联系，确切地说，这种联系就是体验。体验设计思维要求设计师对用户有足够的了解，能够洞察到用户的各种需求并对这些需求通过自己的见解予以回应。通俗的解释就是要了解用户真正想要的体验是怎样的，需要解决的核心痛点和次要需求是什么，通过什么样的方式对产品进行优化，从而培养用户的习惯，让产品对用户有长期的影响。把体验当成设计对象，通过设计的方式让体验产生积极意义是体验设计思维的表现，也是体验设计的最终目的。

---

[115] 辛向阳：《从用户体验到体验设计》。《包装工程》，2019 年第 8 期，第 60—67 页。

[116] 代福平：《体验设计的历史与逻辑》。《装饰》，2018 年第 12 期，第 92—94 页。

不管是体验还是细致分类的用户体验、顾客体验等，都是基于“交互”“感知”两个基本要素的，只是针对的主体不同而衍生出的不同概念。“场景”是体验设计概念中关键的组成和影响因素。所有的交互行为都是在某一场景下发生的，由于场景的不同，用户会产生不一样的感知，在相同场景下多个用户也会产生不一样的体验。用户因某种原因进入特定的场景为了达到某种目的与特定的事物产生互动，最后用户会将事实产生的结果与心理预期结果进行比较，产生用户感知的同时，体验也随之而生。

“体验”归根结底是主体的自我认知，因此与“产品”“服务”相比，最大的不同就是，“产品”和“服务”依然属于组织，但“体验”产生于主体自身并属于主体。芝加哥学派代表建筑设计师路易斯·沙利文有一句名言“形式追随于功能”，这是传统产品设计的一种设计理念，说明产品形式是由功能决定的。设计师在进行产品设计时要先明确好产品的功能再考虑造型的美感、产品的商业价值及适应性价值。例如，鼠标之所以被设计并被不断优化，是因为在操作计算机时需要有鼠标的配合才能让使用更方便，鼠标的功能与需求正相关，而鼠标的按键、滚轮等的设计是以用户的体验和感受作为出发点进行的设计。曾经非常流行的“实用、经济、美观”的设计原则现在已经升级为“有用、好用、渴望用”的新设计原则，前者更关注物的客观性，后者则强调人的主观感受[116]。设计原则的更新也提示着设计师在设计某件产品时，除要考虑产品好看耐用、经济实惠外，还要以用户为中心考虑用户是否觉得产品好用。

3.4.3 体验设计方法

体验设计所用到的方法和工具与服务设计差别不大，但最主要的区别在于为谁而设计，以谁为中心。服务设计的设计对象是整个服务流程中的所有利益相关者，而体验设计的主要设计对象是最终用户，很少涉及其他利益相关者。

以用户体验要素的五个层级为基础，可以将体验设计大致分为四个阶段：设计准备阶段、目标共建阶段、设计方案提出阶段及设计的迭代优化阶段。

在设计准备阶段，设计师需要进行定性、定量的分析，分析用户类型及用户行为。简言之，就是要明白用户想要什么，设计师要做什么。在此阶段可以采用实地采访、调查问卷等方式了解用户的想法，捕捉用户的真实需求，用用户旅程图、5W 原则等图表方式将调查结果可视化。这一阶段主要在战略层、范围层进行研究和分析，筛选出用户痛点，为后续设计奠定基础。

得出调研结果后，开始建立整体目标，包括用户目标(用户对产品和体验的认知，需要怎样的体验优化等)和设计目标(设计师要对体验舒适度、用户满意度等进行提高和优化)。在目标共建阶段，可以先从抽象概念深入，再通过研究和分析使整个方案更具象。使用故事板、思维导图等工具产生更多的解决方案，分析每个方案的可实施性。这个阶段是体验设计中的核心部分，并且要在这个阶段选出一个最优方案。

在设计方案提出阶段，设计师将最优方案进行细致的深化，从细节、色彩、图像、音频等方面进行考虑，确保概念方案有一定的视觉吸引力。

在方案正式投向市场之前，设计师需要对方案进行测试、优化和迭代，这是非常关键的步骤，它决定了整个设计成功与否。设计师需要用户检验这个设计方案是否成功，记录用户在测试过程中的使用轨迹，梳理设计遗漏点并对设计方案做出适当调整。

体验设计对设计师而言不仅仅是一种设计的范畴，更可以被当成一种设计感受和设计发现。设计师在生活中可以处处留意到体验设计的痕迹，并给所感知的体验进行评判。评判过后思考如何改良来提高用户体验，以此培养体验设计思维，提升设计能力，并在实际设计中自然而然地将体验思维融入自己的设计中。

思考题

1. 简述产品设计的发展与变化。
2. 简述产品系统设计的特点与要素。
3. 简述服务设计与产品设计在设计思维上的区别。
4. 简要分析服务设计和体验设计的异同。
5. 简述产品设计、系统设计、服务设计、体验设计之间的关系。

推荐阅读书目

1. 尹定邦，邵宏：《设计学概论(全新版)》。长沙：湖南科学技术出版社，2016 年版。
2. 张宇红：《产品系统设计》。北京：人民邮电出版社，2014 年版。
3. 唐纳德・诺曼：《设计心理学》。北京：中信出版社，2016 年版。
4. 张印帅：《产品思维：创新设计的六条法则》。北京：电子工业出版社，2019 年版。
5. 王国胜：《服务设计与创新》。北京：中国建筑工业出版社，2015 年版。
6. 雅各布・施耐德，马克・斯迪克多恩：《服务设计思维：基本知识、方法与工具、案例》，郑军荣译。南昌：江西美术出版社，2015 年版。

第4章 工业设计价值论

工业设计是人类生存与发展过程中的创造性活动，狭义的工业设计表现为一种有计划的“造物”行为，与制造业和服务业等社会生产活动具有强相关性，同时设计产物会对自然生态环境产生深刻影响。因此，工业设计的价值具有多面性，主要体现在推动产业升级、引领社会创新、促进生态平衡、创造美好生活等方面，是一个以“创新”为关键串联线索的价值集合。本章着重分析上述工业设计价值实现的四个方面，揭示工业设计对生产、生活、生态及社会创新的重要意义。

4.1 工业设计推动产业升级

工业设计产生自工业革命，催生工业设计的使命是协调制造业生产关系，使工业化制造业生产更高效。工业设计是制造业突破发展瓶颈的关键创新手段之一。21世纪我国经济面临的最大问题是“如何实现高质量发展”，在制造业中则表现为“制造创新与产业转型升级”。工业设计所具备的“协调、创新”属性正是我国制造业急需的。在经济全球化的市场竞争关系中，工业设计将成为我国制造业铸造市场竞争力的重要手段，能够有效推动产业的创新与转型，助推我国制造业加快实现高质量发展的目标。

4.1.1 工业设计撬动制造业附加价值

“微笑曲线”(Smiling Curve)[117]是宏碁集团创始人施振荣于1992年为宏碁集团转型升级提出的，施振荣指出企业要想获取持续增长的利润，不能只专注于简单的生产制造——代工生产和组装(OEM生产模式)，必须针对高附加值产出环节开拓创新和生产投入，从而创造更多利润。“微笑曲线”(如图4-1所示)理论解释了制造业中各生产阶段分工的附加值关系，恰当地阐述了中国制造业现状并指出了发展方向。

[117] 施振荣:《微笑曲线》。《竞争力·三联财经》，2010年第4期，第50—52页。

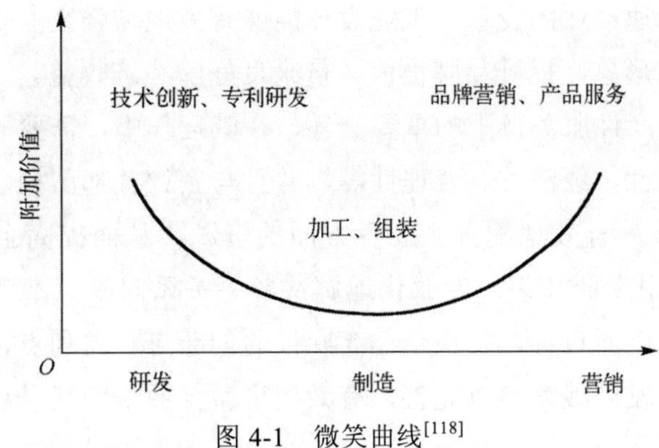

图 4-1 微笑曲线[118]

微笑曲线的三个重要部分对应了生产制造中的生产前端、生产中端、生产末端三个重要环节。中端是加工、组装等具体性生产活动，在制造业价值链中处于底端；前端是技术创新、专利研发等智力性生产活动，是制造业竞争力的原始来源，处于价值链顶端；末端是品牌营销、产品服务等服务性生产活动，属于高价值生产环节。若制造业企业发展模式处于“微笑”状态，自主掌握两端的研发与设计、营销与服务，这两端都属于利润相对丰厚的区域(高附加值环节)，则能使盈利模式保持较好的持续性，从而摆脱高投入、低收益状况，实现产业转型和升级。加大对两端的投入，能够促进企业创新，增强不可替代性，提高企业竞争力；同时，还能拓展产业链，增加附加值，增强企业发展的可持续性和抗风险稳定性。相反，若制造业处于“哭脸”状态，没有先进的研发能力和良好的产品服务，没有核心的市场竞争力，则制造业只能代工生产，以人口红利换取体力劳动价值。“哭脸”制造业企业的业务集中于产品的加工和组装环节，附加值低；一些企业过分依赖土地、劳动力等要素的投入，缺少对资源整合利用的能力，无法自主调控生产方向，无法满足用户日益多元化的消费需求[117]。长此以往，企业的可替代性强，难以在激烈的市场环境中生存，终将被淘汰。

相比于技术研发等原始创新行为，工业设计属于整合创新行为，主要通过整合生产制造全流程中的相关资源要素进行设计创新以达到提高产品附加值、塑造企业品牌形象等目的，属于生产性服务业范畴[119]，能够促进制造业从资源要素型驱动向创新要素驱动转变。工业设计以用户需求和市场为导向，在设计过程中，按照社会的实际需求，有效地使用不同材料及先进技术手段，考虑产品和人之间的特殊关系，在保障外观质量时与工程技术人员紧密合作，从而让产品的实际功能与审美价值统一。所设计的新产品可以带动下游产业的创新，加快企业与社会经济的发展，工业设计在这个过程中作为媒介

[118] 冯晓莉，耿思莹，李刚：《改革开放以来制造业转型升级路径研究——基于微笑曲线理论视角》。《企业经济》，2018 年第 12 期，第 48—55 页。

[119] 林宁思：《福建省工业设计企业发展现状与对策研究——基于 2020 年调查数据的分析》。《情报探索》，2021 年第 10 期，第 61—66 页。

发挥着重要作用，加速产业的变革。工业设计能够有效地增强企业竞争力，为企业建立相对稳固良好的产品形象，提升品牌价值，带来良好的经济收益。

工业设计作为生产性服务链中的重要一环，在其运作中，需要顾及企业各方面的综合性因素，包括创新性、经济性、合理性等，并且与企业各部门相互合作，成为联系企业各部门的中介环节，有效地配置企业各方面的资源，从而提高企业综合实际竞争力[120]。工业设计师运用专业知识，专业化地解决各种关系问题，不断为适应和满足社会变化而做出有价值的创新设计，发现企业高回报的创新点和盈利点，同时在设计管理者的规划下，企业整体发展战略得以完善，有效促进微笑曲线的提升(如图 4-2 所示)。

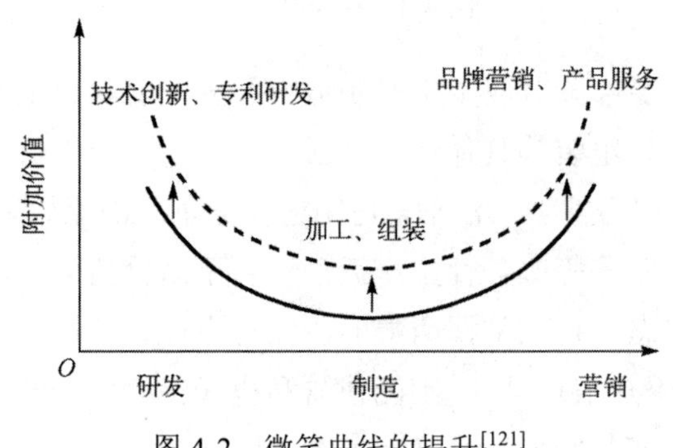

图 4-2 微笑曲线的提升[121]

工业设计的创新性，能为制造业提供源源不断的新机遇，使其应对新挑战。同行间进行设计竞争能够激发行业的创新性，形成良好的竞争环境，带动整个产业的健康发展。针对当前中国制造业发展环境面临的新态势，加强专利与技术研发的同时构建系统的企业品牌发展战略，能够帮助企业微笑曲线两端共同提升，给予制造业企业转型升级全面系统的设计支持。企业可以与高校或科研院所建立合作关系，发挥高校、科研院所在工业设计领域的特长，拓宽制造业产学研合作渠道[122]，为制造业以设计创新撬动制造附加值提供稳定支持。

4.1.2 工业设计驱动产业链整合

产业链是对产业部门之间环环相扣的关联关系的形象描述[123]。产业链分为狭义产业链和广义产业链。狭义产业链是指从原材料到终端产品的各生产部门的完整链条；广义

[120] 戴明菊：《关于工业设计在企业中的价值体现》。《工业设计》，2016 年第 8 期，第 169，183 页。

[121] 毛蕴诗，郑奇志：《基于微笑曲线的企业升级路径选择模型——理论框架的构建与案例研究》。《中山大学学报(社会科学版)》，2012 年第 3 期，第 162—174 页。

[122] 刘利民：《工业设计产业协同创新模式研究》。《企业活力》，2011 年第 1 期，第 49—52 页。

[123] 李援亚：《粮食产业投资基金：基于产业链整合的分析》。《海南金融》，2013 年第 6 期，第 42—45，50 页。

产业链则在面向生产的狭义产业链基础上尽可能地向上下游拓展延伸，向上游延伸一般进入技术研发环节，向下游拓展则进入市场拓展环节。产业链是价值链、企业链、供需链和空间链四个维度在相互对接的均衡过程中形成的[124]。

产业链整合是指从宏观、产业和微观的视角对产业链进行调整和协同的过程，其本质是对分离状态的产业上中下游进行调整、组合和一体化。产业链整合是产业链环节中的某个主导企业通过调整、优化相关企业关系使其协同行动，提高整个产业链的运作效能，最终提升企业竞争优势的过程[125]。产业链整合可理解为产业链的延伸，随着产业链的延伸，挖掘深层次的价值增值，推进产业链由低附加值向高附加值发展，是实现产业结构优化的重要途径[126]。产业链整合能让产业在市场整体竞争中和与消费者互动上取得主动和领先地位，形成战略竞争优势，且拥有极强的抗风险能力，在产业链的某一端、某一环节出现风险时，可以靠全产业链的整体效能抵抗风险并获得利润。

从工业革命至今，工业设计承担着产业发展的先导性工作，发挥着“协调产业与促进产业创新”的职能，因此工业设计也称为产业设计。柳冠中指出，工业设计追求的是一种发展趋势，发挥的是引领产业变革的作用[127]。工业设计是产业价值链的源头，横跨上中下游产业链，是产业价值链中最具增值潜力的环节。其本质是重组知识结构、产业链，响应人类社会可持续生产发展的需要。这种本质属性，让工业设计企业在经营过程中逐渐具备把握行业趋势、整合产业资源的综合能力[128]。工业设计引导的产业链并不是新的产业业态，而是一种以创意、创新带动制造业提升能级的模式，使制造业产业链的各个环节大大强化创造性活动，成为制造业创新升级的原动力[129]。工业设计能够对制造业上游(政府端、资源端、设计端)、中游(制造端)、下游(市场端、消费端)三个方面进行有机整合，促进产业链各端口形成多元化联系，创造新的利润增长点。

随着经济全球化日趋深入、国家竞争日趋激烈，世界各国开始将工业设计作为国际经济竞争的重要力量。韩国成立的产业设计振兴会就是一个引领产业发展方向的专业设计机构，旨在重新设计产业、调整产业结构。2010 年 7 月，我国的工业和信息化部等十一个部委发布了《关于促进工业设计发展的若干指导意见》，正式将工业设计纳入国家

---

[124] 张利庠：《产业组织、产业链整合与产业可持续发展——基于我国饲料产业“千百十调研工程”与个案企业的分析》。《管理世界》，2007 年第 4 期，第 78—87 页。

[125] 杨晨鸣：《决胜未来，赢在产业链》。《中华纸业》，2011 年第 17 期，第 3，34—37 页。

[126] 魏含璐：《微笑曲线视域下电商产业与传统制造业融合发展探究——以江西南康为例》。《商场现代化》，2021 年第 2 期，第 21—23 页。

[127] 杨明：《工业设计要引领产业变革》。《中国工业报》，2012 年 12 月 18 日(A01)。

[128] 曹小琴，陈茂清：《珠三角地区工业设计产业链构建策略》。《科技管理研究》，2021 年第 6 期，第 98—104 页。

[129] 彭在美：《发展制造业创意产业 带动钢铁业转型升级》。《中国冶金报》，2013 年 1 月 10 日，03 版。

发展的战略规划。在中央政府的大力推动下，我国制造业发达地区将发展工业设计纳入促进制造业结构调整、产业升级及经济转型的工作中，产业链整合取得显著成效。

4.1.3 工业设计促进制造业转型

制造业是一个国家经济和科技发展的重要支撑，其自主创新水平决定了国家工业化程度与系统素质的高低，体现着全球化时代背景下综合国力的强弱[130]。1978 年以来，中国工业设计发展迅速，国际地位不断得到提高。制造业在推动经济社会发展中起到重要作用，保障人民生活，推动我国从“一无所有”发展成为当之无愧的“世界工厂”。国家统计局 2021 年发布数据显示，自 1978 年至今 40 多年以来，中国的工业发展取得了全方位的进步，工业总量快速增长，2020 年工业增加值 31.3 万亿元，连续 11 年成为世界最大的制造业国家，工业企业资产达到 126.76 万亿元，实现利润总额为 64516.1 亿元[131]。但是，目前我国制造业主要类型仍然是劳动密集型与加工型，处于全球制造业价值底端，我国制造业亟须转型升级，迈入新的发展阶段。制造业发展要紧靠“创新、协调、绿色、开放、共享”的新发展理念，为加快构建以国内大循环为主体、国内国际双循环相互促进的新发展格局，促进中国经济高质量发展提供坚实的支撑。

随着全球产业结构的升级，在自主创新的机制建设和运行效率方面，我国制造业与国际先进水平仍存在着明显差距。我国高端制造业长期高度依赖国外技术，创新意识薄弱，原创性的产品和技术较少，致使企业缺乏核心竞争力和稳定的市场份额，尚未形成自主研发和生产的良性制造模式。在我国经济建设初期，加工制造型生产模式确实带来了巨大经济效益，为我国实现工业化做出重要贡献。如今，低端制造业企业数量过多，企业市场竞争力低下，无法塑造强大的企业品牌，在全球化竞争中已没有优势可言。此外，面对全球产业结构升级的挑战，传统的劳动密集型与加工型制造业在解决就业方面的能力已经开始下降。我国制造业一直处于低端加工模式和低附加值的国际分工地位，将严重制约我国由世界加工基地转变为世界制造基地。

稳定高效的设计与技术创新在制造业的整体发展中起着决定性的作用。工业设计因具备撬动制造业附加值和整合产业链的特殊作用，而对驱动制造业转型升级具有显著推动作用。工业设计是制造业的先导环节，位于价值链源头，处在创新链前端，在引领产业转型升级、优化经济结构、增强发展动力、提升产业竞争力方面发挥着不可或缺的作

[130] 孙思远，胡树华：《浅析我国制造业自主创新的瓶颈与对策》。《管理观察》，2008 年第 16 期，第 47—48 页。

[131] 徐伟，李直儒，施慧斌，张媛媛：《基于 Super-SBM 模型和 Malmquist 指数的中国工业创新效率评价》。《宏观经济研究》，2021 年第 5 期，第 55—68 页。

用[132]。加强知识产权的保护力度，完善设计公共服务平台，建设工业设计产业园区，充分调动各方面的资源和力量推动制造业设计体系完善，将形成制造业更加良好的创新环境和氛围，形成工业设计产业与制造业的良性循环互动。鼓励设计创新，推动品牌建设，将工业设计提升到战略高度，对培养制造业企业长期创新意识和可持续发展具有引领作用。对制造业而言，工业设计发挥着价值增值和整合创新的作用。一方面，工业设计运用技术手段，将社会文化结构融入工业生产机制，增进工业生产的市场绩效。另一方面，工业设计通过知识的创新、产业的协调及资源的有效合理配置等方面对工业生产加以引导，这有助于使产业结构、社会职能及其相互间的关系发生相应的调整和变化[133]，从而引导制造业积极跟随社会发展步伐并进行生产创新。

随着德国“工业 4.0”计划、欧盟“2020 增长战略”等以先进制造业为核心的“再工业化”国家战略的提出，智能制造成为各国发展制造业的新制高点。此外，第三产业逐渐取代工业和农业成为全球第一大产业，服务化成为产业变革热点。在新科技革命和产业变革背景下，智能化和服务化成为全球经济竞争新焦点，也成为工业设计的新发展理念，对传统制造业转型升级产生深远影响。制造业智能化将促进制造业生产方式变革，推动全球供应链管理创新，引领制造业转型，重塑制造业竞争优势。设计在这个过程中的关键作用在于将人工智能等高科技生产化，优化人工智能技术在生产活动中的可用性和易用性，引导智能技术与传统制造业良性融合，提高生产机器的效率，推动传统制造业进行智能化创新[134]。制造业服务化是基于生产的产品经济和基于消费的服务经济的融合，有助于制造业适应新的竞争环境、通过增强产业链上各环节的服务功能来提升企业竞争力。制造业企业由大批量产品制造向“技术+管理+服务”转型，创造新价值[135]。工业设计领域新兴的“服务设计”是制造业服务化的有力帮手。服务设计从整体的角度出发，系统地构建服务逻辑，可以联通服务中复杂的利益相关者，厘清利益相关者之间的利害关系，准确找到设计创新的痛点和机会点，对制造业服务化的实践具有实质帮助。工业设计对社会潮流和社会未来发展方向极具敏感性，同时本身具有横向性，能够及时吸收社会先进发展理念形成设计理论，同时协调制造业生产关系、促进制造业创新发展有着紧密的内在关联，是促进制造业转型升级的重要手段。

---

[132] 董正：《践行新时代产业升级 白沟原创设计为智造赋能》。《中国纺织》，2018 年第 5 期，第 114 页。

[133] 李昂：《设计驱动经济变革——中国工业设计产业的崛起与挑战》。北京：机械工业出版社，2014 年版，第 152 页。

[134] 胡俊，杜传忠：《人工智能推动产业转型升级的机制、路径及对策》。《经济纵横》，2020 年第 3 期，第 94—101 页。

[135] 陈博：《新智造时代宁波工业设计如何支撑制造业转型升级》。《宁波经济(三江论坛)》，2021 年第 9 期，第 16—19 页。

4.2 工业设计引领社会发展

工业设计作为一门创新性极强的学科，不仅能够通过创新创造经济价值，同时自身的创新性对推动社会环境的创新发展也具有重要作用。工业设计定义的频繁更新已经证明了工业设计自身的先进性和对社会最新发展动态的敏感性。工业设计只有紧跟社会发展的步伐才能时刻保持创新性，而活跃的工业设计创新力则是社会持续发展的重要推动力，将长期起到创新推动和创新引领的作用。

4.2.1 工业设计介入社会创新实践

当前世界整体处于平稳状态，但是在表面和平稳定的社会环境下隐藏着各种尖锐的社会问题亟须人们解决，如何建设可持续发展的和谐社会成为当下的重要议题。“社会创新”是目前国内外解决社会问题的一种新思潮，指公民和公民社会组织等社会行动者在社会领域为解决社会问题、满足社会需求而发起和实施的富有成效的创造性活动[136]。工业设计作为一门策略性解决问题的学问，在社会实践中对创新、改良等社会工作具有良好的指导作用。基于设计视角而提出的“社会创新设计”是设计学科为解决社会问题而进行的前沿探索，也是目前进行社会创新的重要方式之一，在解决城市社区、乡村建设、公共卫生等社会问题上得到广泛应用。

欧洲目前是进行社会创新设计实践探索的最活跃的区域之一，社区相关的社会创新设计实践探索最具前沿性，其中代表性项目有意大利 POLIMI-DESIS Lab 策划的社交型菜园、 丹麦 MINDLAB 开展的一系列以帮助年轻人更好融入工作系统的服务设计项目、芬兰赫尔辛基设计实验室(HDL)探索的如何通过设计(尤其是战略设计和系统设计) 干预社会问题和政府机构决策过程等。这些项目的突出特征是有效推动社会创新发展、促进公共事务的社会参与、面向更广泛的社会问题和变革[137]。工业设计范畴下的服务设计、系统设计、可持续设计等理论和“以人为本”设计理念是社会创新设计中常用的工具，设计对系统性协调和解决复杂的社会问题起到良好的统筹作用。

在我国轰轰烈烈的城市化进程中，城市社区同样是社会问题的集中地。低碳社区、和谐社区、健康社区等成为社会创新设计的重要课题，社区养老服务、社区资源共享、社区垃圾分类等成为社会创新设计的重点关注问题。2009 年，中国社会创新和可持续设

[136] 何增科：《社会创新的十大理论问题》。《马克思主义与现实》，2010 年第 5 期，第 99—112 页。

[137] 裴雪，巩淼森：《欧洲社会创新设计探究的动态和趋势》。《包装工程》，2017 年第 12 期，第 22—26 页。

计联盟(DESIS)成立，清华大学、同济大学、江南大学及湖南大学等设计专业强校均开展了丰富的社会创新设计实践探索。湖南大学季铁教授系统归纳了社会学中社区研究的成果，并对乡村社区—城市社区—虚拟社区中不同的社会需求做了比较，在此基础上提出从以“人”为中心的设计向以“社区”为中心的设计方法的转变，这种焦点的转变可能带来设计目标上的根本变革，将强调满足“人”的个人需求和体验的设计转化成为群体的设计、为公共需求的设计、为地域和文化的设计等，设计将会更注重于隐性的、非物的层面，解决社会形态转化过程中的社会问题和需求[138]。同济大学娄永琪教授主导了“NICE 2035：一个设计驱动的社区支持型社会创新实验”，强调了设计介入社会创新中应该更加主动，创造性地推动大学和社区的交融和互动。NICE 2035 实验是一个通过有意识地引导大学和社区创新力碰撞、交融、协同共创，“自下而上”地激发城市社区创新潜力的全新范式(如图 4-3 所示)。总体上，设计正更加积极主动地投入解决社区社会问题的事业中，不论是在设计实践还是在理论创新上都起到良好的推动作用。

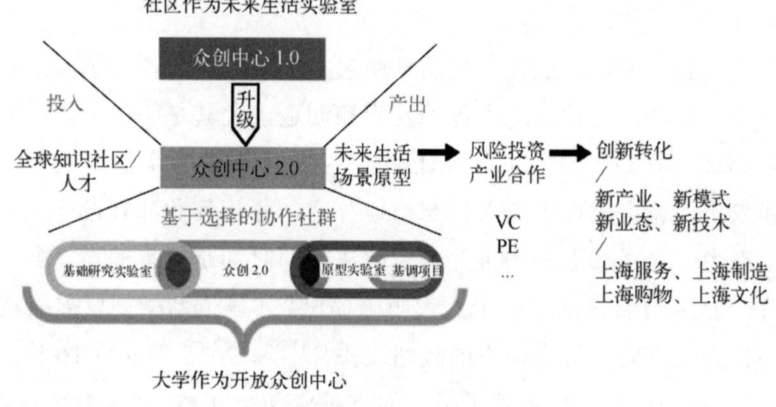

图 4-3　NICE 2035 生态系统图[139]

乡村振兴是我国政府致力于解决城乡差距而提出的重大国家战略，也是当前我国社会创新设计的另一重点领域。针对乡村振兴、乡村美化、乡村文化传承与保护等一系列问题，艺术乡建是我国设计与艺术界给出的解决方案。我国“艺术乡建”主要形成艺术家、设计师、企业、政府分别主导的四类范式：“艺术赋能型”追求乡土情怀的审美释放，“设计引领型”侧重多维态的空间重构，“资本撬动型”偏向乡村产业文化的品牌塑造，“政府统筹型”则致力于多主体协同的民生复苏。这四类范式共同呈现出以国家战略的强力推动为叙事背景，以多主体联动的互动博弈为叙事主体，以古典学叙事、主旋律叙事和民族志叙事等三种乡土美学传统的激荡交响为结构性主题，以擘画乡村全面振

[138] 季铁：《基于社区和网络的设计与社会创新》。《湖南大学博士学位论文》，2012 年。

[139] 娄永琪：《NICE 2035：一个设计驱动的社区支持型社会创新实验》。《装饰》，2018 年第 5 期，第 34—39 页。

兴的美好蓝图为叙事愿景的整体性叙事逻辑。构建乡村文化共同体、推进资源共生的持续发展、追求乡村振兴的系统性目标是我国艺术乡建的三大任务和愿景。“艺术乡建”最根本的是建人、建文、建村，并在建设过程中推动全员社会要素从物质文明到精神文明的整体跃升式进阶。乡村振兴是“艺术乡建”追求的理想境界，包括产业、生态、文化、人才、组织“五大振兴”，以发展文化带动地区产业，在提倡绿色生活方式和传统人居改造的基础上实现乡村生态振兴，由文化自信促进生成地方自信，使乡村成为发展“洼地”，吸引人才、外流劳动力入村，促进产业结构调整，实现永续发展。佛山市青田村是我国艺术乡建的典型案例，彰显了艺术家和设计师介入乡村改造中的突出作用，恢复和延续了青田村的传统风俗，最大限度保留了我国传统村落的样貌，为具备珍贵文化资源的中国传统古村落的延续发展指明了发展方向，为我国乡村振兴和乡村改造提供了“青田范式”。而工业设计在乡村振兴等社会创新领域发挥的作用不容忽视。

4.2.2 工业设计形成社会创新风尚

工业设计的显著特征是创造性，其几乎涵盖了生产生活的各个领域，是距离人民群众生活最近的设计活动，具体表现为各种发明和创造，尤其是手工创作、机械制造、产品发明等。我国民间存在大量“生活设计师”，乡村里农户常常根据生产需求自主改造或发明农具和农机，城市里环卫工人自制扫地神器，各行各业都有设计人才。人民大众具有天生的创造力，人民在面对困难并自主解决问题时都是无冕的设计师。

2012 年 11 月 19 日召开的党的十八大明确提出“实施创新驱动发展战略”，强调“科技创新是提高社会生产力和综合国力的战略支撑”[140]。2015 年 6 月 16 日，国务院颁布《关于大力推进大众创业万众创新若干措施的意见》，进一步做出“大众创业、万众创新”，培育和催生经济社会发展新动力的具体部署。2015 年 6 月 24 日，国务院常务会议通过《“互联网+”行动指导意见》，互联网产业已成为中国经济最大的新增长极和创业空间，要让互联网加快推进新一轮创业创新浪潮发展[141]。在国家出台一些系列政策鼓励创新的背景下，以“双创”和“互联网+”为核心的创新活动成为国民经济发展的新常态，在校大学生成为创新浪潮的主力军，“创客”成为双创人员的新称谓。双创实际上是以创新为载体的创业行为，创新是双创的核心。工业设计范畴下的发明创造、产品改良成为以实体产品为载体的创业活动的主体。为满足创新成果的落地转化需求，社会上涌现大量众创空间，孵化了许多优质的创新项目。社会对创新的热情空前高涨。在互联网

[140] 刘迎秋，吕风勇，毛健：《“大众创业、万众创新”催生经济发展新动能》。《国家行政学院学报》，2016 年第 6 期，第 35—39，126 页。

[141] 辜胜阻，曹冬梅，李睿：《让“互联网+”行动计划引领新一轮创业浪潮》。《科学学研究》，2016 年第 2 期，第 161—165，278 页。

技术介入后，“互联网+”产品销售成为新的创新创业路径，如“互联网+农产品销售”等创新课题大量涌现，为助力乡村经济发展做出了实质性贡献。在这过程中，设计思维为构建“互联网+”创新方案提供了协调各利益相关者的系统性逻辑，使优秀的创客能够在复杂的关系中准确找到创新机会点，从而为创新活动的成功奠定了基础。

设计如今不仅是大学专业，还成为中小学素质教育的一部分。我国许多中小学增加了“手工课”“模型课”“编程课”等课程，旨在从小培养孩子的创新意识和创造性思维。创新素养是学生应具备的适应终身发展和社会发展需要的创新品格与创新能力，是学生核心素养的“核心”成分之一。在学校提升学生的创新素养方面，第 1 章提到的 STEAM 教育是一条重要而有效的途径。“STEAM”一词缘于“STEM”教育，后者指的是与科学(Science)、技术(Technology)、工程(Engineering)、数学(Mathematics)学科相关的教育[142]。STEM 教育理念最初的目的是提升大学本科生的 STEM 整合性能力，为科技行业输送综合性人才。20 世纪末，STEM 教育将关注重点转移至中小学。21 世纪初，艺术(Art)在发展学生创造性和批判性思维、21 世纪技能方面的作用也受到重视，从而形成“STEAM”教育。国内学者在多年的研究和实践中构建了“学思维—学探究—学创新”三层级 STEAM 活动课程[143]。STEAM 教育在国内也被称为创客教育，它能有效发展中小学生的跨学科思维、动手能力、问题解决能力、创新意识和创造能力[144]。目前国内已经逐步推进中小学的创新素养教育，这将为我国未来设计创新的全员普及打下坚实基础。

“创新”已经成为当下我国进一步发展的迫切需求，大众创新事业与中小学“创新素养”培养均已受到国家重视。在全球追逐创新发展的时代，人人都是设计师，设计创新将成为一种社会新风尚。

4.2.3 工业设计塑造国家创新形象

工业革命是推动世界各国进入新发展阶段的一个转折点，以全球最具代表性的发达国家为例，英国在 1765 年、美国在 18 世纪末、德国在 19 世纪 30 年代、日本在 1868 年(明治维新)以后分别开始工业革命，此过程也是世界强国迭出的过程。英国作为世界上最早进行工业革命的国家，曾经是科学技术与制造业最先进的国家，第二次世界大战前长期占据着世界中心的地位。工业设计是工业革命的理论前导力量，对各国工业革命

[142] 师保国，高云峰，马玉赫：《STEAM 教育对学生创新素养的影响及其实施策略》。《中国电化教育》，2017 年第 4 期，第 5—79 页。

[143] 胡卫平，首新，陈勇刚：《中小学 STEAM 教育体系的建构与实践》。《华东师范大学学报(教育科学版)》，2017 年第 4 期，第 31—39，134 页。

[144] 王超：《中小学创客教育的项目式学习活动设计探究》。《教学与管理》，2020 年第 6 期，第 110—112 页。

的走向产生了深刻影响。在英国工业革命期间，以威廉·莫里斯为代表的一批倡导手工业、反对机器化大生产的设计师阻碍了英国工业革命的持续领先，将英国乃至欧洲工业化引入装饰化的道路，使其未能保持工业化创新发展的先发优势。到了 20 世纪 20 年代，欧洲人仍然沉浸在怀旧的装饰设计中，而美国人已经开始广泛采用和推广工业革命带来的工业设计成果——批量化、标准化生产[145]，以福特 T 型汽车为代表形成快速占领欧洲市场的态势，美国超越英国成为世界最先进的制造业中心，美国也取代英国成为世界创新高地。第二次世界大战爆发以后，美国的加速崛起伴随着欧洲的快速衰落，美国树立了世界上最强大最创新的国家形象，至今仍然无法被撼动。在此过程中，工业设计发挥了重要作用。

德国是世界传统创新强国，这得益于德国较早进行了工业革命并锐意创新。19 世纪，“德国制造”是“假冒伪劣”的代名词，英国甚至在 1887 年发起了抵制德国产品的运动，对《商标法》进行修改并规定“Made in Germany”（德国制造）必须标注在所有从德国进口的商品上，目的是将德国产品与品质优良的“英国制造”产品加以区分。英国人对德国产品的抵制和立法行动引起德国人的彻底反省[146]。1907 年，设计师穆特修斯发起成立了由德国的企业家、艺术家和技术人员共同组成的全国性组织——德意志制造同盟，旨在提高工业制品质量以达到国际水平。作为推动制造业高质量发展的工业设计组织，德意志制造同盟以“从沙发坐垫到城市建筑”（Vom Sofakissen zum Städtebau）为口号，提出“将艺术、工业与手工艺结合”等先进设计理念，旨在通过设计的方式来提升德国工业产品在国际上的竞争力及影响力[147]。此后，为进一步推动德国制造业的创新发展和设计理论探索，格罗皮乌斯等人于 1919 年成立公立包豪斯学校（魏玛包豪斯大学的前身），强调重视综合考量功能、技术和经济因素的设计观念，“功能主义”成为德国设计的重要标签。为完成包豪斯的未竟事业，奥托·瓦格纳等人于 20 世纪中期建立了乌尔姆设计学院，提出了“系统设计”原则。与乌尔姆设计学院深度合作的博朗公司设计大师迪特·拉姆斯提出了“设计十项原则”，强调好的设计或产品必须要体现有创新、有价值、有美感等设计理念。德国对工业设计的发展起到重要推动作用，产生了大量优秀的设计师和重要的设计理念，深刻影响了现代主义等设计思潮。追根溯源，德国探索工业设计的目的是提高工业产品质量，推动本国制造业创新发展。经过 100 多年的努力，德国成功塑造了世界制造业强国、创新强国的形象，树立了“德国制造”品质优良的品牌，在精密仪器、大型机械、数控机床等高端制造领域遥遥领先于其他国家，高端机械

[145] 梁梅：《世界现代设计史图录》。《装饰》，1998 年第 1 期，第 58—62 页。

[146] 王军，韩笑梅：《“德国制造”品牌形象重塑的经验及借鉴》。《宏观经济管理》，2019 年第 8 期，第 68—74 页。

[147] 郭宜章：《第一次世界大战前德意志制造同盟参与组织的世界博览会研究》。《美术学报》，2021 年第 1 期，第 90—95 页。

制造成为德国制造业创新名片。此外，德国还拥有奔驰、宝马、大众等众多享誉全球的汽车制造品牌，是名副其实的制造强国。

日本和韩国作为亚洲发达国家和创新强国也同样经历过本国制造产品被国际市场抵制的阶段。尽管日本在明治维新之后就开展了现代化运动，但是“日本制造”水平在 20 世纪中期以前仍然是较为落后的。第二次世界大战结束后，在美国的帮助下日本经济得到快速发展，经济的高速增长拉动了工业设计的创新需求，同时日本也从美国学习了大量先进的工业设计理念，工业设计的创新发展对日本的制造业起到了决定性作用。日本根据本国国情走上了“轻、薄、短、小”的产品创新道路。丰田汽车于 1958 年在美国上市，但因为产品与美国市场需求不相符而被迫退出美国，20 世纪 70 年代石油危机爆发后，日本汽车以安全、轻便、时尚的设计风格打败了美国福特和通用等传统汽车，占领了美国汽车市场的半壁江山[148]。设计创新为日本制造业打开了美国市场，日本汽车是日本工业设计发展的一个缩影。除丰田和日产等先进汽车制造企业外，日本松下、索尼等企业也是世界闻名的创新型公司，家电和相机等电子产品是日本制造的又一名片。日本基于本国地小物少的特征，大力推进设计兴国的战略，这成为日本经济得以持续腾飞的关键。日本经济甚至被称为“设计经济”。

韩国的设计创新发展历程与日本较为相似，一方面有美国提供经济援助；另一方面有日本作为发展参照，韩国设计兴国道路走得更为顺畅。韩国政府一直重视设计产业的发展，将设计产业列为国家的支柱产业，大力实行“设计兴国”战略。自 1993 年起连续提出了三个促进设计产业发展的五年计划：第一个计划为韩国工业设计准备了基础环境，第二个计划建立了国家设计体系，第三个计划确立了在 2008 年成为全球设计领袖的目标。设计产业确实成为带动韩国经济创新发展的有力引擎。韩国三星集团是世界知名企业，仅旗下的三星电子于 2021 年就位列世界五百强第 15 位，三星手机常年占据全球市场份额第一位，与美国苹果手机并驾齐驱，企业品牌价值与创新力在行业中处于引领地位。

我国的国家创新形象塑造成效显著，深圳、上海和北京等城市的创新发展速度令人惊诧，深圳、上海、北京分别于 2008 年、2010 年、2012 年获得联合国教科文组织“设计之都”称号[149]。我国三大一线城市相继获评“设计之都”对宣传和塑造我国创新形象起到积极作用。作为我国对外开放政策的先锋城市，深圳是我国现代设计理念的萌生地和策源地，深圳“设计之都”建设有助于推动城市文化软实力达到国际先进城市水

[148] 周志：《日本工业设计的“仿造”模式分析(1945—1979)》。《装饰》，2010 年第 2 期，第 30—35 页。

[149] 金元浦：《三大设计之都引领中国创意设计走向世界》。《中国海洋大学学报(社会科学版)》，2014 年第 5 期，第 31—38 页。

平[150]，对持续推动本市和全国的创新发展起到引领作用。“创新”是深圳城市印象的总概括，深圳产生了大量全球顶尖的创新型公司，如华为、大疆等，这都是我国制造业创新的杰出名片。华为在全球市场已经崭露头角并独树一帜，华为5G通信技术领跑全球，华为手机(如图4-4所示)与三星手机、苹果手机可以同台竞争。大疆的研究领域是无人机(如图4-5所示)，在全球高端市场具有绝对领导地位，美国军队都选择大疆无人机产品。华为与大疆等中国企业以一流的技术产品重新定义了“中国制造”。设计创新正在重塑中国制造和中国城市的价值与印象，为推动国家科技创新和文明创新贡献了积极力量，对塑造我国整体创新形象作用甚大。

图4-4　华为 Huawei P50 Pro

图4-5　大疆 DJI FPV 无人机

4.3　工业设计协同生态保护

科技进步与工业化大规模生产给人们带来了前所未有的便利，但与此同时，毫无节制的生产和消费活动打破了人类与自然之间的平衡，使得自然生态严重失衡。在以往的设计中，我们以“解决问题”或“满足需求”为目的而展开。这一理念过于强调设计行为中人的主体地位，对人类赖以生存的自然生态环境缺少足够的关注和保护。日本工业设计大师深泽直人认为：自己、他人、物品都是“环境”的一部分，都是包含在内嵌套状态的事物[151]。传统的设计思维由于忽视了人与环境的联系，将人与环境割裂开来，以至于在社会高速发展的同时，往往伴随着资源过度消耗、环境破坏等问题。在设计行为之始，我们就应该把人与其所处的环境视为一个整体系统，将生态的概念纳入设计的考量范围，对其进行整体性的设计思考。时至今日，愈发严重的环境问题摆在了人类的

[150] 姚正华：《深圳成为中国首个“设计之都”的背景及意义》。《装饰》，2011第12期，第21—24页。

[151] 后藤武，佐佐木正人，深泽直人：《设计的生态学》。桂林：广西师范大学出版社，2016年版，第78页。

面前，使我们不得不深刻反思设计的生态责任。设计关注生态、设计保护生态成为当前工业设计学科重点关注的研究领域。

4.3.1 生态失衡与生态考量

在生态学中，“生态”是一个关系性概念，指生物与其周围要素相互作用形成的整体系统[152]。生态理念作为“生态学”研究人与自然环境、社会环境的生态保护和生态发展的观念，揭示了自然生态与人文生态的全面平衡关系。自然生态侧重于人与自然的直接关系，向人提供健康的物质性需求；人文生态侧重于人与社会的直接关系，维持社会群体的心理平衡[153]。无论是自然生态还是人文生态，都是由众多的生命个体、物质成分及其所处的空间组成的整体系统，各组成要素之间联系紧密且复杂。在正常情况下，生态具有一定的自我调节能力，足以应对系统内部的突发情况。

规模化是工业生产的典型特征，大规模的社会化生产与人类物质生存条件的改变、自然生态环境变化存在密切联系，极易造成严重的社会问题和生态问题(如图 4-6 所示)。随着工业社会的高速发展、人们消费的不节制，人造物对生态环境造成极大的破坏并超出了其自我调节能力范围，直接导致自然生态发展失衡。生态平衡对生态可持续发展具有十分重要的意义。从长远来看，生态平衡是经济平衡的物质基础。严重的生态失衡最终将会导致人类社会的覆灭[154]。只有正视生态问题并着力维持生态平衡，人类社会才能得到可持续发展。

图 4-6 环境污染

[152] 郭晓虹：《“生态”与“环境”的概念与性质》。《社会科学家》，2019 年第 2 期，第 107—113 页。

[153] 陈根：《生态设计及经典案例点评》。北京：化学工业出版社，2016 年版，第 2—3 页。

[154] 于法稳：《中国生态经济研究：历史脉络、理论梳理及未来展望》。《生态经济》，2021 年第 8 期，第 13—20，27 页。

关于生态的思考，我国有着悠久的历史。例如，传统道家文化提出了一个十分重要的概念——道法自然，即倡导人与自然的和谐共生，并以此观念对人们进行生产实践指导[155]。这一观念对现代社会的可持续发展依然具有战略指导性作用。生态平衡涉及人类生活的各方各面，如何更稳健、更高效地推行并落实生态保护战略成为人们关注的焦点问题。

工业设计作为工业化社会人类生产活动的源头，对促进生态可持续发展负有不可推卸的责任。我们要确保工业设计对人类社会发展起到积极作用，从而促进生态平衡和推动社会进步。在当前资源过度消耗、生态失衡的背景下，如何处理设计与生态的关系，发挥工业设计的积极引导和实质推动作用，将是摆脱当前生态困境，实现社会绿色发展的重要途径。

4.3.2 生态失衡的设计反思

工业设计学科与行业对生态失衡的反思大致经历了三个阶段：设计关注生态环境、生态设计观觉醒、生态设计理论持续发展。在这个过程中出现了大量的设计流派与设计理念，有正向的也有反向的，结果是设计师与设计行业在发展中逐步重视生态问题，并提出绿色设计、可持续设计等重要设计理念以保护生态，并进行相关设计实践，履行设计对生态良性发展的社会责任。

1. 商业设计引发生态关注

蒸汽机作为工业革命的第一件伟大发明打开了人类大机器生产的大门，而工业革命为人类带来了机械化、标准化、批量化生产的全新生产方式，促使贵族商品与精英化设计向大众化转变。人们享受着工业革命带来的丰硕成果，生产力与消费水平在短时间内达到了以往数千年不可企及的高度。而在社会的生产消费行为的持续膨胀过程中，必将包含某些事物的毁坏、合并及转化的过程[156]。例如，在生产及消费纸质用品的完整周期中，就势必会涉及木材的砍伐、工业漂白等流程，也就直接或间接地破坏了生态的发展平衡。工业革命是人类第一次对生态环境的大肆破坏，并为后续的环境污染与生态失衡埋下重大隐患。由于 20 世纪前期设计行业的生态平衡观念缺乏，此时期的工业设计无形中充当了生态破坏的帮凶。

两次世界大战以后，世界中心从欧洲转向美国，人类步入丰裕社会，消费需求逐渐膨胀，物质品类极大丰富。美国为推动消费和经济增长产生了商业性设计，设计逐渐成

---

[155] 张致镈：《论中国传统文化对中国工业设计的指导作用》。《今古文创》，2021 年第 15 期，第 66—67 页。

[156] 吴志军，彭静昊：《工业设计的伦理维度》。《伦理学研究》，2016 年第 4 期，第 122—126 页。

为商业的附庸。在此期间大量以刺激消费为目的的设计出现，样式设计逐渐流行，有计划废止制大行其道。为了追求商业利益的最大化，企业和制造商开始倡导新消费理念，通过人为的方式加快商品淘汰速度，迫使人们不断购买他们所设计和生产的新品，其核心理念是设计上的“有计划的商品废止制”。这种商业上的废止计划在汽车设计领域(如图 4-7 所示)尤为明显，当时众多的汽车企业在技术性能上的竞争已达到瓶颈，为了继续争夺用户群体，他们开始通过外观上的迭代以更时尚的造型来吸引用户，当市场饱和之后，又开始预先设置汽车的使用寿命，使其在一段时间之后无法使用，迫使用户继续购买他们所推出的新品[157]。美国的商业设计虽然在短期内取得了巨大的经济效益，但在经济提升的背后，却付出了沉重的生态代价。这种商业上的计划性报废，造成许多不必要的资源消耗，无节制的消费欲望又促使这种情况愈发严重。随着有计划废止制的广泛推行，工业设计与生态环境之间的矛盾日益凸显。迅速恶化的生态环境使得部分设计师开始对美国的商业设计提出了质疑，认为这种商业上的有计划废止制不仅是对消费者的欺骗，也是对生态环境的掠夺，是一种极不负责任的表现。长期无节制的资源消耗最终带来了能源危机。伴随着消费者权益意识的觉醒，人们开始从消费时尚中走出来，斥责这种不负责任的商业模式，商业性设计迎来寒潮，绿色设计观念逐渐孕育。

图 4-7　美国商业设计下的汽车

2. 生态设计观的觉醒

面对美国的商业设计，美籍奥地利设计师维克多·帕帕奈克提出了严厉批评，并首次将生态理念纳入工业设计。他认为生态环境的破坏与工业设计密切相关。当时的商人，尤其是汽车生产商为了实现短期的经济利益，积极推行有计划废止制，给民众灌输一种

[157] 何人可：《工业设计史》。北京：高等教育出版社，2010 年版，第 114—115 页。

快时尚的、用后即弃的消费思想[158]。这种消费文化造成了资源的大量浪费，给生态环境造成了新的压力，不利于人类社会的长期发展。随后他在 1971 年出版的 *Design for the Real World:Human Ecology and Social Change* 一书中提出了“有限资源论”，并对有计划废止制进行强力批判，让人们关注设计中的生态理念。他强调设计应当考虑地球的有限资源问题，设计应当致力于保护地球的生态环境。但当时的人们沉醉于新兴的消费文化，并没有意识到工业设计生态观的重要性[153]。帕帕奈克的设计观念不仅没有得到应有的重视，甚至被当时的美国设计界视为异端，美国设计界认为他的这种颇具理想主义的设计思想只是“危言耸听”，并在 20 世纪 60 年代末将其从美国工业设计师协会开除。但随着美国商业设计的继续扩张，资源的不断消耗最终导致了 70 年代能源危机的爆发。人们这才意识到设计生态观的重要性，并试图从中寻求出路。

帕帕奈克的设计观念虽然在当时颇受争议，但作为工业设计在生态视角下的第一次思考，具有里程碑式的意义，为后来者研究设计生态观打下了坚实的基础，并对绿色设计思潮产生了直接的影响。绿色设计理念的核心原则也被称为“3R 原则”，即“Reduce，Reuse，Recycle”，要求在设计过程中尽量减少非必要的材料消耗，减少有害物质的排放，使产品和部件能有效回收与再利用。绿色设计在技术与观念层面对工业设计提出了新的要求，在具体产品中表现为一种造型上的简单、质朴风格。绿色设计是对环境污染、资源浪费、生态失衡的设计反思，是倡导生态平衡的设计强音，代表设计界生态设计观的彻底觉醒，对其后出现的可持续发展理念有重要启发。

3. 生态设计理论的持续发展

面对日益恶化的生态环境，人们开始普遍倡导生态平衡观念，设计生态观（如图 4-8 所示）由此迈向发展新阶段。联合国在 20 世纪 80 年代开始呼吁“在起支撑作用的生态系统的承受能力范围内，改善人类生活的质量”。随后引发了社会各界组织的关注，当时的自然保护国际联盟（IUCN）于 1980 年首次提出了可持续发展（Sustainable Development）这一概念。随后世界环境与发展委员会在 1987 年出版的 *Our Common Future* 一书中将其表述为：满足当代人需要又不损害后代人需要的发展[157]。可持续设计实际上是一种构建和开发可持续解决方案的策略性设计活动，要求均衡考虑经济、社会、环境和道德等问题，再思考设计满足和引导消费，维持消费的持续满足[159]。历史经验表明，即使环境保护理念深入人心，倘若在经济等因素上缺少考量，再好的理论也终会被束之高阁，难以应用于实践。

[158] 维克多·帕帕奈克：《为真实的世界设计》。北京：中信出版社，2012 年版，第 61—91 页。
[159] 张菲：《景观中可持续性设计的探究》。《建材与装饰》，2018 年第 41 期，第 79—81 页。

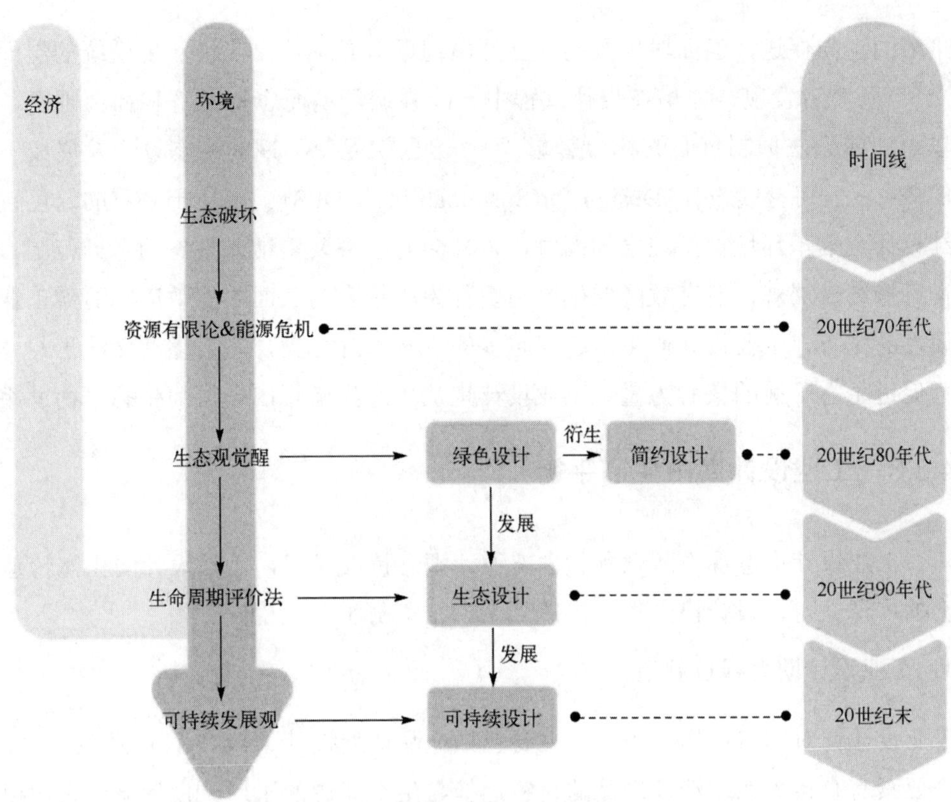

图 4-8 设计生态观发展轨迹(作者自绘)

基于可持续发展理念及帕帕奈克的“有限资源论”，绿色设计等积极践行可持续发展理念的设计在保护环境和促进生态平衡的社会生产中发挥了重要作用。绿色设计经过持续发展在 20 世纪 80 年代衍生出了简约主义。相比于绿色设计，简约主义更注重从产品的外观造型层面入手，以极致简单的造型来减少不必要的资源消耗，是工业设计在造型层面对生态理念的响应。20 世纪 90 年代，在生命周期评价方法的支撑下，早期的绿色设计发展为“生态设计”[160]。此后联合国环境规划署(UNEP)于 1997 年发布《生态设计——一种有希望的可持续生产与消费思路》，首次以官方的形式向社会推广生态设计这一概念[161]。此时生态保护理念下的工业设计已深入人心，部分西方企业为增强并巩固其市场竞争力，开始引入生态设计和绿色设计等观念，以降低生产消费行为对环境的影响。工业设计也由此实现了从以往破坏生态向促进生态平衡的转变。在工业设计的发展过程中，绿色设计、简约设计主要面向物质产品的技术层面，生态设计考虑产品生命周期对环境造成的影响，它们都是在设计层面对可持续发展的有益探索，实现工业设计对

[160] Madge P.: Ecological Design: A New Critique. Design Issues, 1997(13):44-54.

[161] Clark G, Kosoris J, Hong L N, et al: Design for Sustainability: Current Trends in Sustainable Product Design and Development. Sustainability, 2009(1):409-424.

生态平衡的正向促进，但面对庞杂的社会环境问题，必须从更广泛和更系统的层面进行思考[162]。研究者发现，如果在设计过程中一味强调环境而忽视经济和社会因素，企业将难以盈利或无法抑制负面的社会影响[163]。这也就促使早期的生态设计发展成一个更广泛的概念——可持续设计(Design for Sustainability，DFS)。相比于之前的绿色设计，可持续设计在继承环境保护理念的同时，将社会与经济要素纳入生态的考虑范围，全方位贯彻可持续发展观，能有效降低生产消费行为所带来的负面生态效应。随着工业设计生态属性的完善，工业设计衍生出越来越多的生态理念分支，它们逐渐交织于一体，设计成为促进生态平衡的核心力量。工业设计也从生态失衡帮凶转变为生态平衡助手。

4.3.3 工业设计助力生态平衡

随着工业设计生态观不断觉醒和生态设计理念持续发展，工业设计的生态价值得到了社会的广泛认可，设计已经深入渗透到生态平衡与工业化生产之中。

1. 工业设计助力绿色制造

工业设计针对制造业生产的工作主要包括产品造型设计、CMF 设计及包装设计等，与生产要素有直接关系，涉及产品的材料选择与生产能源的采用。批量化、大规模是工业化生产的特点，在设计中极小的不合理也会被庞大的生产规模所放大，造成资源的极大浪费和环境的严重污染。同样，工业设计中微小的生态考量也会被放大，对促进生态平衡形成巨大的推力。因此，在设计初期，产品要素的选择变得极为重要，而绿色设计等设计理念对引导制造业绿色生产具有显著引导作用。越来越多的绿色材料被应用于工业设计实践中。在满足功能的前提下，合适的绿色材料不仅能实现生态平衡的正向促进，还能减少产品开发的经济成本。例如，竹集成材料(如图 4-9 所示)，作为一种经济、耐用的材料广泛应用于家具制造等领域，是木材的极佳替代品。竹材的生长周期短，力学性能良好，其广泛应用能有效减缓森林资源的消耗。在确保产品功能和质量的前提下通过优化产品的结构来减少原料的使用，可以使产品更加轻巧且环保。此外，受环保理念影响的产品外观造型也开始朝着简洁化和小型化方向迈进，繁复的造型和装饰在设计中运用得越来越少。产品的小型化能够节约生产原料，减少其运输及储存成本，在满足经济效益的同时进一步降低碳排放，实现生态与经济双赢。

---

[162] Crul M R M, Diehl J C: Design for Sustainability a Practical Approach for Developing Economies Nairobi. United Nations Environment Program (UNEP), 2006.

[163] Arnette A N, Brewer B L, Choal T: Design for Sustainability (DFS): The Intersection of Supply Chain and Environment. Journal of Cleaner Production, 2014(83):374-390.

图 4-9　竹集成材料

在生态理念日趋增强的当下，能源结构的优化也受到了人们的重视。工业设计中的能源结构逐步从以往的“化石能源”主导体向“新能源—化石能源”混合体转变，如新能源汽车(如图 4-10 所示)。比亚迪和特斯拉等汽车制造企业已经在新能源汽车的研发与生产中取得了丰硕成果，新能源汽车成为当下购车新选择与新潮流。广州、西安等国内大城市已基本实现公交车新能源化，“电车”正快速取代“油车”并最终实现全面替代，为降低我国大城市的碳排放做出重要贡献。越来越多的新能源产品将被设计出来，对促进我国绿色制造发展产生巨大推动作用。

图 4-10　Tesla 新能源汽车

2. 工业设计引导绿色消费

绿色设计等积极倡导环境保护的设计理念也会对人们的消费观念造成深刻的影响。在具体产品的设计中，可以通过产品向人们传递生态理念，引导其绿色消费行为。新能源汽车的设计生产能在一定程度上鼓励人们采用清洁能源；布制购物袋的推广能引导人们放弃一次性塑料袋；可降解材料的食品包装设计能鼓励消费者进行绿色消费；在产品包装设计中增加环保的故事和细节有助于培养消费者的生态保护意识。例如，农夫山泉推出的长白山系列矿泉水(如图 4-11 所示)，设计师通过在瓶身印制长白山原始森林中的动植物，以一个个鲜活的生命形象激发人们的环保意识，进而引导人们绿色消费，为生态平衡贡献一份设计力量。

图 4-11　农夫山泉长白山系列矿泉水

此外，工业设计对绿色消费的引导也体现在非物质产品(服务)当中。在人们以往的消费过程中，物质产品的消费占据主导地位，认为拥有的物品越多，获得感越强。当下第三产业成为消费热点，服务质量变得比实体产品本身更重要。其中，共享单车很好地诠释了人们需要“最后一公里”的交通服务，而不是自行车本身，“共享”经济成为设计新概念。共享产品既能满足人们的生活需求，又能有效减少个人资源占有造成的资源浪费，对人类的绿色消费是一个新探索，对生态平衡的发展具有积极作用。从产品领域逐步向系统、服务与体验延伸，以无形的服务代替有形的物品[164]，是工业设计响应绿色消费的另一种解决方案。

3. 工业设计促进可持续发展

在人们的生产消费活动中，资源的浪费问题一直以来都难以得到解决，资源回收也存在诸多实际困难。随着生态平衡理念的宣传普及，工业设计对消耗较少资源以促进社会可持续发展进行了许多有益探索。为应对资源节约与社会发展可持续交织的问题，工业设计开始重视产品的功能多样化与造型的简洁性，以减少产品生产中的资源浪费。模块化设计(如图 4-12 所示)能对产品进行分割，使其成为更多更小的基本结构单元，产品的结构更加灵活，这样创造出更多的使用可能性，也利于产品的维修更换，有效延长产品的使用寿命。

[164] 陈羽：《论绿色设计对消费行为的引导》。《包装工程》，2003 年第 3 期，第 83—85，90 页。

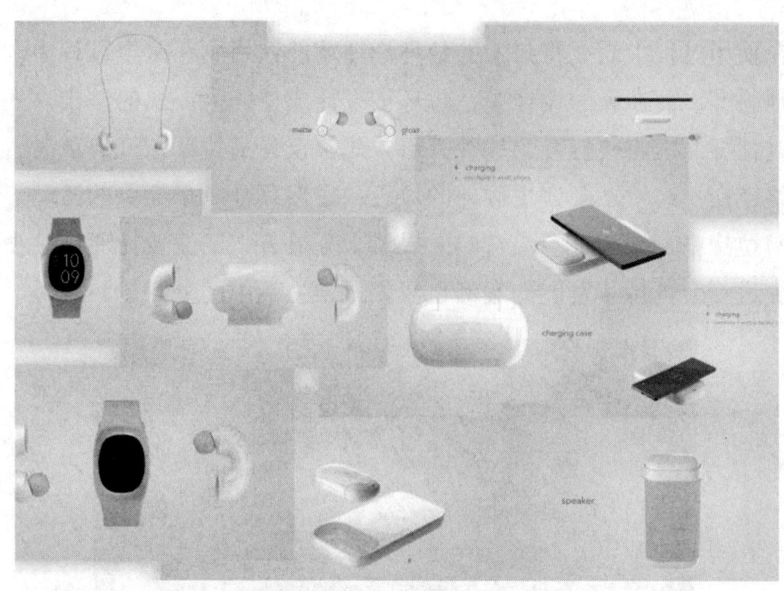

图 4-12　模块化设计

无印良品等企业强调产品设计和包装设计的装饰克制，从而减少资源损耗，并大量使用可回收材料。此外，在产品完成其设计目的而被废弃后，如何开发其新的用途转而实现废物利用也纳入工业设计的考虑范围。例如，韩国三星电子公司的数码产品包装箱(如图 4-13 所示)，设计师通过预先的设计处理，可以使其在实现包装功能后，拆分重组为桌面收纳盒，创造新价值，从而减少资源浪费。

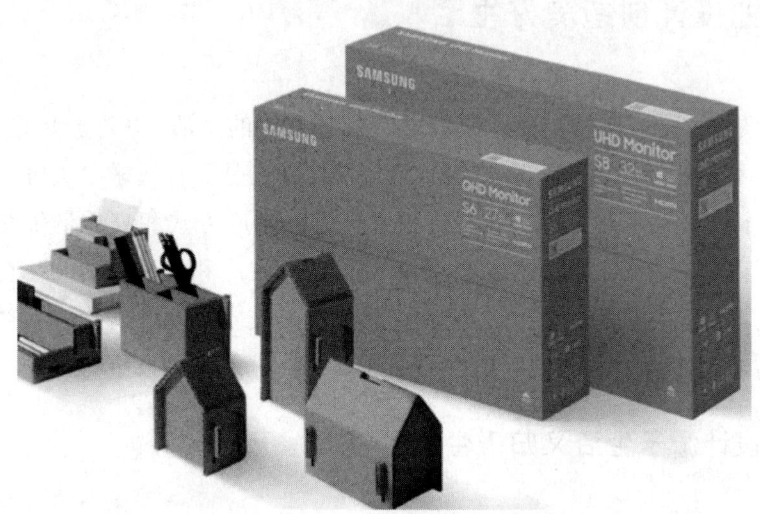

图 4-13　再循环使用的包装箱

在大部分情况下，资源浪费发生在无意识的行为中，因此即使人们的环保意识已得到加强，资源浪费也依旧难以避免，此时工业设计需要通过一些优化设计帮助用户减少该行为的发生。典型案例当属易拉罐(如图 4-14 所示)的设计，一般的易拉罐拉环是外掀式的，人们在使用过程中需要将封口的拉环拉掉才能饮用。在这个过程中，被拉掉的拉环被无意识地丢弃。而在新的设计中，拉环被设计成杠杆内嵌式的结构，人们在使用过程中需要通过杠杆原理将其打开。这种开启方式不仅使易拉罐的开启更为省力，同时拉环与罐体始终连在一起，不会产生额外的垃圾。虽然只是一个简单的改动，但应用在消耗量巨大的易拉罐中，减少资源浪费的效果就十分显著。工业设计通过减少资源浪费以保护环境，促进社会可持续发展的案例在我们日常生活中随处可见。

图 4-14 便于回收的拉环设计

4.4 工业设计创造美好生活

生活美学是当代社会的热门词汇，每个人都想要好的生活，并进一步追求美的生活。“生活美学”，不仅是一种关乎“审美生活”之学，而且是一种追求“美好生活”的幸福之道[165]。设计起源于人类生存与发展过程中对高效生产方式和高质量生活方式的不懈追求，最早可追溯到石器时代原始人选择第一块适合生产和生活的石头。在科技发达的现代，工业设计比以往拥有更多可支配的资源要素和技术手段，将会为人类生活创造更加美好的生活。超前于生活的设计更会引导人类生活进入新的发展方向。

4.4.1 设计源于生活又归于生活

设计比艺术和科学更早地出现在人类生活中[166]，科学与艺术是人类对自然和自我的后天认识，而设计是人类在生活中的自觉行为。设计源于生活，“源”在于生活的“问

[165] 刘悦笛：《中国人的美学，沉浸在生活里》。《齐鲁晚报》，2021 年 12 月 18 日，第 13—15 页。

[166] 柳冠中：《中国工业设计断想》。江苏：江苏凤凰美术出版社，2018 年版，第 5 页。

题或需求”，问题的解决与需求的满足是设计的本质，设计无法脱离生活独立存在，生活带给设计无限的创造力。与此同时，设计归于生活，设计持续正回馈于生活，服务于生活，为生活发现和创造新价值。

自人类有目的地、有意识地制造工具以来，设计就开始萌芽、形成和发展。人类历史的发展伴随着设计的发展，设计与人们生活密不可分，设计活动为人类社会的发展提供了基础物质保障[167]。人类在适应环境、改造环境的过程中，生产、生活都离不开设计活动，尤其是衣、食、住、行等重要的生活场景。为了获取食物，原始人开始造物来自主满足生活需求，使用石器、木棍等简易工具进行狩猎和采集甚至驱逐猛兽等，这促进了人类生活方式、思维习惯及社会群体的发展。人类想方便地储藏食物和水，于是设计了陶器；人类想自主地生产粮食，于是设计了农具等。设计是一个发现问题、解决问题以满足需求的过程，最终目的是创造更好的生活。

随着社会的发展，新的需求不断出现，人类无时无刻不在发现问题、解决问题，设计总在寻求更好的解决办法。可以说，设计是人类的一种本能，每个人都是设计师，每个问题都可以作为设计问题或通过设计来解决。在大数据、互联网、智能技术发展的时代背景下，设计给我们生活带来新的方式、理念和可能，将会满足我们新的生活需求，新的生活需求又将推动设计创新。设计归于生活是设计与生活的良性互动和可持续循环发展所导致的必然结果，设计创造新生活，而新生活又催生新设计。约翰·赫斯科特曾把设计比为语言：“设计和语言是人生而为人的根本特征”，同语言一样，设计是无法避免的[168]。语言只有被人类运用到生活中，人们通过它进行信息交流和情感交流，才算真正发挥它的价值；设计只有真正运用到生活中，才算真正实现自己的使命。设计是一种社会活动，在人类社会早期，设计与生活是一体的，生活本身就是设计，设计就在生活之中。设计脱离生活，必将变成无源之水。设计不仅是为了生活，设计本身就是一种生活。人人都可以设计，人人都是设计师。全球顶尖的可持续设计、社会创新设计专家埃佐·曼奇尼教授，在《设计，在人人设计的时代：社会创新设计导论》一书中指出：“在这个世界中，每个人，无论是否愿意，都必须不停地设计并再设计自己的存在方式”[169]。

随着社会分工细化，设计变成一种专门化、学院化、社会化的活动，设计效率大大提高。从事设计的队伍越来越壮大，整个设计行业发展前景广阔，同时也出现了一些问

[167] 宗立成，罗彩云，尹夏清：《早期中国的造物设计哲学观念阐释》。《包装工程》，2020 年第 22 期，第 15—20 页。

[168] 宗立成，王娜娜：《设计文化之源与核心因素研究》。《设计艺术研究》，2021 年第 11 期，第 138—142 页。

[169] 埃佐·曼奇尼：《设计，在人人设计的时代：社会创新设计导论》，钟芳、马谨译。北京：电子工业出版社，2016 年版，第 15 页。

题，如商业性设计，当成本、利润等众多经济因素需要考虑时，人的生活需求不再是设计考虑的核心要素。短期来看，它能够给企业带来大量利润，使得整个行业乃至整个社会的经济繁荣发展；但长远来看，当它到达一个相对饱和的阶段，或者说到达阈值时，许多问题将会暴露出来，影响人们的生活。设计源于生活，又归于生活，人们不应为了满足人的虚荣心和主观臆想世界而设计，必须为真实的生活而设计。

4.4.2 设计塑造新生活形态

设计考虑的是什么人在什么环境中要完成什么事，而在这三大要素中，人是核心要素。设计的目的是服务于人，用于生活，设计是人类的一种生存方式[170]。设计的本质是改善生活品质，创造新生活。设计让生活拥有无限可能，是构建新生活形态的关键手段。衣食住行等与生活密切相关领域的变化可以让我们简单地读懂设计创造新生活的价值。

私家车曾经是人们追求的主流交通工具，它既是代步工具，也是身份和财富的象征。随着时代发展，公共交通与“共享出行”成为新的出行方式，如高铁、共享单车等。高铁(如图 4-15 所示)是我国解决人民出行问题的伟大实践。中国动车与高铁里程位列世界第一，覆盖了我国大部分的区域，为我国人民交通出行提供了快捷优质的选择。高铁技术不是中国原创的，但中国高铁交通网络与高铁出行服务则是扎根中国本土的伟大创造。中国高铁之于工业设计的创新意义不在于和谐号的外观设计，而在于将“中国人民的出行方式”作为设计目标进行设计。从设计事理学的角度解释，中国人民需要的不是高铁，需要的是能够满足超过 14 亿人口出行需求的便捷高效的交通服务。中国高铁做到了，这是设计为人民生活切实创造的价值。与高铁解决的长途出行不同，共享单车(如图 4-16 所示)的口号是“解决最后一公里”。“最后一公里”是概数，并不是指严格意义上的一千米，针对的是公共交通的末梢。在很多生活场景下都存在“最后一公里”问题，如上班距离公司的“最后一公里”、下班距离家的“最后一公里”。共享单车运用信息时代的数字技术，将产品设计与服务设计融合，针对人们交通末梢的痛点，形成了一套系统的“最后一公里”交通服务设计，为人们的出行创造新的方式。人们只需进行简单的二维码扫描操作就可以使用共享单车，完成短途骑行之后只需支付很少的费用。共享单车是分时租赁交通工具的代表，避免了个人占有物质资源造成的不必要浪费，形成了一种新型绿色环保共享经济。

智能家居随着信息技术的高速发展逐渐变成普通人触手可及的事物。以小米 AIoT 为代表的智能家居设计(如图 4-17 所示)不仅实现了家居远程遥控，还有望实现全屋互

[170] 李立新：《我的设计史观》。《南京艺术学院学报（美术与设计》，2012 年第 1 期，第 8—15 页。

联。家庭电器可以通过智能物联网系统(AIoT)交换数据并协同工作。睡前起身去关灯的情形将不再出现，手机成为居家空间控制核心；风扇、空调、加湿器、灯具、窗帘等家居设备将协同用于调整屋内温度、湿度、可见度；手机、电视、计算机、摄像头、门禁将协同用于保障居家安全。智能化家居生活时代到来时，智能化家居设计将颠覆传统的家居生活形态，在解放人类身体的同时，为人类带来更加安全舒适的生活体验。随着智能化技术的进一步发展，无人驾驶汽车将成为现实可能的出行方式。智能汽车将成为新的生活数据中心、娱乐中心，也将成为“居家”场所的扩充部分，对创造新的生活空间和新的生活体验产生重要影响。

图 4-15 “复兴号”高铁

图 4-16 共享单车

图 4-17 小米智能家居设计

在食物富足的今天，我们比以往任何时候更加强调食品安全。但是乡村生产有机蔬菜与城市获取安全蔬菜一直存在沟通不畅的问题，如何实现农民与市民之间“安全食品”供给成为一个设计新课题。当前很多城市开展了相关设计研究与合作项目，如广西柳州的“爱农会”，该机构产生的缘由是市民在市场上买不到好吃的安全有机食物，而农民辛苦种植的有机食物无路销售。一方面是为了帮助农民，另一方面是为市民提供稳定的有机食物供应链，“爱农会”应运而生。该机构在销售传统农产品的同时，传播传统有机农耕知识，向城市推广可持续的生活方式[171]，拓宽了农民与市民的交流渠道，提高了农民与市民的沟通质量。“爱农会”以“食品安全”为基础，运用服务设计的相关设计思维，通过农产品销售平台沟通相关利益方，以城市社区支持农村农业，既保障市民需求，又实现农民增收，构建了农民与市民联动的新生活方式。

衣服的原始功能是御寒遮羞。时至今日，衣着成为一种自我个性表达的方式，承载了个人审美、财富占有、社会地位等多重功能，人们对服饰的功能与非功能需求逐渐变得复杂化。伴随着社会分工细化，服装设计越来越细分，每个行业不同的工作性质和特点都决定相应服装的特殊性。服装的基础功能可以得到轻易满足，但人们对服装服饰的审美要求与其他特殊要求越来越高，虽然绝大多数人没有直接参与服装设计，但对衣服的选择和搭配本身就是一种自觉设计意识的体现。设计在人们生活中越来越被重视，默默地改变原有的生活方式，塑造人们的新生活。

4.4.3 迈向“以人民为中心”的设计

美好生活是世界人民的共同向往，在不同的年代，人们对美好生活的定义也会有所不同。战争年代，人们心中的美好生活是世界和平、丰衣足食；和平年代，人们心中的美好生活是物质与精神富足、个性发展。日本设计大师三宅一生认为：“设计的目的不是探寻哲学，而是生活。”如何通过设计使世界人民获得同等美好的生活，保障人民的美好生活是设计的社会使命。

我国没有经过完整的工业革命，工业设计的出现与普及相对较晚，本土化设计理论尚不完善。20 世纪 50 年代，在快速建设时期，当时设计的社会责任被定位为“美化人民生活”；到了二十世纪八九十年代，随着社会的快速发展，设计的社会责任也从“美化人民生活”转变为“创造新的生活”，一批展现出新的时代精神内涵、新的生活方式和文化特色的优秀设计作品应运而生[172]。现在，“以人民为中心”的工业设计发展理念成为中国工业设计适应新时代要求而提出的本土化原创设计理论，对促进我国社会发展和助力人民创造美好生活有着深远影响和重要意义。

“以人民为中心”是“以人为本”的理论演进和升华。“以人为本”不仅主张人是发展的根本目的，回答了为什么发展、发展“为了谁”的问题，而且主张人是发展的根本

[171] 埃佐・曼奇尼：《设计，在人人设计的时代：社会创新设计导论》，钟芳、马谨译。北京：电子工业出版社，2016 年版，第 11—12 页。

[172] 严晨：《以绿色包装设计为例谈绿色设计之社会责任》。《设计艺术研究》，2021 年第 2 期，第 5—8 页。

动力，回答了怎样发展、发展“依靠谁”的问题。“人本主义”思潮无论是在国内还是在国外，其实古代都早已有之。古希腊哲学家普罗泰戈拉提出“人是万物的尺度，是存在的事物存在的尺度，是不存在的事物不存在的尺度[173]。”以人为本的理念强调了人作为事物核心的特性，阐述了社会发展要以人为原始考量的原则。“以人为本”的理念在设计界也早已有之。20 世纪早期，现代主义运动中格罗皮乌斯等设计师已经提出带有社会主义色彩的“大众化”设计思想，明确反对设计精英化，强调产品应由所有人共有，“以人为本”的设计思想在设计界开始萌发。20 世纪后期，西方世界进入后现代主义阶段，设计理论更加多元化，设计活动转向对人自身的关注，日用品的设计生产不是为了制造和使用，而是为了购买和消费[174]。设计的人文主义情怀逐渐兴起，“以人为本”的设计理念被明确提出。“以人为本”的设计理念明确了人在设计中的主体地位，设计活动必须关注人的真实需求与人的适用性。“以人为本”的设计理念超越了功能主义，强调要切实考虑人的情感、精神、生理、心理乃至社会性需求，是对人作为社会和世界中心的呼应。

将设计史与社会主义发展史联系在一起，我们可以发现二者之间的内在联系：社会主义强调了社会发展为了人民，设计强调了人作为设计活动的出发点，对“人”的关注两者是相通的，“大众化”“以人为本”等概念均被先后作为二者的重要理论核心。设计活动与社会主义发展存在密不可分的关系，先进的设计理论对促进社会主义发展具有重要推动作用，与社会主义理论存在相通性。早期的工业设计师格罗皮乌斯等人也表现出强烈的社会主义色彩。

自 21 世纪初西方资本主义社会显示出发展疲态以来，资本主义社会制度的弊端进一步暴露：国家政治资本化、整体社会发展调控不力、贫富差距持续扩大、底层人民福利无法保障。中国特色社会主义的优势逐渐显现。2021 年 4 月 6 日，《人类减贫的中国实践》白皮书显示，到 2020 年底，中国如期完成新时代脱贫攻坚目标任务，现行标准下 9899 万农村贫困人口全部脱贫，区域性整体贫困得到解决，完成消除绝对贫困的艰巨任务。1978 年以来，按照现行贫困标准计算，中国 7.7 亿农村贫困人口摆脱贫困；按照世界银行国际贫困标准，中国减贫人口占同期全球减贫人口 70%以上。中国在建设中国特色社会主义的过程中完成了中国脱贫减贫的关键性历史任务。此外，中国在发展中逐步承担起大国的责任，在推动全球经济发展、维护世界和平、促进地球生态平衡、创造人类幸福等方面均做出独特贡献。

---

[173] 北京大学哲学系外国哲学史教研室：《西方古典哲学原著选辑：古希腊罗马哲学》。北京：三联书店，1957 年版。

[174] 李万军：《现代设计：从人本走向审美》。《华中科技大学学报(社会科学版)》，2016 年第 4 期，第 40—45 页。

“以人民为中心”的设计理念超越了“以人为本”的设计理念，其将无特殊属性的“人”集合并重塑为具有社会主义属性的“人民”，“人民”相比于“人”是一个集合性概念，意义更为丰富和深沉，实现难度也更大，并且“人民”是中国特色社会主义社会的人民。“以人民为中心”的工业设计发展理念的基本宗旨是，人民是历史的创造者，是国家前途命运的根本力量；设计必须坚持人民主体地位，践行全心全意为人民服务的根本宗旨，将群众路线贯彻到设计活动之中，把人民对美好生活的向往作为设计目标，依靠人民进行创新创造。为了人民、服务人民、依靠人民、为人民创造美好生活是“以人民为中心”的工业设计发展理念的理论核心。

相比于“绿色设计”“可持续设计”等基于西方世界科技超前发展而被动催生的设计理念，“以人民为中心”的设计理念显得更加生动鲜活，符合我国国情，我们甚至可以将之概括为“以人民为中心的设计”。原因在于其生长于中国特色社会主义的土壤上，“人民”始终是社会主义社会发展的目的，围绕人民的设计是践行发展为了人民的初心使命。我们站在人民的角度考量设计，而不是站在设计的角度考量人民。“以人民为中心”的工业设计发展理念是“设计”在中国特色社会主义环境下必然出现的一种理论和实践探索方向，它符合社会与广大人民群众对设计行业的共同要求。

“以人民为中心”的工业设计发展理念生长于中国，服务于中国人民，中国国情是其基本立足点。“以人民为中心”的工业设计主要目标是通过设计协调“人民日益增长的美好生活需要和不平衡不充分的社会发展之间的矛盾”，用设计为人民创造美好生活，使社会分配更加公平，促进人民共享社会成果而产生获得感，增强人民参与社会主义建设所拥有的幸福感。

立足工业设计学科的发展逻辑，结合马克思主义理论和中国国情，“以人民为中心”的设计理念包括：人民生命安全至上、创造民生福祉、追求美好生活、实现人民共同价值等四层递进的价值关系。其设计原则是，设计立足人民需求，设计及时解决人民问题，设计尊重人民意愿和情感，设计持续创造人民福祉，以人民满意为评价设计成功的唯一标准。当前关于“以人民为中心”的设计实践重点涉及的领域包括设计扶贫和艺术乡建之于乡村振兴；社会创新设计之于老城活化和老旧社区改造；抗疫设计之于国家防疫安全与重大灾害防治；大健康设计之于人民生活健康等，这些均是与人民当下切身利益息息相关的领域。其目的主要是保障人民安全、协调社会分配、为人民创造福祉、促进人民自由发展，对人民生活具有重要意义。

“以人民为中心”将始终是中国社会发展的核心理念之一，“以人民为中心”的工业设计发展理念将会随着中国社会发展进一步扩展到与“人民”相关的更多领域，需要我们持续不断探索，保障全体人民的生活质量，为人民创造更加美好的生活。

思考题

1．工业设计如何影响生态环境？

2．工业设计如何推动制造业转型？

3．工业设计如何创造新生活？

4．人民对设计的意义是什么？

推荐阅读书目

1．爱丽丝·劳斯瑟恩：《设计，为更好的世界》，龚元译。广西：广西师范大学出版社，2015 年版。

2．维克多·帕帕奈克：《为真实的世界设计》，周博译。北京：中信出版社，2012 年版。

3．埃佐·曼奇尼：《设计，在人人设计的时代——社会创新设计导论》，钟芳、马谨译。北京：电子工业出版社，2016 年版。

4．李昂：《设计驱动经济变革——中国工业设计产业的崛起与挑战》。北京：机械工业出版社，2014 年版。

第 5 章 工业设计方法论

方法是科学高效进行研究与实践的理论工具。工业设计范畴下具有众多的细分领域，在具体的设计实践中用到的具体方法各不相同。建立设计方法的知识体系，在不同的情况下采用合适的设计方法来推进设计项目是提高设计成果产出的基本策略。虽然工业设计专业包含的设计方法众多，但主要集中在设计调研、设计方案构建及设计思维培养三个环节。本章内容针对上述三个环节分别进行设计方法分析。第一部分主要介绍定性研究和定量研究两类调研分析方法，涉及访谈法、田野调查法、问卷调查法、实验法等具体研究方法。第二部分主要介绍产品语义学、人机工程学、仿生设计及模块化设计四种常用产品设计方法，为设计师在设计方案构建阶段提供灵感和方向。第三部分主要介绍 IDEO 的 Design Thinking、IBM 的 LOOP 设计模型及双钻思维模型等三种常见设计思维模型，帮助设计师科学掌控设计流程和设计结果，进一步充实设计研究的武库。

5.1 调研分析方法

设计调研分析是设计师在工作和学习中需要掌握的一项基本技能，其不仅能帮助设计师了解目标用户的需求，判断用户与设计对象之间的关系，找到设计的突破口，还能培养设计师的创造性思维，帮助设计师寻找设计灵感，获得解决问题的方向[175]。在工业设计中，调研分析方法主要分为定性研究和定量研究两类，设计师可根据研究目的和研究问题的特性来选择。

5.1.1 定性研究方法

1. 定性研究的定义与方式

定性研究又称质的研究、质性研究和质化研究，与英文中的 Qualitative Research 概

[175] 宗诚：《设计调研的目的性和服务性》。《艺术工作》，2017 年第 5 期，第 97—98 页。

念相对应[176]。它是一种跨学科、跨专业、跨领域、跨主题的研究方法，由一组复杂的、相互关联的术语、概念和假设等组成[177]，其含义在演进过程中被不断充实与完善。我国社会学学者陈向明将国外学者对定性研究的定义概括成“在自然环境下，使用实地体验、开放型访谈、参与型和非参与型观察、文献分析、个案调查等方法对社会现象进行长期且深入细致的研究；其分析方法以归纳法为主，研究者在当时当地收集第一手资料，从当事人的视角理解他们行为的意义和他们对事物的看法，然后在这一基础上建立假设和理论，通过证伪法和相关检验等方法对研究结果进行检验”[178]。定性研究的应用领域十分广泛，其在设计实践中的运用主要集中在设计调研分析阶段。

定性研究的方式多种多样，其中自然主义观察和参与式互动是设计领域常用的两种研究方式。自然主义观察包括实地研究和实物研究两个部分。实地研究的对象包括物品的设计、生产及使用的空间环境，研究者可通过公开观察、隐匿观察等形式到实地进行观察体验；而实物研究的对象除了设计品本身，还包括设计物的图片及与设计相关的产品说明书等材料，研究者需要对上述研究对象进行深入观察和理解。

相对于自然主义观察，参与式互动是一种更主动的研究方法。它通过与设计者、制造者、消费者直接交流互动来获取更详细的资料。参与式互动主要指访谈，包括焦点小组和深度访谈两种形式。访谈过程中，设计研究者着重倾听，而被访者着重倾诉[179]。访谈要有一定的主题、一定的目的，要有研究者的主动反省和反思过程，主张研究者在细微处体会受访者的感受并发现受访者的想法，从而构建与访谈主题有关的认识意义，揭示更深层次的内容。

2．定性研究的流程

(1)定性资料的收集

设计定性资料的来源多样，可通过观察、访谈、文献查阅等方式获得。其中，访谈是常用的设计定性资料收集方法。在访谈过程中，设计研究者可以直接与受访者进行沟通，深入了解受访者的需求，获得丰富可靠的一手资料。访谈主要有非结构化、结构化、半结构化三种类型，设计研究者可以根据研究需求及客观条件来选择访谈的类型。

访谈类型的选择决定着后续访谈的风格及方式。在这三种访谈类型中，非结构化访谈与日常对话十分相似，访谈氛围轻松灵活，访谈者有大致的访谈目的，对答案内容的详略和要点顺序没有具体要求，问题或主题的讨论都是开放式的，受访者有充分表达的

[176] 风笑天：《定性研究概念与类型的探讨》。《社会科学辑刊》，2017 年第 3 期，第 2，45—52 页。

[177] 张梦中，马克・霍：《定性研究方法总论》。《中国行政管理》，2001 年第 11 期，第 39—42 页。

[178] 吴银银：《教师实践性知识表征形态的质性研究——以 Y 教师为个案的叙事》。《上海教育科研》，2021 年第 1 期，第 71—76 页。

[179] 党登峰，王嘉毅：《浅析教育研究中的访谈法》。《教育评论》，2002 年第 2 期，第 31—33 页。

自由，但在此过程中，研究者要注意把握谈话方向，以免偏离主题。结构化访谈是一种对访谈过程高度控制的访问。访谈主要由封闭式问题组成，受访者必须从提供的选项中选择答案。半结构化访谈相当于将结构化访谈和非结构化访谈组合使用，访谈从一系列设置好的问题开始，但可以根据需要打乱问题顺序或提出新问题。不管哪种访谈类型，可供执行的访谈方式都是多种多样的，访谈的方式有线下的面对面访谈，线上的视频、语音访谈等，在访谈过程中可用录音或录像的方式对包括场景、受访者的举止表情等在内的整个过程进行及时记录。

(2) 定性资料的整理与分析

在收集完丰富的原始材料后，下一步是对所得的大量原始资料进行转录。同样以访谈所得资料为例，在访谈过程中，研究者会得到许多记录访谈过程的音频和视频，为了方便后续资料分析，需要将所得音频和视频转录成文本。常用的资料转录方式有三种：逐字抄录、编辑和概括。逐字抄录是指将谈话内容一字不差地、完整地抄录下来，包括语气词和口误内容。若不需要精确记录，可以选择编辑式或概括式转录。其中，编辑式转录一般不包括辅助词汇或口误内容，而概括式转录则将访谈问题、话题及受访者回答内容进行精简压缩[180]。

完成转录后，需要按照一定的标准对资料进行分类整理及归档，这个过程又称编码。编码是一个循序渐进的流程，首先，应对原始资料按其本身呈现的状态进行分类和标记，找出初级概念，这一过程称为开放式编码；其次，在初级概念的基础上寻求概念之间的联系，将开放式编码有机地链接在一起，形成一张概念关系网，这一过程称为关联式编码或主轴性编码；最后，在前两个主题研究工作的基础上，对诸多概念类属进行分析，探究其内在的联系，从中确定有着强关联的、具有关键作用的核心概念类属。这个抽象出来的核心概念类属就像一条“渔网的拉线”，可以起到一个总领的作用，将全部研究结果囊括一起，统一在这一核心主题的理论范围之内。这一过程又称核心式编码或选择性编码。

定性资料分析是“从具体的、个别的、经验的事例中逐步概括，抽象出概念和理论，其主要工作任务可以概括为对信息的组织、归类和内涵提取”[181]。上文所述的编码过程其实就是定性资料的初步分析过程。定性资料分析旨在发现资料中的共同性和差异性，并进一步寻求这种相似与相异的根本原因。为达到这一目的，研究者常用连续接近法、举例说明法、比较分析法及流程图法对定性资料进行分析[182]。一般而言，通过使用以上方法，研究者可得出较为科学可靠的结论。

---

[180] 凯茜·巴克斯特：《用户至上：用户研究方法与实践(原书第 2 版)》，王兰等译。北京：机械工业出版社，2017 年版，第 202 页。

[181] 风天笑：《社会学研究方法》。北京：中国人民大学出版社，2001 年版，第 317 页。

[182] 王巍：《我国股民股票购买动机对其投资决策行为的影响研究》。《吉林大学博士学位论文》，2012 年，第 76 页。

5.1.2 定量研究方法

1. 定量研究的定义与方式

定量研究，又名量化研究(Quantitative Research)，主要考察的是事物的量，注重运用数学工具对事物进行数量的分析。其萌发于 19 世纪 20 年代，根植于实证主义传统[183]。定量研究以数学化符号为基础，用数量来表达问题及现象，进而去获取事物间量的变化规律。定性研究与定量研究的本质差别主要体现在二者回答的问题不同、研究的程序不同、研究的策略不同、研究的工具不同[184]。在设计调研中，访谈、观察等定性研究方法能够帮助研究者洞察用户在使用产品时的行为表现，但是定性研究不会准确告诉研究者这些特征和趋势在整个用户群体中的普遍性，而定量研究能帮助研究者了解这些问题[185]。

定量研究常用调查研究和实验研究的方式进行。其中，调查研究是定量研究中更常用的研究方式。调查研究是根据某一研究计划进行集中的数据收集，并根据收集到的数据进行综合分析的研究过程。通过收集被调研者对事先设计好的问卷回答进行量化整理，为后期统计分析提供佐证；实验研究包含自变量、因变量及无关变量三个要素，其研究的基本原理是通过严格控制无关变量的恒定，操控自变量来影响因变量，以此来揭示各变量之间的因果关系，其探讨的是一个或多个变量对另一个变量的影响。

2. 定量研究的流程

(1)资料的收集

定量资料的收集途径十分多样，可通过网络、电话、邮寄、面访等方式进行调查，其中，网络调查和面访调查是现代常用的两种调查方式。网络调查一般有线上问卷调查、视频会议空间访谈及网络平台实时观察等形式；面访调查是指派调查员借助设计好的问卷与被调查者面对面进行问答的一种数据采集方法，包含入户面访调查、街头拦截式面访调查等。

在设计调研中，问卷调查法是一种非常高效的收集定量资料的常用方法，能在短时间内完成大样本的数据收集工作。问卷调查法是一种结构化的调查方法，每个填写问卷的参与者都会被问到同样的问题[180]。在问卷设计中，多采用封闭性问题，而且这些封闭性问题多采用单选题的形式。问卷的形式有多种，现在常用的形式是网络问卷和纸质问卷。

---

[183] 彭瑾，李娜，郭申阳：《社会工作研究中的定量方法及其应用》。《西安交通大学学报(社会科学版)》，2022 年第 1 期，第 1—17 页。

[184] 风笑天：《定性研究与定量研究的差别及其结合》。《江苏行政学院学报》，2017 年第 2 期，第 68—74 页。

[185] 古德曼，库涅夫斯基，莫德：《洞察用户体验：方法与实践(第 2 版)》，刘吉昆等译。北京：清华大学出版社，2015 年版，第 307 页。

(2)资料的定量整理

通过调研收集到的设计材料有多种类型，有的材料以数值形式呈现，有的以文字、图片或其他描述性的形式呈现。在使用这些材料前，要先将其进行分类整理及量化，以便后续的分析与比较。

对带有数值形式的材料，只要稍加整理即可成为定量资料。这种资料的分类整理方法大致有定类、定序、定距和定比分析四种[186]。定类，顾名思义，是将数据信息按照不同属性或特征标以不同的名称；定序是将数据信息按照某种逻辑进行大小、强弱、高低等次序的排列；定距是将数据信息按照固定的单位距离进行排列，通过分析测量出各类别的具体大小差距；定比是将数据信息按照固定的单位距离进行排列，通过分析测量出各类别的具体比例差距。从定类分析、定序分析、定距分析到定比分析，分析的精准度逐渐提高，定类分析仅能区分事物的类型；而定序分析除能区分事物类型外，还能反映事物或现象在高低、大小、先后、强弱等序列上的差异；定距分析不仅能把社会现象或事物区分为不同的类别、不同的等级，还能确定不同等级相互之间的间隔距离和数量差别；而定比分析在以上分析类型中更进一步，除了以上的内容，它还能测量事物间的比例及倍数关系。

注意，对其他材料需要进行转化处理。除带有数值形式的材料外，还有部分如性别、文化程度等不是数值形式的材料也需要进行定量处理。从本质上看，这部分资料是定性形式的，常用方式是先将这些非数值化的问题及答案进行编码，即先为每个问题及答案赋予一个数字作为其代码，然后将这些定性材料转化为可统计的数字，最后进行量化。

(3)定量资料的统计分析

描述性统计方法是更高阶的统计方法，常用的有频数分布表和统计图。频数分布表的统计步骤大致可分为三步：首先，按照观察值的大小，将一组计量资料划分为不同的组段；其次，把各观察值归纳到各组段中；再次，将各组段中的观察值个数(又称频数)清点完毕；最后，将所得数据通过表格的形式呈现出来。统计图可将烦琐的数据转化成图解形式，其数据展示效果较频数分布表更胜一筹。统计图的形式主要包括折线图、柱形图、扇形图及直方图等。描述性统计方法通过可视化的方式帮助设计研究者获得更多的对计量材料的理解，便于研究者对数据及问题进行进一步的分析。

(4)变量关系的分析

频数分布表和统计图将庞杂的资料数据简化为直观的呈现状态，为资料的后续分析提供了便利。下面要做的是对数据中的变量关系进行分析。变量关系的分析能够帮助设计研究者了解现象背后的规律，进一步探索问题的根源。

---

[186] 泊客：《调查(研)报告如何写(二)》。《档案管理》，2007年第6期，第57—59页。

在定量研究中，变量分析的形式有三种，分别是单变量、双变量及多变量分析。其中，单变量分析只检验一个变量的影响情况，分析时可采用的方法有集中趋势统计法、变异统计分析法和区间估计等；双变量分析讨论的是两个变量之间的关系，分析时可采用的方法有交互列表、二元回归等；多变量分析研究的是三个及三个以上变量之间的关系，分析时可采用的方法有阐释模式、多元回归分析等[187]。

调研分析方法是设计师进行设计创造所必须掌握的前期研究方法，能帮助设计师发掘用户的核心需求，提高产品的成功率。定性研究和定量研究在设计调研中各有优势。定性研究考察的是事物的质，它能帮助设计研究者发掘现象背后的核心需求；而定量研究考察的是事物的量，注重利用数学工具来分析事物的量以寻得事物发展变化的规律。两者的研究方式不同，但都是发现问题的重要手段，为设计师提供了可选择的发掘用户需求的方法。此外，在设计研究中，两者也可互相补充，使得问题的发掘更全面、科学，为后续的设计创造奠定坚实的基础。

5.2 产品设计方法

虽然设计调研分析帮助设计师明确用户的需求，有时甚至提供解决问题的方向，但问题的最终解决还要依靠产品的设计创造来实现。产品的设计创造是满足用户需求、创造和细化解决方案的关键步骤。工业设计经过多年的发展，在产品设计方面已积累了许多宝贵的经验，经过实践检验，其中一些经验被凝练成科学的方法。这些产品设计方法能激发设计师的设计灵感，帮助他们快速地进行设计创造。

5.2.1 产品语义学

20 世纪下半叶，电子技术发展迅猛，电子产品的出现使得产品的形式和功能发生了分离，其形式无法表达产品的内部功能。与此同时，随着人们心理需求的增长，人们逐渐不再满足于对产品单纯的物理功能消费，而追求更能反映他们生活观和价值观的产品，人们的个性化需求开始影响产品的设计和生产。能改善产品设计并引导其向心理、社会和文化语境靠近的产品语义学由此诞生。

1. 产品语义学的定义

语义，原意是指语言的意义，语义学是研究语言意义的学科。产品语义是设计界将语言的结构概念运用到产品设计中才产生的概念，该概念由克劳斯·克利本道夫和莱因

[187] 李立新：《设计艺术学研究方法》。南京：江苏美术出版社，2009 年版，第 145—156 页。

哈特·布特夫妇于 1983 年正式提出，同时还给予了明确的定义，即“所谓产品语义是指研究人造物在使用环境中的象征特性，并将其知识应用于工业设计上。这不仅指物理性、生理性的功能，而且包含心理、社会和文化语境，我们将之称为符号环境”。从此，产品所担负的责任就不仅要具备物理技能，还要能向使用者传达出其操作方式及其背后的象征意义。产品语义学的诞生，打破了传统设计理论，将设计因素融入人的精神因素，加深设计对心理学和哲学探究的深度[188]。

产品语义学是产品符号学的一部分，而产品符号学以语言符号学的逻辑为参考对象。在语言符号学中，探索的核心是意指关系，而意指关系包含“意指他物之物”和“被意指之物”这两个相互关联的内容。借用弗迪南·德·索绪尔的术语，前者为“能指”，后者为“所指”，两者的统一组成符号。其中，“能指”是符号的外观形象，这是人们能够通过五感直接感知到的内容，如文字；而“所指”是符号背后所承载的意义，如文字所承载的字义[189]。在产品设计中，其“能指”由造型、结构、材料、色彩、质感等人们可感知的形式构成，而“所指”一般是产品所承载的寓意、文化内涵等抽象的内容。

2．产品语义的构成

作为符号学理论在产品设计中的应用，产品语义所呈现的是产品的设计符号与其所象征意义之间的映射关系[190]。在产品设计中，产品符号包括造型、材质、颜色、肌理等人们能直接感知的内容，而产品语义包括外延意义和内涵意义两部分。外延意义是一种更直接的、理性的语义表达，所展现的是某个符号与其所指对象之间的显在关系。就产品而言，外延意义是由外观直接表达其物理上的含义，如产品的构造、功能、操作方式等内容。内涵意义则是一种更间接的、感性的语义表达，所展现的是某个符号与其所指对象之间的潜在关系，内涵并不使产品和其属性形成固定的对应关系，例如，产品在使用环境中显示出的心理性、社会性或文化性象征价值，深受使用者个人的情感联想、意识形态和社会文化等方面的影响。不同的使用者赋予了产品不同的意义，它比外延意义更多维、开放。

3．产品语义设计手法

修辞是工业设计中常用于表达产品语义的创造性思维方法。修辞的本义是修饰言论，即在使用语言的过程中，利用各种语言手段来提高表达效果的一种语言活动[191]。而设

[188] 张媛茜：《对产品设计的语义浅显思考》。《明日风尚》，2020 年第 11 期，第 33—34 页。

[189] 张凌浩：《产品的语义》。北京：中国建筑工业出版社，2015 年版，第 63 页。

[190] 张家祺，戴昱璐：《基于产品语义学的文化衍生品设计研究与应用》。《美术大观》，2018 年第 11 期，第 96—97 页。

[191] 刘宝顺，曾爽：《修辞手法在产品情感化设计中的应用研究》。《美术大观》，2018 年第 10 期，第 114—115 页。

计一件产品就像写一篇文章，运用合适的方法能够使产品更好地表达自己，此时，修辞便自然而然地成为设计师获得设计创意的一种重要思维方法。在产品设计中，常使用的设计修辞手法有四种，分别是隐喻、换喻、提喻及讽喻，每种修辞手法都表现出一种设计符号与其意义之间的不同关系。修辞手法的使用可以提高产品感染力，使用户产生丰富的体验感。

(1)隐喻

隐喻是一种在不改变本体实质意义的前提下，用某一事物替代和表达另一事物的修辞手法。注意，它将原属于不同范畴的两个事物进行对照，在找到二者的相似之处后再加以意义的转移。其中，二者的相似性是成功替代和表达的基础。同样，在产品设计中，相似性也是构成产品隐喻的基础。设计师可以根据用户的已有经验，将某个用户熟知的事物元素对照转移到其产品形象中。而这对用户而言将是一个非常有效的提示，因为用户有将自己经验范畴里事物的领悟投射到另一范畴事物上的能力，从而准确理解新事物的内涵[192]。隐喻手法的使用能够增添产品的内涵，引发联想，使用户印象深刻，本杰明·休伯特设计的 CTRL+Z 橡皮擦(如图 5-1 所示)，就是使用隐喻手法进行产品设计的典型作品。

图 5-1　CTRL+Z 橡皮擦(作者：本杰明·休伯特)

(2)换喻

换喻是在此事物和彼事物之间存在着一种邻近关系或逻辑关系上的符合关系时，用一个事物符号所指替代另一个事物符号所指的表达方式[193]。它从邻近的领域寻找替代

[192] 卢娜：《修辞美学下的语意延展——以产品设计为例》。《社会科学辑刊》，2011 年第 3 期，第 179—182 页。

[193] 李国英：《基于设计符号修辞学的荆楚文化语义提取》。《湖北师范大学学报(哲学社会科学版》，2018 年第 5 期，第 130—132 页。

物，且替代者与被替者之间有着十分密切的、直接的关系[194]。雅各布森指出，隐喻是建立在类似性基础上的替代，而换喻则是建立在邻近性或接近性基础上的替代。在产品设计中，换喻主要通过使用者（使用环境）替代使用对象和实质替代形式这两种关系来传达产品的功能性意义[195]。换喻能够用一种人们更加容易理解的方式，将产品中原本难以直接表达的功能属性和象征意义传达出来，张剑设计的奶牛壶（如图 5-2 所示）就是运用换喻设计的经典作品。

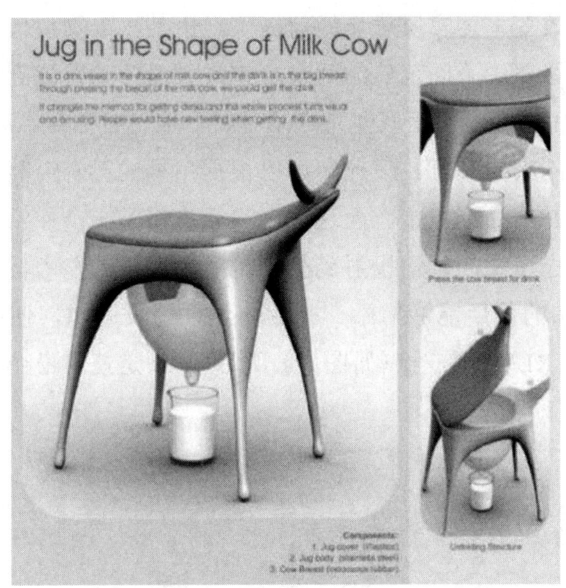

图 5-2　奶牛壶（作者：张剑）

（3）提喻

提喻一词并非源自中文，但其含义大致与中文中的指代、借代相同。该手法在运用时主要是将事物的局部去代替整体。在产品设计中，经常使用提喻手法将产品的局部放大来作为整个产品的主体造型[196]。提喻手法能够突出和放大产品的特点，让用户能够快速识别和判断产品的功能属性及文化寓意。村田智明设计的 Icon Clock 就是运用提喻手法的典型作品（如图 5-3 所示），其产品特点极其明显。

（4）讽喻

讽喻是指带有讥讽意味的比喻，在语言表达中有模糊和双关的倾向，该手法在后现代主义设计中使用频繁。在产品设计中，以讽喻手法创作的作品所传达的大多是与产品本身无关的、戏谑的、调侃的、娱乐的语义及玩世不恭的态度，有时甚至试图传达的是

[194] 高力群：《产品语义设计》。北京：机械工业出版社，2010 年版，第 97 页。

[195] 杨世铜，何霞：《包装容器设计中的形态语义学》。《包装学报》，2013 年第 4 期，第 77—80 页。

[196] 李春富，张义：《符号修辞方法在产品设计中的应用》。《包装工程》，2009 年第 4 期，第 105—107 页。

意识形态方面的内容[197]。Seyo Cizmic 设计的荆棘铅笔（如图 5-4 所示）和 Fabian Bürgy 设计的 Frustrazioni 餐具（如图 5-5 所示）便是运用讽喻手法的典型作品，这些作品有着浓厚的讽刺意味。

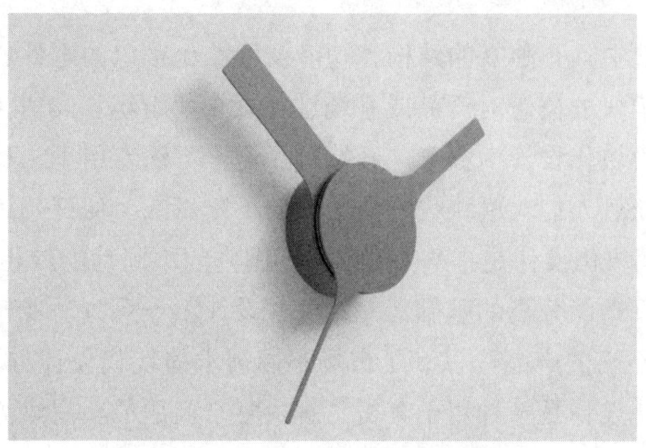

图 5-3 Icon Clock（作者：村田智明）

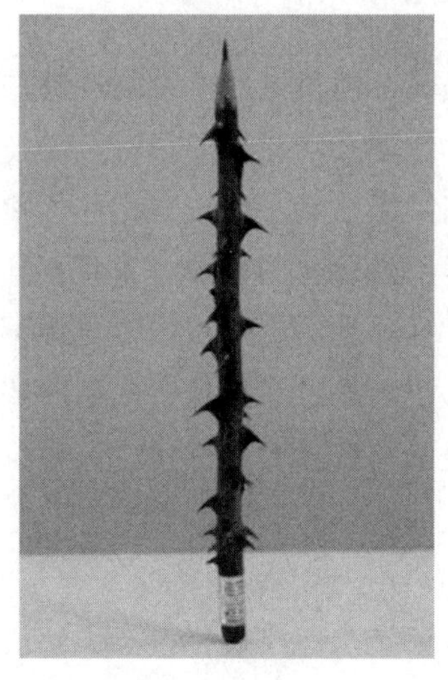

图 5-4 荆棘铅笔（作者：Seyo Cizmic）

图 5-5 Frustrazioni 餐具（作者：Fabian Bürgy）

5.2.2 模块化设计

进入工业社会以来，模块化理论在计算机产业中的成功应用产生了显著的示范效应，这一理论被应用于制造业、信息产业、金融业与设计、生产、管理等不同的行业或领域，能产生巨大的经济效益和社会效益。与此同时，经济的全球化进程使分工越来越精细，市场对产品的质量、性能及开发周期等要求越来越高。在这个过程中若能深入地理解模

[197] 刘青春，潘荣：《产品仿生设计中修辞运用探讨》。《包装工程》，2008 年第 2 期，第 131—133 页。

块化方法的精髓并主动地将其运用于产品设计领域，无论是对设计师的创意设计还是对实现生产制造的经济性与可行性都极有价值，值得我们深入思考与研究。

1. 模块化设计的定义

模块是指在系统中具有独立的结构、功能及标准化接口的零件、组件或部件，而模块化一般是指使用模块的概念对产品或系统进行规划和组织。20 世纪 50 年代，欧美的一些国家提出了“模块化设计”概念。开始时，这一方法专用于工程技术领域某个具体产品开发，但后来随着人们对模块化方法认识的不断深入，便开始运用于包括工业设计在内的其他领域。模块化设计是指“在对一定范围内的不同功能或相同功能、不同性能、不同规格的产品进行功能分析的基础上，划分并设计出一系列功能模块，通过模块的选择和组合可以构成不同的产品，以满足市场不同需求的现代设计方法”[198]。从方法论的意义来看，模块化设计是一种用于分析、解决复杂问题的新思维方法[199]。

2. 模块化设计的应用价值

(1) 更好满足个性化需求

当代人的生活水平不断攀升，对消费的要求也不断提高，消费者对个性化产品的需求量不断增大。然而，个性化产品中，产品之间的结构、造型及功能差异很大，若使用传统的标准化生产方式来生产个性化产品，其成本十分高，无法满足用户对产品性价比的要求。而模块化设计能很好地解决上述问题。设计师运用模块化的方法，先将不同消费者对产品的不同需求，通过设计的手段转化为具有相对独立性的功能模块，再根据消费者的个性化需求选择不同的功能模块进行组装和搭配，最后通过小批量、多品种的方式进行柔性制造。这样既保障了企业的经济效益，又满足了消费者对个性化、高性价比产品的消费需求，双方的利益由此获得平衡。

(2) 促进产品设计创新

产品创新力度低下是阻碍现代企业生存和发展的关键因素，而模块化设计为解决这一问题提供了新思路。在模块化架构下，产品可通过模块组合创新、模块内部创新两种方式进行设计创造。前者是指在产品架构稳定的情况下，利用除去、添加、剥离、替代、增加兼容端口或转换等方式对各个模块之间的组合关系、连接关系进行改变，以快速高效地创造出多样化的产品；后者则是指对功能模块自身进行改良或直接开发出全新的功能模块。如此一来，不同功能模块的选择及模块间的组合便能创造出造型不同、功能多样的产品，这不仅使产品的创新难度大幅下降，而且为消费者提供了更广阔的选择空间。

---

[198] 侯亮，唐任仲，徐燕申：《产品模块化设计理论、技术与应用研究进展》。《机械工程学报》，2004 年第 1 期，第 56—61 页。

[199] 陈黎，江建民：《模块化思维方法在工业设计中的应用》。《郑州轻工业学院学报》，2002 年第 1 期，第 52—55 页。

(3) 提高产品开发效率

在快节奏的社会环境下，企业传统生产模式很难跟上市场的脚步，缩短产品开发周期成为企业适应市场变化的必然选择。因此出现了并行设计来替代传统低效的串行设计，并行设计利用模块化理论，按照一定原则将产品功能、结构等分解为多个相对独立的模块，不同模块的研发团队在统一的设计标准约束下，同步推进各模块的研发工作，减少产品开发过程中的无效等待时间，有效地缩短产品开发的周期[200]。例如，现代汽车行业，之所以能在短期内迅速推出各种不同款式、不同性能的汽车，是因为该行业对模块化理论的充分掌握和应用。

(4) 推进可持续发展

模块化设计满足了当今社会对可持续发展的诉求。虽然模块化设计的诞生并不源于可持续发展的理念，但在人们向往的可持续发展道路上，模块化思想的设计应用起到了十分重要的推动作用。一方面，模块化设计通过分解产品功能模块，为消费者提供了根据其自身的实际需求而单独购买相应数量模块的机会，从而有效劝阻过度消费，引导人们形成科学的消费观念；另一方面，由于模块化产品中各模块之间有相对独立性，当产品内部的某个模块出现损坏时，消费者无须更换整个产品，只需将已损坏的模块取出并修复或替换即可让产品正常使用。这样，既能延长产品的使用寿命，又能提高产品本身及其材料的利用率。除此之外，模块之间的相对独立性使不同模块可以根据其自身所要实现的造型或功能等特性采用适宜的材质，由此来提高产品的整体生态属性[201]。

3．模块化设计的流程

(1) 功能模块划分

在进行模块化设计时，产品的模块应以功能的划分为基础，而模块的结构是实现模块功能的物质载体。模块功能的划分大致分为两大步，第一步是功能的分解。在分解功能前，设计师需要明确用户对产品的功能总需求，将这个复杂的功能总需求进行拆解，直到被拆解出的每一个子功能都能由一个独立的结构来承载和实现为止。由此而得的子功能成为模块划分的基本单元，又称功能元，而一个模块又可由一个或多个功能元组成[202]。以图 5-6 为例，图中展示的是大致的功能分解架构。FR 代表用户对产品的功能总需求，而这个功能总需求又可拆解为 FR_1、FR_2、FR_3 三个子功能。当拆解到这一步时，其中的 FR_1 和 FR_3 已不可再继续拆解，而 FR_2 还能拆解为 FR_{21} 和 FR_{22}。由此，像 FR_1、FR_3、FR_{21} 和 FR_{22} 这些不可再继续拆解的子功能便是功能元。

---

[200] 李春田：《第七章：现代模块化的理论基础（二）》。《中国标准化》，2007 年第 8 期，第 61—68 页。

[201] 王岳：《模块化理论在产品设计中的应用研究》。《包装工程》，2014 年第 12 期，第 92—95 页。

[202] 宗鸣镝，蔡颖，刘旭东，李湘媛：《产品模块化设计中的多角度、分级模块划分方法》。《北京理工大学学报》，2003 年第 5 期，第 552—556 页。

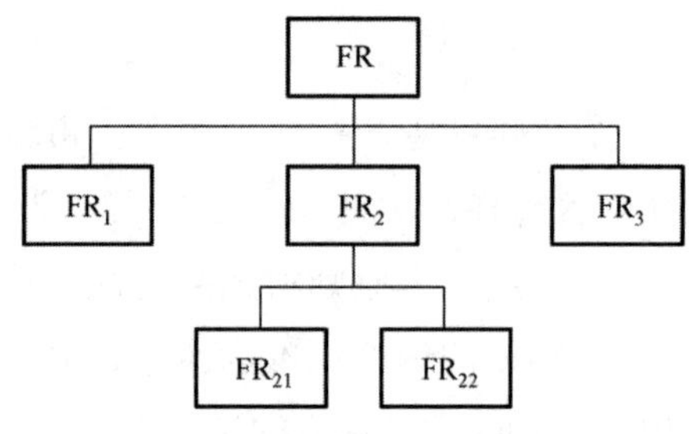

图 5-6　功能分解架构示意图

被拆解出来的子功能虽然存在着相对独立性，但各个子功能之间并不是完全隔绝的，而是以某种方式相互关联的。若子功能 FR_1 和 FR_3 之间存在着某些联系，则证明 FR_1 和 FR_3 之间是关联的，而这种关联性的大小又称“相关度”。设计师在完成功能分解后，第二步是结合各子功能之间的相关度和目标用户的需求将各功能单元重新组合为模块。由此可知，功能模块的划分过程实质上是重新选择和组合各个基本功能元的过程。

(2) 功能模块集成

模块化产品是由多个模块在功能及结构上的有机结合而产生的，因此它的生成基础是模块的划分。当完成功能模块的划分后，设计师可根据用户的需求，依据科学的集成标准和方法，将功能和造型各异的模块融合成新模块，实现不同模块间功能和结构的一体化，最终产生各式各样的新产品。值得注意的是，由于满足相应功能需求的模块数量可能不止一个，因此，根据设计需求所产出的产品集成方案通常也不会只有一个，这为设计师提供了更多的可选择、可比较的创新空间。

5.2.3　人机工程学

人机工程学是结合各学科内容，研究人、机、环境如何统一以增加工作效率与提升人体验感的学科。人机工程学为工业设计提供了如何让人机关系统一的理论支持，完善了工业设计的设计依据，是重要的设计辅助工具。工业设计因人机工程学变得更加丰富和严谨。

1. 人机工程学的学科内容

人机工程学是研究人、机器、工作环境三者关系的学科[203]，通常指研究如何使机器最大程度地适应人的生理和心理等特征，以求得人与机器相互作用关系的合理方案，从而使人获得使用机器的最高效率及最优质的使用感受。

人机工程学涉及人体测量学、生理学、心理学和医学等相关科学，是一个跨领域研究、打破学科间界限的新兴边缘学科。现代人机工程学有软件化、网络化、虚拟化、数字化、智能化等特点。其研究的内容以人的特性、机器的特性、环境的特性为主体，集

[203] 郭伏，钱省三：《人因工程学(第 2 版)》。北京：机械工业出版社，2018 年版，第 1 页。

中在人—机、人—环境、机—环境、人—机—环境的七个方面(如图 5-7 所示)，侧重考虑以“人”为中心的特性、能力等多个方面，以及“人”受机器、环境等条件的限制，综合运用以提高整个系统的功效。

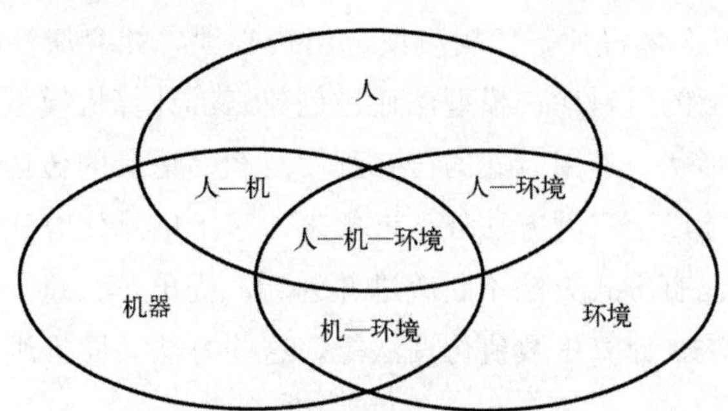

图 5-7　人机工程学研究内容划分[204]

2. 工业设计中的人机工程学

“人与机器的关系”是人机工程学考虑最多的问题。从工业设计的角度看，一切为人所用的物品，都必须重点考虑有关“人的因素”的问题，因此需要运用人机工程学的相关内容对产品进行针对性的改良设计，使之更符合人体特性。工业设计需要考虑人的因素、物的功能合理性、环境的因素，而人机工程学依次为其提供了人体尺度参数、科学依据和设计准则。除此之外，它还为进行人—机—环境系统设计提供理论依据，为坚持以“人”为核心的设计思想提供工作程序[204]，给工业设计提供了科学的指导，使机械设备的设计更加人性化，不仅提高生产效率，而且提高生产安全性。随着工业设计领域本身出现了很多新兴方向，社会慢慢步入元宇宙时代，电子产品和科学技术不断创新，与虚拟现实相关的 VR、AR、MR 等人机交互设计也成为人机工程学应用的重点领域。

在产品设计中，产品形态依然是设计的核心内容。人机性能的优劣与产品形态正相关。其中，产品的人机性能是指使用者在与产品的交互过程中产生的生理与心理两方面的综合感受，包括安全性、健康性、高效性、舒适性、宜人性等五个方面的内容[205]。

3. 人机工程学的应用方法

为研究人—机—环境要素间复杂的关系问题，常用人体科学和生物科学等相关学科的研究方法和手段辅助进行人机工程学的研究。目前，国内人机工程学的研究主要着重于应用层面，力求将人机工程学的一般原理和方法运用于实际设计案例[206]。

[204] 丁玉兰:《人机工程学(第 5 版)》。北京：北京理工大学出版社，2017 年版，第 5，10—12 页。

[205] 骆磊:《工业产品形态人机设计理论方法研究》。《博士》，2006 年，第 2 页。

[206] 卢兆麟，汤文成:《工业设计中的人机工程学理论、技术与应用研究进展》。《工程图学学报》，2009 年第 6 期，第 4 页。

在进行人机产品设计时，常用的方法有人体参数法、调查法和模型法。人体参数法通过测量人体对应部位的尺寸、研究人的动作特征、数据分析等方式，为工业设计提供人体测量数据，以便进行产品改良，使之符合人体特性；调查法(含访谈法、考察法和问卷法)通过考察获得人体特征、使用习惯、消费心理、社会属性等相关信息，为工业设计提供与“人”相应的资料库；模型法通过创建三维计算机模型或实际尺寸模型，检验产品与人体尺寸、形状、使用方式的符合程度及产品语义的传达效度，力求产品满足人机工程学的要求。除以上三种方法外，近年来，基于信息化时代背景下新的生产和生活方式，我国学者对已有方式方法不断改进并创新，提出了大量新的理论和研究方法，如观察分析法、实验法、计算机数值仿真法等。这些方法共同推进了人机工程学的完善与发展。

5.2.4 仿生设计学

仿生设计是工业设计学科中十分重要的研究方法之一，它融合仿生学和设计学，具备艺术科学性、商业性、无限可逆性、知识综合性和学科交叉性。仿生设计学要求通过对自然界所发生的现象进行探索、分析、思考，寻求新的灵感以增加设计创新性，设计出更具独特意义的产品。

1. 仿生设计学的内涵

仿生设计学，也称设计仿生学(Design Bionics)，是通过模仿自然生物的某一特质，对其整理、分析、总结，结合仿生学和设计学两个学科，设计出具有生物系统中相似特征产品的一种新设计方法。科技进步使仿生设计的理念更加丰富，从为了能否“生存”而设计转变成为了更好“生活”而设计，从遵从“物竞天择”到以现代科学技术为主导的仿生设计[207]。

随着各学科之间的高度交叉和相互渗透，仿生设计涵盖数学、工学、生物学、人机学、心理学等工学学科，美学、色彩学等艺术学学科，以及经济学学科等多个相关学科的内容，因此可以为设计活动提供十分广阔的创造空间。仿生设计将工业设计中的艺术与科学相结合，体现传统与未来、自然与科技、现实与臆想、大众与小众等多元化的设计融合和创新，展现设计中的共生美学思想。

2. 产品外形仿生设计

目前，产品外形仿生设计常按仿生特征分为 6 种，分别是形态仿生设计、功能仿生设计、结构仿生设计、肌理仿生设计、色彩仿生设计及意象仿生设计。产品外形仿生既

[207] 于帆：《仿生设计的理念与趋势》。《装饰》，2013 年第 4 期，第 25 页。

可以是单一仿生，也可以是多种类的混合仿生。

(1)形态仿生设计

形态仿生设计强调对生物外部形态特征的提取，模仿自然界生物形态，追求形态相似，是最常见的仿生形式，多用于产品造型设计。Diane Dupine 设计的 u-can 喷壶(如图 5-8 所示)，灵感来源于大象的鼻子，喷壶的两侧内置滚轮，抓住象鼻即可拖行，使用方便。

(2)功能仿生设计

功能仿生设计通过研究自然生物客观功能的原理和特征，改进现有的或创造新的技术系统，追求功能相似。Mondodopote(如图 5-9 所示)是仿照灯笼鱼发光的特点设计的一款儿童睡眠辅助工具，黑暗时自动亮灯，让儿童不被黑暗所惊吓。

图 5-8 u-can 喷壶(作者：Diane Dupine)

图 5-9 Mondodopote

(3)结构仿生设计

结构仿生设计分析和研究自然生物由内到外的结构特征与组织形式，追求结构相似，实现实用与美感的结合。蜜蜂吊灯(如图 5-10 所示)是结构仿生设计的典型作品，外形结构为正六边形的蜂窝，其向外散发的灯光能让人联想到甜甜的蜂蜜，有一种温暖的感觉。

图 5-10 蜜蜂吊灯

(4)肌理仿生设计

肌理仿生设计在自然环境中寻找材料组织和肌理特征，借鉴和模仿自然物体表面的纹理质感，以相同质感的肌理引发用户联想。日本设计师深泽直人设计的系列果汁包装盒(如图 5-11 所示)，灵感来源于水果的肌理，用水果肌理替代原有饮料的外包装能让人直接联想到新鲜的水果。

图 5-11　系列果汁包装盒(作者：深泽直人)

(5)色彩仿生设计

色彩仿生设计参考和借鉴自然界的各种颜色，探索人造色彩的更多可能，追求色彩相似。如图 5-12 所示的饼干包装盒就是融入香蕉的颜色特点进行的外包装设计，黄色与黑斑是香蕉自然熟透后必然出现的特征。人们看到这种颜色搭配，自然联想到了香蕉。该作品直接表达了这款饼干是香蕉口味的。

图 5-12　饼干包装盒

(6)意象仿生设计

意象仿生设计用概括的手法提取生物的意象特征，使人与物的感性意象共鸣，追求意象相似。Terrarium 的香炉系列(如图 5-13 所示)将现代艺术与禅宗完美结合，灵感来源于山脉、树木和火山湖。该作品表达了香炉中拥有微生态系统的感觉，利用倒流香描绘了烟熏、重力和飘香的魔力，体现了清空安宁的禅意。

产品外形仿生设计的核心是产品建模，其关键在于如何提取自然界客观对象的形象特征，并将仿生对象的形、色、质等多方面灵活地融入产品建模中。最终在设计产出时既要保证产品的仿生效果表达到位，又要兼顾可实现性。我们可以用本体层、行为层和价值层三层次模型来概括仿生设计，其中，本体层对应产品建模，行为层对应生物仿生，价值层对应产出设计[208]。本体层需要关注的是设计和产品本身，通过人对产品的各种感官感受来反映人与产品的关系；行为层需要关注的是自然与技术的有效结合，将自然界生物形态、功能、结构等多个方面融入设计中；价值层需要更加重视情感化、个性化，关注内在和要传达的信息，与消费者产生情感共鸣，最终形成价值共创。值得注意的是，仿生设计的创新点从行为层中产生。三个层次以行为层为来源、以本体层为基础、以价值层为目标，彼此关联，相互支撑[209]。

图 5-13 香炉系列(作者：Terrarium)

3. 产品外形仿生设计的操作理论

Peters 等学者提出了仿生设计过程中的两种螺旋模型。一个是从生物到设计，即发现生物原型—提取设计—发散思考—生物仿生—评价；另一个是从问题到生物，即明确所需功能—定义概念—从自然界角度寻找答案—发现生物原型—提取设计—生物仿生—评价[210]。

---

[208] 罗仕鉴，李文杰：《产品族设计 DNA》。北京：中国建筑工业出版社，2016 年版，第 36—37 页。

[209] 罗仕鉴，张宇飞等：《产品外形仿生设计研究现状与进展》。《机械工程学报》，2018 年第 54 卷第 21 期，第 140—142 页。

[210] Peters T: Nature as Measure the Biomimicry Guild. Article in Architectural Design, 2011: 44-47.

罗仕鉴等人提出了关于仿生设计的两种过程模型(如图 5-14 所示)。一种是从生物原型到仿生设计的自下而上的过程，从自然界获取灵感并找到解决方法；另一种是从产品出发到寻找生物原型的自上而下的过程，从设计的问题入手并结合自然生物来找到解决方案[211]。

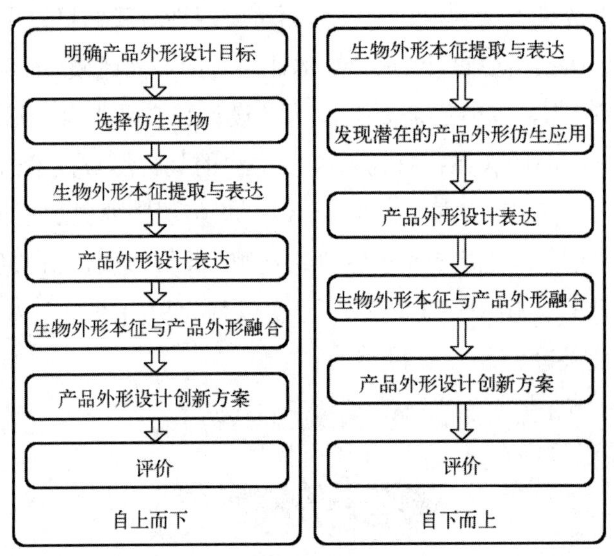

图 5-14　仿生过程模型[211]

产品设计方法是设计师解决问题和进行设计创造的重要工具，为设计师提供了一条更加快捷的创造思路。产品设计方法种类繁多，上面所介绍的产品语义学、模块化设计、人机工程学及仿生设计学是现代常用的设计创造方法。其中，产品语义学和仿生设计学丰富了产品的内涵和产品表达的手段；模块化设计解决了个性化设计与企业效益之间的矛盾；人机工程学实现了以人为本的设计转换。这些方法不仅能帮助设计师提高创新力，还能使其所创造的产品更符合人的现实需求和经济效益方面的要求。

5.3　设计思维模型

设计思维是设计师通过探索设计创新的方式，总结触发创意的方法，从而形成的一套完整方法论体系，其目的是持续提高人们的生活品质。它是一种以解决方案为基础和导向的思维形式。因此，它并非从某个问题入手，而是从目标或要达成的成果来思考，通过对当前和未来的关注，探索问题中的各种变量及解决方案。

[211] Neurohr R, Dragomirescu C: Bionics in Engineering-Defining New Goals in Engineering Education at “Polytehnica” University of Bucharest.

设计思维有很多核心的概念是由跨学科领域的概念构造起来的，这也说明“多学科、跨领域”在设计发展中的重要性，因此我们要有开放式的创新思维，才能更好地促进设计领域的发展。20 世纪 80 年代，随着人性化设计的兴起，“设计思维”首次引人关注。美国加利福尼亚大学圣地亚哥分校的 Donald A. Norman 的研究实验室提出“以用户为中心的设计”（User-Centered Design，UCD），形成了一套方法论体系[212]。经过优化改良，国际标准化组织（ISO）将其定义为“以人为本的设计”（Human-Centered Design，HCD）。

目前，国外热门的设计思维与流程都离不开“以人为本”。但不同企业组织或个人对设计的理解不同，也会形成不同的设计思维方式与模型。下面将对其中三种设计思维方式与流程进行分析。

5.3.1 D.school 与 IDEO 的“Design Thinking”

1. D.school 的“Design Thinking”

D.school 是由 IDEO 主要创始人、美国工程院院士大卫・凯利（David Kelley）于 2004 年创办的设计学院，提供了培养和推广设计思维的大平台。“Design Thinking”一词最早就来源于斯坦福的 D.school。

Design Thinking 是一种系统化的创新方法，也是可以系统运用的管理工具，它平衡了用户、技术、商业三者的视角去理解、解决复杂问题，从而转化为客户价值和市场机会[213]。本质上，它需要理解问题产生的背景、催生洞察力及解决方法，并能够理性地分析和找出最合适的解决方案。与思考相比，Design Thinking 与“做”有更多关系，它要求我们以人为中心、拥抱多样性、建立创造性信心，为此鼓励大胆想法、视觉思考、快速试错，尽快为眼前的难题找到更好的解决办法。

2. D.school“Design Thinking”流程

D.school 将 Design Thinking 流程分为 5 个重要步骤，分别为共情（Empathize）、定义（Define）、构想（Ideate）、原型（Prototype）和测试（Test），进而组成了应用最广的 EDIPT 设计思维模型[214]。“共情”是指通过采访、观察、互动等方式沉浸在用户中，从心理和

---

[212] Donald A. Norman: User-Centered System Design: New Perspectives on Human-Computer Interaction. Boca Raton: CRC Press, 1986.

[213] 蒂姆・布朗：《IDEO，设计改变一切》，侯婷、何瑞青译。杭州：浙江教育出版社，2019 年版，第 222—233 页。

[214] 王佑镁，郭静，宛平：《设计思维：促进 STEM 教育与创客教育的深度融合》。《电化教育研究》，第 2019 第 3 期，第 36 页。

情感上深入了解用户，收集他们的真实想法，这是 Design Thinking 的基础。“定义”是指整理上一阶段获得的信息，将共情分解成需求和见解，总结出核心内容，对问题进行清晰界定并转化为洞察。“构想”是指探索一个创意多样性的解决方案，利用团队的集体观点和优势，推动创新，设计超越已有的解决方案，减少批判和评估，不要限制构思。“原型”是指使用简单的材料将想法快速落地，通过原型的互动引发更深层次的共情，探索更多概念，并为后续测试、及时发现问题和调整提供保障。“测试”是指让用户在测试后给出反馈，整个过程需要保证场景真实，了解用户的更多信息，完善原型并提出新的解决方案，测试可重复多次进行。EDIPT 设计思维模型的使用要点如图 5-15 所示。

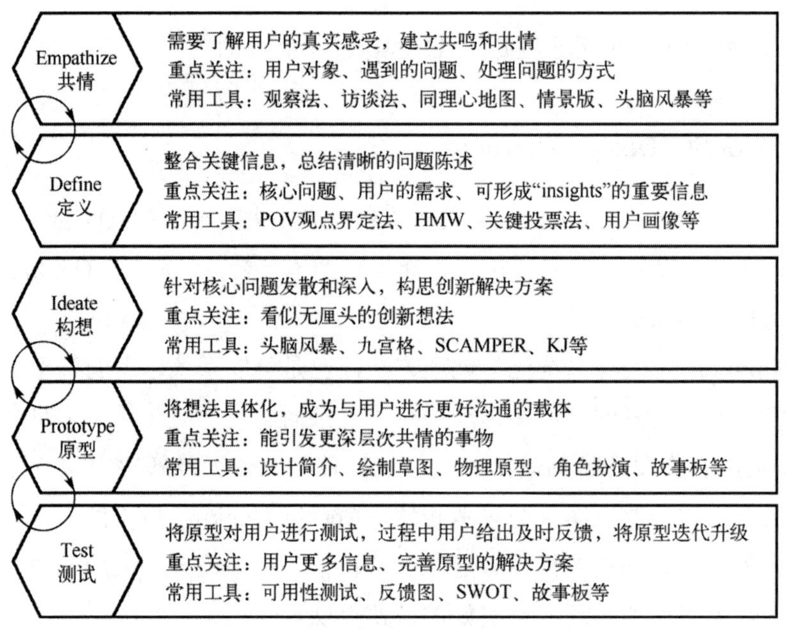

图 5-15　EDIPT 设计思维模型的使用要点

3. IDEO 的“Design Thinking”

IDEO 是美国一家以设计推动商业创新的设计咨询公司，创立于 1991 年。与 D.school 学院派相比，IDEO 成功将 Design Thinking 与商业结合。如今 IDEO 已成为最具创新能力的十大公司之一，也是全球最大的设计咨询机构之一。

IDEO 更重视“以人为本”的独特设计理念，始终采取以人为中心的设计思维，结合直觉、感性甚至灵感的成分具象化人的需求，而非通过采用大样本做时长调研、通过数据分析抽象出人的需求。IDEO 官方解读的以人为本的设计表明，拥抱以人为本的设计意味着相信所有的问题都是可以解决的，即使是那些看似困难的问题，如联合国发起的 18 个可持续发展目标。而面临这些问题的人就是掌握着答案关键的人。以人为本的设计为所有问题解决者提供一个与“当事人”一起设计改造的机会，深入了解“问题当事人”，构想出大量的想法，并创造出根植于人们实际需求的解决方案。

4. IDEO“Design Thinking”流程

为致力于创造更公平和包容性更强的世界组织一起来设计产品和服务，IDEO 专门设置了一个非营利性设计工作室 IDEO.org，设计了一套“人本设计方法工具包”，根据每个阶段的特性提供相应工具指南，供大家成为设计思考者，学习像设计师一样用以人为本的设计理念来解决问题[215]。

与 EDIPT 设计思维模型相似，IDEO 的 Design Thinking 流程分为五大环节：发现（Discovery）、解释（Interpretation）、思维（Ideation）、实验（Experimentation）、进化（Evolution）。也可将其归纳为三个阶段，分别为灵感阶段（Inspiration）、构思阶段（Ideation）和实施阶段（Implementation）。灵感阶段含“发现”与“解释”两个环节，沉浸在用户生活中，挖掘和理解他们的需求，收集灵感。构思阶段含“思维”一个环节，将灵感具象为想法，确定设计机会，并为可能的解决方案制作原型。实施阶段含“实验”与“进化”两个环节，将最佳想法不断优化后，形成可落地的解决方案，并最终推向市场。使用要点如图 5-16 所示。

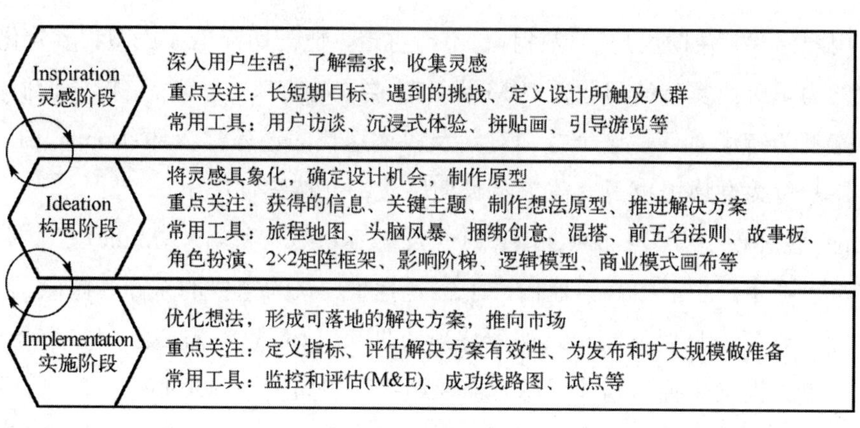

图 5-16 IDEO“Design Thinking”的使用要点

Design Thinking 是从发散过程入手的，要有意识地尝试拓展而非减少选择[213]，专注于提升 Design Thinking 能让人持续发挥创造力。需要注意的是，Design Thinking 是一个非线性流程，可以分别或同时进行，也可以迭代重复进行。目前大多数设计师们会选择先从“测试”开始，再到“定义”或“构思”阶段，进一步地探索“原型”设计，循环往复。设计思维的培养不能仅仅满足于理解概念，更要想办法将理论应用于实践。

[215] 参见 IDEO 官方网站。

5.3.2 IBM 的“Loop”设计模型

1. IBM 的设计思维

IBM（International Business Machines Corporation）是由托马斯·约翰·沃森（Thomas John Watson）于 1911 年创办的全球最大的信息技术和业务解决方案公司之一。从创办至今，IBM 一直以“必须尊重个人”“必须尽可能给予用户最好的服务”“必须追求优异的工作表现”作为公司的行为准则。

经过百年的不断打磨，IBM 形成了一套特有的为现代企业重新构想的设计思维模式，并把该设计思维融入公司的产品和服务中，逐步转型专注于服务企业客户，并且为此招聘了数百名设计师。IBM 营销战略和运营主管詹姆斯·加拉西（James Galacia）表示，IBM 设计思维是一种将每个人统一起来的方法，以用户为导向，而非针对不同人的目标。因此，IBM 提出解决业务问题的关键是关注人的问题，并将“以人为本”作为 IBM 设计思维方法的框架，实现从设计到交付的可扩展的全过程。

2.“Loop”设计模型流程

关注用户结果，帮助用户实现目标；不断再造，把一切都当成原型；多元化的团队，依靠团队的力量解决复杂的问题是 IBM 设计思维方法的基本原则。它指导我们要将问题和解决方案视为持续对话。这个持续对话及快速迭代的过程称为环（Loop），Loop 的核心是通过用户行为发现用户现有需求及长期愿景，并持续性产出。

“Loop”设计模型分为观察（Observe）、反思（Reflect）和创造（Make）三个阶段。“观察”需要沉浸在用户生活中观察他们，了解其背景、认为重要的东西和隐藏需求，观察阶段不需加以判断，只要不断记录所看、所听即可。“反思”需要定期整合所获得的东西，表达观点并提供改善计划，反思时需要站在用户角度用同理心思考问题，这个阶段往往会产生出更好的想法。“创造”需要在有想法时立即将其具象化后投入测试，不必将想法完全构思成熟后再进入具体操作的阶段，利用原型去印证想法的可行性，即使错了，也降低了时间成本。“Loop”设计模型的使用要点如图 5-17 所示。

为了带领团队取得出色的用户成果，IBM 的设计思维还设置了可拓展框架，强调团队专注于对“有意义的用户结果”保持一致看法；过程中如果出现分歧，就需对问题进行新的循环并重试。一般情况下，我们可以从“Loop”设计模型的任意一点开始设计，但是更推荐从反思开始，形成初步想法，再利用创造和观察来认知用户、展示解决方案的可能性和可行性，加之进一步反思，并持续不断地迭代完善最初的想法。

图 5-17 “Loop”设计模型的使用要点

5.3.3 英国设计委员会的“双钻”思维模型

1. 英国设计委员会的设计思维

英国设计委员会(British Design Council)是由温斯顿·丘吉尔(Winston Churchill) 为支持英国经济复苏于 1944 年 12 月成立的。随着社会需求和经济不断发展变化，“通过一切可行的方式促进英国工业产品设计改进”的创始宗旨已转变为“致力于通过设计让生活更美好”，旨在利用设计工具和技术激发新的思维方式，鼓励大众提出自己的需求从而为政府修改政策提供信息，以改善当今生活和更好地迎接未来。

因此，为了增进大众对设计的理解，传达设计的价值，2004 年英国设计委员会开发了以“双钻”思维模型(也称为 4D 模型)为核心的创新设计框架，并将其定义为英国设计委员会的设计方法论。它明确了设计的目的在于服务，设计的结果是带来更好的体验。其本质是通过模型提供一种新的思考模式，即促进人们更好地发现真正的问题并提出全面的解决方案，最终检验解决方案是否符合初衷。创新框架概述了设计者可以采用四项核心原则以便其更有效地工作，分别是以人为本、以视觉和包容的方式进行交流、协作和共同创造、反复迭代。

2. “双钻”思维模型流程

“双钻”思维模型被公认为是设计过程最简单的视觉描述之一。“双钻”思维模型如图 5-18 所示，由两个菱形组成，分别代表发散性思维和收敛性思维。发散性思维主张追求更广泛或更深入地探索问题，不应约束自己，尽可能多地探索不同可能；收敛性思维主张采取集中行动，聚焦在某个问题上评估和选择，压缩发散的成果，减少选项，从而选择最重要的方向。

“双钻”思维模型分为发现(Discover)、定义(Define)、开发(Develop)和交付(Deliver)四个阶段。“发现”需要在深入研究用户的过程中发现问题并思考其本质，保持视野开阔，探索问题并非简单假设问题是什么，而要寻找创新点。“定义”是将问题和想法转化为洞察从而形成核心观点，以便确定项目的主要机遇和挑战，为开发创新解决方案做好准备。“开发”要用可视化图形的方式表达设计想法，梳理设计方向，分析概念，评估合理性，不断优化最终产出可以继续深化的设计。“交付”需要完成快速原型制作并测试，证实其合理性，收集反馈后，不断迭代确定最终方案，并用计算机模型或实体模型来展示。“双钻”思维模型的使用要点如图 5-19 所示。

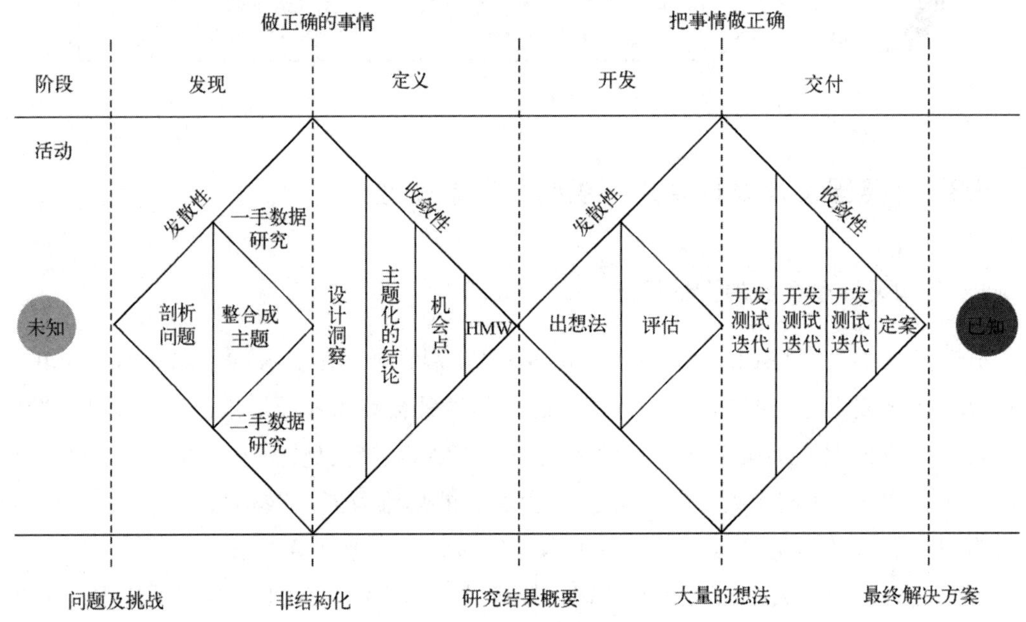

图 5-18 “双钻”思维模型

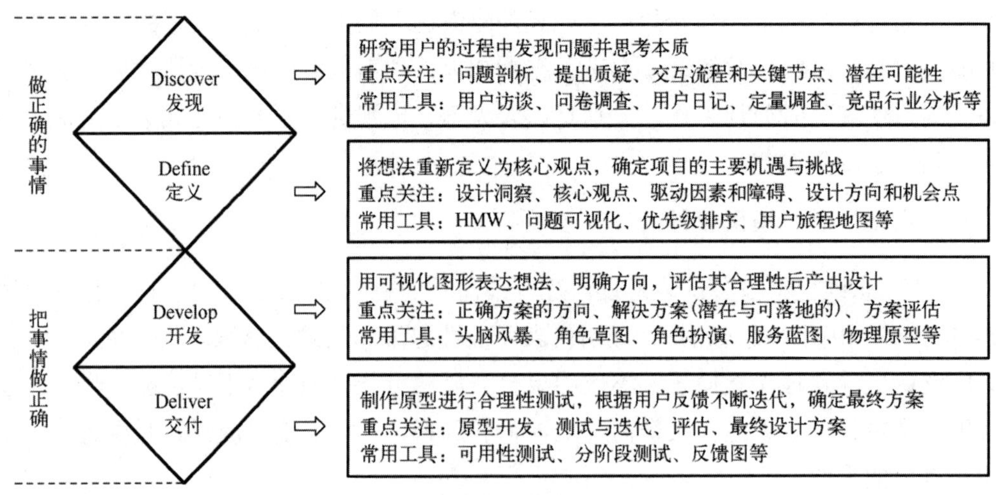

图 5-19 “双钻”思维模型的使用要点

这四个阶段有着密切联系，是一个线性过程，“做正确的事情”为“把事情做正确”做铺垫，“把事情做正确”也能更好地验证何为“做正确的事情”。“双钻”思维模型能更好地将思考过程拆分，增强逻辑性，将“用户为中心的设计”作为核心，充分了解用户，满足用户需求[216]。

设计思维是一种以解决方案为导向的思考模式，是关于如何进行设计创新的方法论。设计思维的核心思想是“以人为本”，这在众多现代设计思维模型中得到充分的体现。上面介绍的几个思维模型所建议的流程及使用的工具虽然有所差异，但它们所遵循的核心思想是一致的，其目的都是实现以人为本的创新设计，为人们创造更好的未来。通过设计思维的学习，个人或组织将能培养出科学的思考方式，打开设计的思路，从而更好地指导自身的设计实践和设计创造。

思考题

1．在设计调研分析阶段，何时该采用定性研究方法？何时该采用定量研究方法？

2．简述产品语义学对当代产品设计的意义。

3．人机工程学的诞生意味着人和产品之间的关系产生了何种转变？

4．模块化设计是如何平衡经济和生态之间的关系的？

5．简述设计思维对设计实践的影响。

推荐阅读书目

1．凯茜·巴克斯特等：《用户至上：用户研究方法与实践(原书第 2 版)》。北京：机械工业出版社，2017 年版。

2．古德曼等：《洞察用户体验：方法与实践》，刘吉昆等译。北京：清华大学出版社，2015 年版。

3．张凌浩：《符号学产品设计方法》。北京：中国建筑工业出版社，2011 年版。

4．丁玉兰：《人机工程学(第 5 版)》。北京：北京理工大学出版社，2017 年版。

5．艾伦·鲍尔斯：《自然设计》，王立非等译。南京：江苏美术出版社，2001 年版。

6．阿米娜·汗：《仿生设计大未来——人类进步的下一个关键》。台湾：大雁-如果出版社，2019 年版。

---

[216] 葛菲：《“双钻模型”下设计类混合式教学模式探索与实践》。《教育教学论坛》，2020 年第 11 期，第 195 页。

7. 罗仕鉴，李文杰:《产品族设计 DNA》。北京：中国建筑工业出版社，2016 年版。

8. 马丁，汉宁顿:《通用设计方法》。北京：中央编译出版社，2013 年版。

9. 代尔夫特理工大学工业设计工程学院:《设计方法与策略》。武汉：华中科技大学出版社，2014 年版。

10. 蒂姆・布朗:《IDEO，设计改变一切》，侯婷、何瑞青译。杭州：浙江教育出版社，2019 年版。

11. 迈克尔・勒威克等:《设计思维手册：斯坦福创新方法论》，高馨颖译。北京：机械工业出版社，2019 年版。

第 6 章 工业设计政策论

工业设计政策是国家创新战略的重要组成部分，对推动制造业创新、促进产业转型、转变经济发展模式具有重要意义，是国家经济发展、制造业转型的强心针与助推剂，因此工业设计政策成为促进国家创新与提升国家竞争力的重要手段。作为促进工业设计产业在本国发展的规划蓝图，工业设计政策在国家战略发展层面具有特殊地位。随着全球工业设计发展进入以"形成工业设计国家战略"为中心的阶段，工业设计已成为衡量一个国家综合竞争力的重要依据。本章通过梳理各国工业设计政策的演进路径，分析全球范围内具有代表性的国家工业设计政策发展模式，从中提取各国工业设计政策发展的共性特征与差异化经验，并对我国工业设计政策发展的独特路径进行探讨，总结规律，指明其未来发展方向。

6.1 工业设计政策的发展

工业设计政策的发展与工业设计产业之间存在着密不可分的联系，设计产业受设计需求的驱动，设计需求由国家的经济条件所决定，工业设计政策的发展很大程度上受到设计产业自身及国家所处经济环境的影响[217]。欧洲 INNO GRIPS 项目在《设计作为创新的工具》研究报告中将工业设计政策对设计产业的支持分为三个阶段(如图 6-1 所示)。第一阶段，设计促进阶段，支持的重点是对设计活动的广泛推广与设计氛围的营造，如举办设计展览、开展设计竞赛与发行出版物，对优良设计产品进行推广与经验交流。第二阶段，设计支持阶段，支持的重点主要在设计产业实施层面，直接对设计企业进行商业支持，尤其是中小型创新企业。第三阶段，全面支持阶段，标志性特征是对设计专业的教育培训体系逐渐完善，政策制定者开始采用完善的政策体系对设计产业与活动进行全面支持[218]。

---

[217] 李昂：《设计驱动经济变革：中国工业设计产业的崛起与挑战》。北京：机械工业出版社，2014 年版，第 130—131 页。

[218] Hugo Thenint: Design as a tool for innovation. A PRO INNO Europe project: Global Review of Innovation Intelligence and Policy Studies, 2008.

工业设计政策的演进与工业设计的发展息息相关，回顾世界工业设计的发展历程，大致经历了4个阶段：一是以“促进工业设计职业化”为中心的阶段；二是工业设计产业的规模化阶段；三是以“完善工业设计商业市场”为中心的阶段；四是以“形成工业设计国家战略”为中心的阶段。这4个发展阶段，反映工业设计政策从幕后到台前对工业设计产业的介入和影响越来越强的客观事实。作为国家创新的重要手段，工业设计是提升国家竞争力的有效途径，大部分发达国家已将工业设计政策上升到国家战略层面，工业设计政策成为国家创新战略与政策要素的重要组成部分。越来越多的国家意识到工业设计在要素驱动型经济、效率驱动型经济向创新驱动型经济发展转变过程中起到的重要作用，设计创新作为国家竞争力的重要组成部分，已成为国家经济社会发展程度的衡量标准之一。

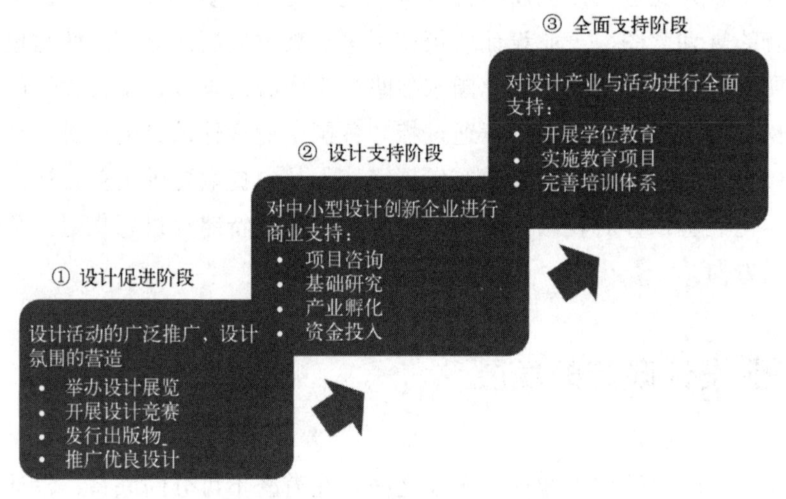

图6-1 欧盟国家设计政策演进阶段(作者自绘)

工业设计政策的内涵和外延与工业设计的定义紧密相关。正如第2章所提到，随着国际工业设计协会(ICSID)更名为世界设计组织(WDO)，工业设计的定义也将“工业”二字用括号括起来，逐渐淡化设计的工业属性，更加强调设计的社会系统创新属性。从工业设计定义的四次衍变可看出，工业设计的对象由产品设计发展到系统、服务与体验等创新设计，工业设计政策的内涵与外延在发生着适应性变化：从致力于促进加工制造的工业化发展到推动设计服务、文化创意等高端产业发展，推动传统制造业向高端服务业、文化创意产业转型升级。

随着服务设计、社会创新等工业设计新范畴的兴起，设计政策的制定逻辑从对经济效益层面单一维度的考量提升至对社会全体成员共同福祉的整体考量[219]。设计政策未

[219] 陈朝杰：《设计政策：设计驱动国家发展》。南京：东南大学出版社，2020年版，第163—164页。

来的发展趋势，呈现出经济、社会生态等方面的综合考量，归根结底，设计政策的最终目的依然是更好地解决可持续发展与社会转型问题。发达国家趋于从更广阔的视角来理解设计政策，重新审视设计的作用与价值，设计政策不应只作为促进经济发展的创新手段，更应该对社会、民众承担设计责任。应该说，设计政策不应只为产业服务，更应该为社会民众服务，才能切实推动一个国家的经济社会全面均衡可持续发展。

6.2 各国工业设计政策的演进路径

本节选取全球代表性国家进行工业设计政策个案分析，包括以英国、芬兰、丹麦为代表的欧洲国家，以美国为代表的北美国家和以日本、韩国为代表的亚洲国家，通过分析各国工业设计政策的发展路径，总结工业设计政策在促进各国经济社会发展中发挥的作用，并明晰当前各国工业设计政策的发展态势。

6.2.1 英国设计政策——设计思维促进工业经济转型创意经济

英国设计政策的发展，在很大程度上归功于具有设计意识的政府官员。1982 年，英国首相格丽特·撒切尔在“产品设计与市场成功”研讨课上，提倡“优良设计”，使得设计的重要性获得英国政府高层的重视，将设计视为重振英国经济发展的重要手段。在撒切尔的倡导与支持下，工业生产、企业管理、设计教育领域全面嵌入优良设计意识，从而成为英国最重要的设计政策[220]。1982 年，英国设计委员会举办“国际设计政策研讨会”，这是当时以“设计政策”为主题举办的规模最大、议题最广的国际学术会议。会后，撒切尔总结了设计政策框架，包括普及推广优良设计意识、举办高水平设计比赛、通过设计项目对缺少设计能力的企业进行扶持、每年定期给予设计支持资金等，以设计政策大力支持设计产业的发展，这一系列举措为 20 世纪 90 年代英国创意产业的崛起创造了良好的社会设计氛围，夯实了企业设计创新基础。

20 世纪 90 年代以来，英国的制造业发展水平有所下滑[221]，使得产品设计的市场大量缩减，英国经济遭受严峻挑战，亟须转型升级，在此现实困境下，英国设计产业以设计思维促进工业经济转型升级为创意经济，帮助设计应对经济转型需求，促进设计产业向更成熟的方向发展。英国政府为保护与鼓励创意产业发展采取了一系列设计政策措施。1998 年，《英国创意产业路径文件》颁布，大力支持英国文创产品出口；2008 年，英国颁布《超越创意产业：英国创意经济发展报告》，高度重视创意产业对经济的促进

[220] 熊嫕：《英国设计政策研究的文本印象》。《装饰》，2020 年第 8 期，第 12—17 页。

[221] 刘曦卉：《英国设计产业发展路径》。《艺术与设计(理论)》，2012 年第 2 卷第 5 期，第 49—51 页。

作用[222]。全球化的冲击使英国的制造业面临挑战，在政府对设计产业的大力推动下，英国通过将设计思维融入产业转型中，完成从工业经济到创意经济的转型升级。进一步，英国政府的设计思维转变还体现在社会领域，英国设计委员会通过大力推动服务设计、社会创新等相关项目来提升设计的社会影响力，提高公民的设计意识，促进设计思维在社会上的广泛传播，设计意识逐渐渗透到民众生活领域中，从而营造有利于英国经济社会发展的设计创意氛围。

6.2.2 芬兰设计政策——从“经济竞争力手段”到“社会创新工具”

芬兰政府一直将设计政策作为推动经济、文化、商业发展的国家战略，设计与创新成为芬兰经济发展的重要特征[223]。芬兰政府早在20世纪50年代就确立了“设计立国”政策，使得芬兰的设计发展在欧洲逐步实现从“追赶”到“引领”。1990—1998年，芬兰政府制定了《设计领先纲要》，2000年又通过《设计2005》国家政策纲要，以芬兰成为“设计和创新领先国家”作为战略目标。《设计2005》作为全球较早从政府层面推动设计发展的政策纲要，它的一个重要突破在于，从工业、经济的角度来解析设计，使工业设计成为国际竞争力的重要组成部分。进一步，芬兰政府成立国家技术创新基金，增加中小企业对设计的应用，增强产业界的设计意识。芬兰首版设计政策加强政府对设计企业研发活动的直接扶持作用，并通过提供基础研究等公共服务来振兴芬兰设计。需要注意的是，此阶段设计政策并未完全解决芬兰的设计产业与设计竞争力问题，芬兰中小企业的设计力量与国际竞争力仍较薄弱，这也成为芬兰新版设计政策制定战略目标与任务时要解决的首要问题。

2013年，芬兰政府正式颁布了新版国家设计政策《芬兰设计政策：战略与行动提案》。该版设计政策的制定结合了芬兰社会、政治背景方面的现实需求，并融入了设计思维方法，特别是以用户为中心的社会创新方法，增加了社会公共利益和社会福利的维度，从更广阔的视角探讨了未来设计在社会公共领域的发展潜力。芬兰希望通过新版设计政策，有效应对欧洲所面临的竞争力、环境可持续和社会凝聚力三大挑战，通过可持续生产方式、包容性产品来设计与提升社会服务，为芬兰创造更多社会福祉（如图6-2所示）。

对比芬兰新旧版设计政策可以发现，芬兰设计政策的制定逻辑从“设计政策作为经济竞争力手段”向“设计政策作为社会创新工具”转变，从单一的经济效益提升至生态效益、社会效益的整体考量[224]。设计不仅成为实现商业目标的经济竞争力手段，还是解决社会问题的社会创新工具，从而拓宽了设计政策对促进经济社会发展的作用面。

---

[222] 李蕊：《英国创新设计发展经验及启示》。《全球化》，2017年第4期，第111—119页。

[223] 王晓红：《纵览国内外工业设计宏观政策》。《设计》，2011年第4期，第56—62页。

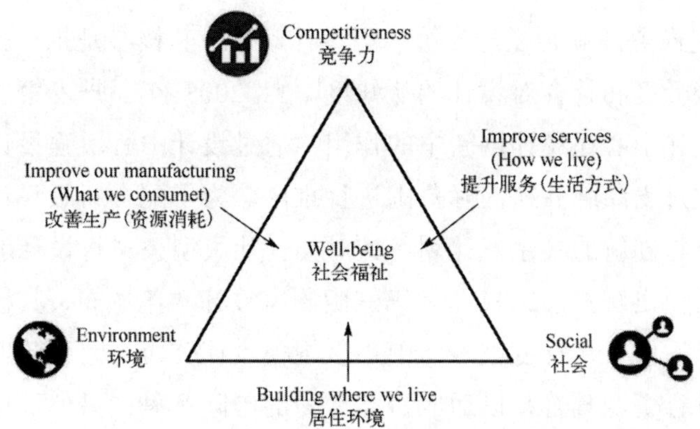

图 6-2 芬兰新版设计政策的制定逻辑[224]

6.2.3 丹麦设计政策——从“无设计政策”到“战略设计政策”

丹麦设计的发展经历了“无设计、设计即样式、设计即过程、设计即政策”四个阶段，相应地，可将丹麦的设计政策划分为“无设计政策、工业设计政策、服务设计政策和战略设计政策”四个阶段[225]（如图 6-3 所示）。在过去的二十多年里，丹麦先后推出了多个国家级设计政策，其目标从最初的设计推广、促进设计产业发展，逐渐升至让设计成为战略手段，除推动国家经济发展外，更表达出通过设计实现美好社会生活的理想愿景。

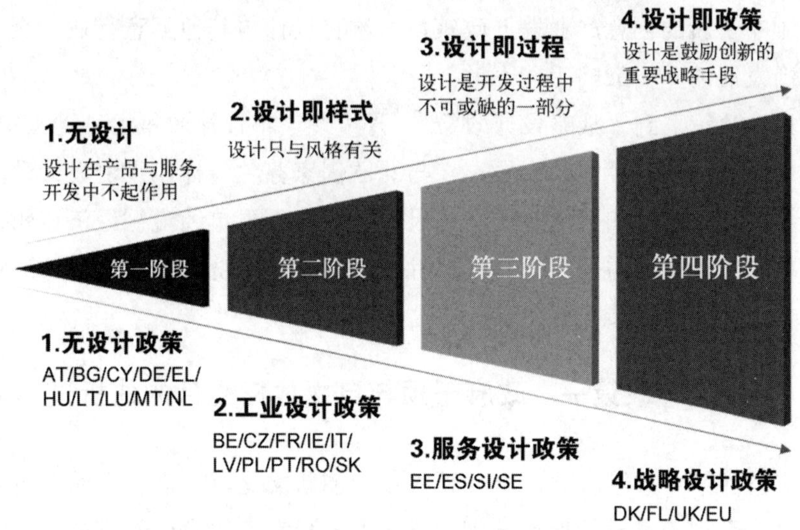

图 6-3 设计阶梯与设计政策阶梯[226]

[224] 陈朝杰，方海：《芬兰新旧国家设计政策的对比研究》。《装饰》，2016 第 8 期，第 118—120 页。

[225] 李敏敏：《从“无设计政策”到“战略设计政策”：丹麦设计政策研究》。《装饰》，2020 年第 8 期，第 18—22 页。

[226] Design Creates Value. National Agency for Enterprises, Copenhagen, 2007.

1997 年，丹麦商务部颁布了丹麦第一版设计政策，其核心是推广设计价值，提升企业对设计价值的接受度和社会对设计的认知度[227]。2003 年，丹麦第二版国家设计政策颁布，强调丹麦设计中心在设计创新中的作用，通过设计中心增强设计界与商业界之间的联动，另外打造丹麦品牌并在国际范围进行推广。为了配合新版设计政策，丹麦设计中心推出了“设计与创新的关系”计划，针对如何让大型公司将设计融入创新过程和企业战略中这一问题做出解答。2007 年，第三版国家设计政策颁布，其核心目标是让更多公司运用战略设计，由于在丹麦大多为中小型规模设计公司，因此政府希望通过从战略层面对设计行业进行资源整合，以适应日益激烈的国际竞争；另外，推动以用户为中心的社会创新方法，政府希望通过公共领域的服务设计帮助解决国家面临的社会福利问题，包括人口老龄化、劳动力大幅减少等，促进社会公平，增进民生福祉，通过扩大国家福利涵盖范围来增强社会凝聚力。2012 年，为了使设计成为创新发展的驱动力，“丹麦设计 2020 委员会”成立，致力于在 2020 年使丹麦成为具有全球影响力的国家，设计也随之全面融入社会生活各个领域，并被广泛应用在以改善人民生活、创造商业价值及提升公共部门的服务效率等工作中[228]。2013 年，丹麦颁布了第四版国家设计政策——“丹麦促进创意设计产业发展行动计划”，其中包括 27 条提案，主要关注 4 个核心领域：改善商业技能和融资渠道；加速新创意产品和设计解决方案的市场成熟；通过有效的教育和研究计划，促进创意产业的发展；让丹麦成为国际建筑、时尚和设计发展中心。2019 年，丹麦又颁布了新的创意产业发展政策，再次将设计与其他创意行业融合，作为推动丹麦国家创新发展的重要战略手段[229]。

从“无设计政策”到“战略设计政策”，丹麦逐渐将设计政策上升到国家战略层面，推动国家创新发展。随着经济社会发展，与北欧国家芬兰一样，丹麦设计政策的制定逻辑已发生重要转向，丹麦国家战略层面的设计政策已不再单纯遵循经济逻辑，而在拟定综合战略时增加了社会效益的视角，其目标从早期促进经济竞争力、设计产业发展升至推动社会创新、为民众创造美好生活的综合愿景。

6.2.4 美国设计政策——政府干预与自由放任交替的曲折过程

美国作为世界第一大经济体，十分重视设计创新文化，在创新方面一直走在前列。美国通过制订一系列国家设计促进计划，建立了一套完整的设计创新机制。1965 年，美国设立国家艺术基金会（NEA），其在设计推广活动方面承担重要角色，通过充分发挥行业协会的作用来推动美国工业设计的发展。20 世纪 70 年代，国家艺术基金会响应尼克

[227] The Governments Design Report 1997. Danish Design Center, 1997.
[228] Danish Design 2020 Committee. The Danish Design 2020 Vision, 2012.
[229] Growth Plan for The Creative Professions 2019. Danish Government, 2019.

松的号召，进行了大规模的关于设计政策的讨论，提出联邦设计改进计划；1973 年，美国成立联邦设计组织(FDA)，通过连续召开会议形成联邦设计提升方案，提出整合美国国家设计战略，并取得一系列重要成就，包括从 1972 年到 1981 年的联邦图像提升项目、联邦建筑项目，规范了全美政府的视觉形象，后来其成为美国公共服务视觉形象的典范[230]。

需要指出的是，美国的设计政策发展历经了政府干预与自由放任交替的曲折过程。美国的换届选举影响了美国设计政策的发展连贯性。自 20 世纪 90 年代以来，美国关于设计政策的倡议均遭遇挫折。1993 年，克林顿上台，国家艺术基金会设计项目重新回归，认为“设计产品、通信和环境是一种战略性的国家资源，在美国其潜力尚未得到充分发挥”[231]。次年发布的《关于白宫设计委员会提案》受到一定程度的关注，联邦设计政策似乎迎来生机，但随后因为总统换届选举，该项目并未得到实施。2008 年年末，美国国家设计峰会在华盛顿召开，国家艺术基金会整理会议成果，于 2009 年完成《重塑美国设计未来》，形成支持设计促进、设计创新及设计标准与民主治理政策约 250 项原始提案[232]，但其“强调设计的优先事项，而非整体社会的优先领域”的设计政策理念，遭到政府部门的质疑，被视为仍然建立在 20 世纪的思维框架内，“断言设计能够真正改变国家和国际环境的政策提议”根本经不起推敲，正是由于来自政府内部的反对声音，此次倡议并未形成实质性的联邦设计政策和国家设计促进机构[233]。

政府的干预使得美国设计政策的发展历程尤为艰难，1981 年里根接任美国总统成为重要转折点。里根认为市场失灵只是政府干预的必要条件，而非充分条件，于是放松经济管制，限制联邦政府的规模和权力，实现了设计政策从政府干预向自由放任的回归，在政府调控与市场驱动之间寻求平衡。从设计系统二元驱动机制来看，美国国家设计系统以产业为核心，行业协会组织主导，政府方面主要负责在创新政策上给予资金等实质性支持，行业协会起到管理和促进设计产业发展的主要作用，使得美国的设计政策发展在政府干预与市场驱动之间取得平衡。

6.2.5 日本设计政策——官民协调机制下的设计振兴

日本设计政策的发展源于第二次世界大战后日本亟须重振经济发展，恢复生活基础

[230] Meggs P B, Purvis A W: Meggs' History of Graphic Design. New Jersey: John Wiley, 2005:412–414.

[231] National Endowment for the Arts Design Program.A Proposal for a White House Council on Design: A Strategy to Harness the Power of Design, 1994.

[232] Tunstall E: Redesigning America's Future: Ten Design Policy Proposals for the United States of America's Economic Competitiveness and Democratic Governance. U.S. National Design Policy Initiative, 2009.

[233] 王胜利：《超越文本：设计政策在美国的挫折与设计角色重构》。《装饰》，2020 年第 8 期，第 23—27 页。

设施建设，因此开展了一系列改善公民生活质量的设计运动，这一时期日本的设计运动始终根据国家发展和民众需求，以解决民众日常生活问题、改善生活质量为目标。日本此时期设计运动的一个重要特征是“政府主导”与“官民一体”[234]。设计运动和产业振兴始终与国家经济发展和国民生活息息相关，对设计的社会普及与推广发挥了重要作用。

日本设计政策主要包括设计产业扶持、设计活动推广、设计人才培养、设计教育发展、设计融入社会等方面。1951 年，日本成立“产业工艺试验所”，在千叶大学的工业意匠科和东京艺术大学的工艺计划科开始工业设计教育；1955 年，日本贸易振兴会设立向国外派遣设计留学生制度；1956 年，日本生产性总部组团到美国考察工业设计，使得日本设计发展受到美国工业设计的重要影响。由于收到英国产业界对日本设计盗用问题的抗议，为了鼓励原创性设计，1957 年日本设立了“优秀设计科”，制定“日本优秀设计奖(G-Mark)”(如图 6-4 所示)的选定制度；1998 年，政府推动下的“日本优秀设计奖(G-Mark)”已极具国际影响力，为使其进一步民营化，政府退出推动机制，由日本产业设计振兴会(JIDPO)全面负责组织实施。可以说，日本所有的设计政策举措，都反映出设计在日本产业振兴、国民生活质量提高方面起着极其重要的作用，2002 年日本提出的“优良设计”与 2007 年提出的“感性价值创造主义”都很好地反映了这一点。

图 6-4　日本优秀设计奖(G-Mark)

1969 年，为了发挥地方政府和民间组织的联动作用，日本产业设计振兴会成立，在设计政策相关事务上直接执行政府职能，全面推动日本设计产业的振兴。1986 年，日本制定民间参与促进法，进一步鼓励民间组织与地方政府合作，投入设计振兴活动中。2011 年，日本产业设计振兴会改组成为日本设计推进协会，在与政府的密切联系中，推进设计可持续发展，使设计与商业融合创新发展。日本设计系统由政府引导，同时在每个都、道、府、县均设有“设计行政室”，形成具有日本特色的“官民协调机制”[235]。日本的产业设计振兴政策尽管借鉴了欧美国家的发展经验，但是始终坚持从本国国情出发，坚

[234] 黄河，刘宁，张凌浩：《设计驱动创新视角下设计政策研究及对我国产业转型升级的启示——以日本为例》。《南京艺术学院学报(美术与设计)》，2018 年第 3 期，第 87—91 页。

[235] 许平：《影子推手：日本设计发展的政府推动及其产业振兴政策》。《南京艺术学院学报(美术与设计版)》，2009 年第 5 期，第 29—35 页。

持“设计与经济”“设计与文化”“设计与生活”结合的特征及“官民一体”的特色，提升设计的社会影响力，使得全民对设计价值的认知度较高，从而形成了官民协同推动日本设计发展的格局。

6.2.6 韩国设计政策——政府主导下从“后发”到“先驱”的蜕变

韩国设计政策的发展由政府主导，通过成功运用设计创新提高国家竞争力，使韩国逐渐从设计后发国家发展为设计领先者。政府是韩国设计政策发展的主导者，政府组织拟定设计政策提案，直接推动韩国设计产业发展，让韩国设计在较短时间内迅速崛起。韩国的设计振兴可追溯至 1958 年，韩国政府与美国合作成立手工业展示中心(KHDC)，期间在美国协助下建立韩国设计教育课程体系，奠定了韩国的设计产业基础。1970 年，韩国设计包装中心(KDPC)成立，举办大量设计推广活动，成为促进产业界和学界交流的重要桥梁。韩国设计此时仍倾向于以“包装外观”为主要诉求，从 20 世纪 90 年代开始，由于受日本设计的影响，韩国意识到设计应超过外观的价值所在，于是 1991 年韩国设计包装中心(KDPC)改名韩国工业设计推进会(KIIDP)，强调设计对提升产品竞争力的重要作用。2001 年，韩国工业设计推进会又改名为韩国设计振兴院(KIDP)(如图 6-5 所示)，在政府资金的大力支持下，韩国设计振兴院成为韩国官方的设计管理组织，推动韩国设计产业的振兴与发展[236]。

图 6-5 韩国设计振兴院(KIDP)

20 世纪 90 年代，在面临快速工业化发展的挑战下，韩国政府制订一系列工业设计发展五年计划，全面促进设计产业发展。1993 年，随着韩国第一个工业设计五年计划颁

---

[236] 郭雯，张宏云：《国家设计系统的对比研究及启示》。《科研管理》，2012 年第 33 卷第 10 期，第 56—63 页。

布，韩国设计师和设计公司大量增长，投资促进了中小型设计企业的发展，三星、LG等大型企业也强化了内部的设计部门，使韩国形成了新一批设计驱动创新型企业。1998年，韩国第二个工业设计五年计划颁布。为了提升韩国产品设计的质量，推动设计创新发展成为这个阶段的重点，韩国围绕提升对设计创新的基础研究，成立韩国设计中心、设计创新中心、国际设计趋势研究中心等。通过加强设计创新，韩国设计的国际影响力得到迅速提升。2003年，韩国颁布了第三个工业设计五年计划，系统推进设计产业向国际先进水平迈进。为了支撑这一目标，韩国政府大力出资在光州、釜山、大邱建立新的国家级设计中心，还在全国各地建立了大量设计创新中心，为高校、中小企业提供基础研究与公共服务[237]。第四个工业设计五年计划于2008年颁布，开始将韩国作为一个国家品牌推出，确立韩国跨入世界先进设计国家行列的战略目标，使韩国逐渐成为国际设计领先者。

韩国政府自1993年连续推出四个促进工业设计发展的五年计划，使韩国的设计产业迅速振兴，韩国逐步跨入世界先进设计国家的行列。通过政府对设计产业的直接扶持，韩国已从设计后发国家转身成为亚洲设计先驱者，引领亚洲设计发展。

6.3 全球工业设计政策的发展模式

由于政治、经济、科技、文化等国情的不同，工业设计政策在全球各区域呈现出不同的发展逻辑与规律。本节通过横向比较欧盟、美国、日韩三个代表性区域的工业设计发展政策，总结各代表性区域的工业设计政策发展模式，探析当前国际工业设计政策的发展态势与战略方向，归纳全球各区域在促进本区域经济社会创新发展过程中，工业设计政策表现出的不同发展特征。

6.3.1 设计立国与创新驱动的欧盟模式

设计立国与创新驱动是欧盟工业设计政策发展的显著特征。2011年，欧盟启动“欧洲设计创新方案”，探求“以用户为中心的设计”切入政府政策和企业策略的实施路径，以此增强设计、创新与竞争力之间的联系。2012年，欧盟举办“为繁荣和发展设计峰会”，开始将设计政策作为国家级战略进行探讨。目前所有欧盟国家都有相应的设计推广活动，大部分国家建立了设计中心，并设立专项设计政策与开展设计支持行为，欧盟“设计立国”模式逐渐形成，以设计创新驱动欧盟经济社会发展。

[237] KIDP Design Strategy Team: Report on the National Design Policy in Korea 2004. Seoul: KIDP, 2005.

有研究者用“设计政策阶梯”来归纳欧盟的设计政策特征，其可分为四个阶段：无设计政策、商业设计政策、服务设计政策和战略设计政策。英国、芬兰、丹麦等欧洲国家的设计政策处于阶梯第四级的位置，即战略设计政策[238]，大部分欧洲国家已将设计政策上升到国家战略层面，设计立国模式逐渐在欧盟形成。英国于 1944 年成立英国设计委员会，其作用主要体现在成立设计组织，举办设计活动，直接推进设计产业发展，并为国家设计政策制定提供参考。进一步，通过应用服务设计思维来革新政府组织，英国将设计政策制定从政府独担责任向公众分担责任转变，使设计政策更能满足民众诉求。北欧国家芬兰早在 20 世纪 50 年代就制定了“设计立国”政策，芬兰逐步成为设计创新领先国家。通过构建国家创新体系，芬兰以设计创新实现设计立国[239]，2013 年芬兰新版设计政策的制定逻辑转向“设计政策作为社会创新工具”，鼓励社会公民参与设计政策的制定，设计逐渐融入社会各领域。丹麦从一开始的“无设计政策”发展到如今的“丹麦设计政策 2020”，围绕经济效益、社会效益、生态效益拟定综合战略，从战略层面实现了设计政策制定逻辑的维度升级，从促进经济发展的单一目标转向提高政府服务与公共领域服务效益、推动社会创新和组织制度创新的综合愿景，设计政策发挥作用的覆盖面越来越广。

从欧盟设计政策的范式转变可以看出，欧盟国家设计政策在经济的逻辑基础上，增加了社会公共利益的视野，从对经济层面单一维度的考量提升至对生态及社会层面的整体考量，如今的“设计立国”模式不只通过设计提升经济实力与国家竞争力，更将设计作为社会创新的手段，将设计融入社会生活各个领域，从而为民众创造更多社会福祉。

6.3.2 市场驱动与自主自治的美国模式

美国设计政策发展的典型特征是市场驱动与自主自治，源于美国市场经济体制的基石是“企业自主型”市场经济模式，又称“自由主义的市场经济”，它十分强调保障企业作为微观经济活动主体的权利，政府“这只看得见的手”一般较少直接触碰企业，而是指向市场“这只看不见的手”。企业享有比较充分的自主权，发展得到充分保障。正是因为美国政府的不直接干预，才使美国的设计政策显现出“自下而上、由表及里”的发展特征，具有明显的自治色彩。

从 1981 年美国总统里根上任后，美国未设立单独的政府机构来管理设计政策，而是由行业协会来承担设计政策的管理职能。与欧盟国家不同，美国的设计系统相对来说较为扁平化，从国家层面看，虽然没有国家水平的设计振兴活动，但是行业协会等设计组

[238] Examing Design and Innovation Policies in Europe. 2nd WIRAD Symposium for Emerging Art& Design Researchers, 2009.

[239] 程桂云：《芬兰国家创新系统解析》。《学术论坛》，2006 年第 7 期，第 144—146 页。

织的设计活动十分活跃，他们成为美国工业设计发展的重要推动者。1994 年，国家艺术基金会提交《关于白宫设计委员会提案》报告，重振美国设计政策，充分发挥设计的潜能；2008 年，在华盛顿的国家设计政策高峰论坛上，美国国家设计政策组织成立，随后 2009 年美国设计协会提出“重塑美国设计未来”，报告延续了 2008 年的峰会讨论结果，并且提出面向 2010 年的三点计划，即为民主治理和美国经济竞争力而设计的 10 项政策建议，其中一部分是政府为保障人民健康安全、提升人民生活水平需要做的工作，主要是建立设计标准，提出设计政策；另一部分是政府为保障市场经济的竞争优势需要做的工作，包括通过建立设计中心等方式提升设计及通过创新政策鼓励创新[240]，这一系列设计政策举措皆由美国行业协会等设计组织来完成。

就职能而言，美国政府在设计政策上的行为是宏观调控，主要负责在创新政策上给予资金等实质性支持。为了保证创新企业的活力，美国各个州和地方政府都十分重视对中小型创新企业的保护与扶持。美国设计系统以产业为核心，以企业为单位，以行业协会为组织，较少有国家政治干预，主要受市场驱动，通过市场驱动而体现出自身旺盛的生命力，具有较强的自主自治性，避免了政府过度干预可能造成的负面后果。

6.3.3 政府主导与官民一体的日韩模式

日本设计政策发展模式表现出“政府主导、官民一体”的鲜明特色，政府与企业的紧密协作对日本设计产业发展起到决定性作用。正是由于在政府主导下制定的一系列产业设计振兴政策，推动日本成为世界设计强国。政府行为对日本设计政策发展起到积极主导的正向作用。在政府主导下，日本设计政策逐渐形成官民结合的发展模式，通过设立专业组织机构来制定和实施国家设计政策。1969 年，日本产业设计振兴会成立，负责国家设计政策的制定与协调、设计产业发展规划制定和实施、设计推广等相关事务。1981 年，日本设计基金会成立，加大政府对设计的资金支持力度。1986 年，日本制定民间参与促进法，发挥地方政府和民间组织的相互联动作用。在宏观层面，日本政府通过制定政策和投入资金扶持创新型中小企业，打造“政产学研”模式，并确定每年的 10 月 1 日为“日本设计日”，设立国家级优秀设计奖，提高设计的社会影响力，使日本全民对设计价值的认知较高，从而提高了民众对设计的关注度与参与度。

日本政府有着目标明确的设计抱负，始终把握国家和民众的需求，有意识地进行政策和投资引导，除专注于提升经济竞争力外，还注重设计政策的社会效益，运用设计为民众创造高质量生活。

---

[240] 张湛：《设计系统宏观框架的国际比较研究》。《南京艺术学院学报(美术与设计)》，2019 年第 5 期，第 61—68 页。

韩国在政府主导下，通过制定设计振兴政策直接推动设计产业发展。20 世纪 90 年代，韩国确立了在 21 世纪初跨入世界先进设计国家行列的重要战略目标，为此，自 1993 年起韩国政府连续提出了四个促进工业设计发展的五年计划。经过四个五年计划，韩国的设计产业得到蓬勃发展。

韩国设计产业的蓬勃发展归功于政府与民众的密切关系[241]，韩国设计系统以国家计划为显著特征，政府拥有绝对主导力与掌控力。跟其他国家相比，韩国政府对设计推广的投资明显较高，通过加大资金投入力度促进国家整体工业设计水平提升；同时注重设计人才教育，提高公众设计意识。在“政府主导、官民结合”的发展模式下，韩国设计得到迅速发展，已然从设计后发国家转身成为亚洲设计先驱者。

通过总结各国设计政策发展模式特征，进一步以制定主体、设计促进行为、设计推广行为、发展特征为比较维度，总结欧盟、美国、日韩设计政策发展模式的共性特征与特色差异，如表 6-1 所示。可以发现，发达国家设计政策发展模式的共性特征，皆高度重视设计创新，将设计创新作为提升竞争力的国家战略。同时也体现出各国设计政策发展模式的特色差异，相较于政府主导的欧盟、日韩模式，美国设计政策发展主要由行业协会管理。欧美日韩等国外设计政策的发展模式，为我国设计政策的创新发展提供了共性经验参考，对我国设计政策形成自身发展模式起到一定程度的借鉴作用。

表 6-1 全球设计政策发展模式对比

国家	制定主体	设计促进行为	设计推广行为	发展特征
欧盟	政府及相关机构（设计委员会等）主导	将设计创新上升为国家级战略，鼓励社会公民参与设计政策的制定	成立国家设计委员会，举办设计推广活动，推动设计产业发展	政府直接推动国家设计发展，将设计创新作为国家战略的“设计立国”模式
美国	较少政府干预，以市场驱动为主，行业协会主导	通过建立设计中心、创新政策鼓励创新等方式促进设计	设立 IDEA 等极具影响力的工业设计大奖，设计思维介入社会组织，对政府组织的文化重塑	显现“自下而上、由表及里”的发展特征，具有明显的自主自治性
日韩	以政府为主导，政府下设组织管理（如日本产业设计振兴会、韩国设计振兴院）	以政府大力推进为核心，政、产、学、研联动，通过政府与产业紧密协同促进设计产业发展	推动“全民设计”，提高设计的社会认知度和影响力	政府主导，政府直接推动设计政策发展；官民一体，政府与民众密切联系

6.4 我国工业设计政策的探索实践与创新发展

我国工业设计政策发展起步较晚，直到 1978 年才比较系统地引入“工业设计”概念，目前，工业设计政策虽未作为单一国家战略出现，但已有多个重要文件将设计列入其中，

[241] Chung K W: Strategies for Promoting Korean Design Excellence. Design Issues,1998,14(2).

设计作为创新手段在我国得到重视并发展。本节通过总结梳理我国从 1978 年到“十四五”以来工业设计政策的发展路径，捋清其发展规律与内生逻辑，明晰现存发展模式，为我国工业设计政策的创新发展提供参考。

6.4.1 我国工业设计政策的探索与实践

1. 1978—2008 年：“西学东渐”的中国设计

我国比较系统地引入“工业设计”这一概念是 1978 年。当时提出了社会主义现代化建设，催生了现代设计在我国的萌发。回溯 1978 年以来我国设计的发展脉络，我国现代设计意识的觉醒[242]，是“西学东渐”下设计文化的现代化过程。

1978—1988 年，是中国设计快速借鉴吸收西方发展模式的十年，这一阶段我国意识到欧美、日本等发达国家的经济发展遥遥领先，于是开始探索自身的发展路径。西方现代设计思想的冲击，引发了我国设计界关于“工艺美术”与“现代设计”的观念探讨。当时赴德国进修归来的柳冠中在《当代文化的新形式——工业设计》一文中谈及，工业设计具有现代科学技术和人类文化艺术发展的多重属性[243]。1982 年，尹定邦提出：“中国的高等工艺美术教育是落后的、残缺的、不成系统的，与工业化同步的应该是高等设计教育，不应该再是手工业的工艺美术教育。”1987 年，随着中国工业设计协会成立，学界、业界、政府深刻意识到工业设计的重要性，在实践中探索现代设计在我国的发展，以推动我国工业制造和社会文明的现代化发展。

1988—1998 年，随着社会主义市场经济体制日趋完善，我国进入市场经济活跃期，国外设计文化输入与国内市场繁荣的共同影响，推进了我国设计现代化过程，工业化得到进一步发展，促使现代设计与产业的结合更加紧密。随着消费需求日益增加，需求侧的增长带动了供给侧的发展，设计领域需求量不断增长，一大批设计企业应运而生，这一时期人们不断丰富、提高的物质与审美需求，促进了现代设计在我国的发展。

1998—2008 年，加入 WTO 使我国开始融入全球化，国际视野进一步拓宽。经历了借鉴国外经验的二十年，在全球化与本土化的影响下，我国设计开始在重新审视自身优秀传统和本土文化中探索自身发展道路。2006 年，“中国创新设计红星奖”(如图 6-6 所示)创立，提升了我国设计的国际影响力，我国设计已经融入全球设计的大格局，并在自我建构中逐步确立自身的核心理念。

[242] 陶海鹰，王敏：《渐进的现代性——改革开放初期的现代设计意识形成(1978—1989)》。《南京艺术学院学报(美术与设计)》，2021 年第 2 期，第 6—14 页。

[243] 柳冠中：《当代文化的新形式——工业设计》。《文艺研究》，1987 年第 3 期，第 72—84 页。

图 6-6　中国创新设计红星奖

这个阶段，现代设计已在我国萌芽并不断生长，完成“从无到有”的过程，但“西学东渐”模式导致只学到了国外共性经验而忽视了个性发展，我国设计思想仍处于探索自身发展路径阶段，我们仍需探索适合本国国情的设计政策发展道路。

2.“十二五”：设计政策服务于产业转型

我国虽然是制造业大国，但由于缺乏自主研发设计能力，我国制造业处于低端产业形态、低附加值的国际分工地位，加之我国高消费、重污染的粗放型经济增长方式，导致我国面临可持续发展问题，因此“十二五”是我国转变经济发展方式、实现产业结构优化升级的关键时期。面临“转型”与“升级”的发展需求，我国提出“要高度重视工业设计”，并于 2010 年将“工业设计”纳入“面向生产的服务业”，同年工信部等十一个部委联合发布《关于促进工业设计发展的若干指导意见》，从国家政策角度明确了工业设计的产业地位。

“十二五”时期处于设计促进与产业融合阶段，工业设计如何服务于经济与产业转型升级的需求，是“十二五”时期需要摸索清楚的问题，我们需充分认识到工业设计对发展生产性服务业、促进产业结构优化升级、推进经济发展方式转变的重要意义，提高工业设计自主创新能力。制造业是我国强国之基、立国之本，为了使设计产业更好地服务于制造业转型发展，我国《国民经济和社会发展第十二个五年规划纲要》提出推动生产性服务业与现代制造业融合，将工业设计作为高技术服务业，促进工业设计从外观设计向高端综合设计服务转变的战略要求。

同时，“十二五”致力于培育一批国家级工业设计示范园区，推动工业设计集聚发展，发挥辐射作用，开展国家级工业设计中心认定工作，发挥其示范作用，鼓励和引导工业企业重视工业设计，提高全社会的设计意识，为接下来的“十三五”时期设计政策的发展营造良好的设计环境氛围。

3.“十三五”：创新驱动战略助推制造强国

“十三五”时期，我国制造业核心竞争力和创新能力仍然较弱，我国经济存在着低端产能过剩和高端产能不足并存的矛盾。在全球新一轮科技革命和产业变革机遇下，我国需要思考如何通过创新驱动制造业向高端化发展，推动制造强国发展，而中小微创新企业扮演着重要角色，我国《国民经济和社会发展第十三个五年规划纲要》提出创新驱动发展战略，通过打响“大众创业、万众创新”口号来鼓励中小微创新企业发展，进而提出“支持工业设计中心建设、设立国家工业设计研究院”等重大举措，通过提供基础研究与公共服务，降低企业应用创新设计的边际成本，改善企业成长环境。在“创新驱动发展”与“制造强国”两大战略的驱动下，加之新一代信息技术发展带来的机遇，我国制造业由生产型向服务型升级，逐渐摆脱“低端、低附加值”的产业形态，向价值链高端延伸。

进一步地，《中国制造 2025》提出我国制造强国建设的高端化、智能化、绿色化、服务化方向，抓住新一代信息通信技术深度应用带来的与全球同步创新的难得机遇，加快新一代信息技术与制造业深度融合，促进制造业转型升级，实现“三个转变”，即中国制造向中国创造转变、中国速度向中国质量转变、中国产品向中国品牌转变。

“十三五”是设计支持与创新驱动时期，设计作为创新手段，驱动制造业转型升级，助推制造强国。通过夯实设计创新基础，为制造业提供基础研究与公共服务支持，支持制造业工业设计能力提升。但此阶段我国制造业设计领域短板问题仍然突出，解决这个问题成为“十四五”时期的战略目标与任务要求。

4.“十四五”：服务型制造促进高质量发展

“十四五”时期，我国已步入高质量发展阶段，但我国的创新能力并未达到促进制造业高质量发展的要求，设计能力不足仍是我国制造业转型升级的瓶颈。为解决制造业短板领域设计问题，推动制造业高质量发展，我国设计政策迈入新阶段——设计提升阶段，其目标聚焦服务型制造，加速工业设计与制造业融合发展，提升制造业设计能力。

《国民经济和社会发展第十四个五年规划和 2035 年远景目标纲要》提出坚持创新驱动发展，关键核心技术实现重大突破，提升企业技术创新能力。推进产业数字化转型，利用工业互联网等新一代信息技术赋能新制造，促进制造业提质增效和转型升级。以服务制造业高质量发展为导向，推动制造业产品“增品种、提品质、创品牌”，发展服务型制造新模式，培育服务能力强、行业影响大的示范企业，支持服务水平高、带动作用好的示范项目，遴选服务特色鲜明、配套体系健全的示范城市，使服务成为提升制造业创新能力和国际竞争力的推手，使我国制造业在全球产业分工和价值链中的地位明显提升。

目前我国正处于“十四五”时期，这是通过设计提升实现制造业高质量发展的关键时期，制造业正呈现出服务化的发展趋势，最重要的是以工业设计为创新手段，促使工业设计与制造业深度融合，提升制造业设计能力，实现服务型制造新模式，完成从工业经济向服务经济转型升级，激发经济增长新活力。

通过对我国从 1978 年到 2022 年设计政策的发展脉络进行梳理，进一步以发展时期、相关设计政策、阶段目标、创新手段、设计角色为分析维度，总结我国设计政策各阶段对发展路径与战略目标、手段的选择，如表 6-2 所示，以对我国设计政策的演进发展过程有更深的理解，明晰我国设计政策不同发展时期的战略动向与发展态势。

表 6-2　我国设计政策的演进发展

发展时期	相关设计政策	阶段目标	创新手段	设计角色
1978—2008 年	国家政策：《国民经济和社会发展第十一个五年规划纲要》《国务院关于加快发展服务业的若干意见》	学习吸收西方设计发展模式，完成从工艺美术到工业设计的现代化过程	重新审视自身优秀传统文化，在自我建构中探索本土设计发展道路	设计作为促进工业化生产的手段，推动我国工业制造和社会文明现代化发展
“十二五”（2011—2015 年）设计促进与产业融合	国家政策：《国民经济和社会发展第十二个五年规划纲要》《工业转型升级规划》《关于推进文化创意和设计服务与相关产业融合发展的若干意见》《国务院关于加快发展生产性服务业促进产业结构调整升级的指导意见》《国家级工业设计中心认定管理办法》； 专项政策：《关于促进工业设计发展的若干指导意见》	促进设计与制造业融合，提高自主创新能力，促进制造业转型，转变经济发展方式	促进工业设计从外观设计向高端综合设计服务转变，促进生产性服务业与现代制造业融合发展	工业设计作为生产性服务业，为产业提供设计服务，推动制造业转型升级
“十三五”（2016—2020 年）设计支持	国家政策：《国民经济和社会发展第十三个五年规划纲要》《国家创新驱动发展战略》《中国制造 2025》； 专项政策：《国家工业设计研究院创建工作指南》《发展服务型制造专项行动指南》	实现两大战略目标：创新驱动发展战略与制造强国战略，支持制造业设计能力提升	加快新一代信息技术与制造业深度融合，引导制造业向价值链高端延伸	通过设计支持制造业由生产型向服务型转型升级，延伸价值链，实现“三个转变”
“十四五”（2021—2025 年）设计提升	国家政策：《国民经济和社会发展第十四个五年规划纲要和 2035 年远景目标纲要》； 专项政策：《制造业设计能力提升专项行动计划》《关于进一步促进服务型制造发展的指导意见》《关于加快培育共享制造新模式新业态 促进制造业高质量发展的指导意见》	实现制造业高质量发展，进入创新型国家前列，推进服务型制造，实现制造业提质增效和转型升级	发展服务型制造新模式，不断增加服务要素在投入和产出中的比重	设计促进由加工组装向“制造+服务”转型，实现制造业生产提质增效，带动价值链底端提升和整体提升

设计政策具有内在发展逻辑规律，我国设计政策的发展路径大致呈现“从无到有、从有到优”的过程。从我国设计政策的发展路径(如图 6-7 所示)来看，我国已完成了第一阶段的设计促进与产业融合及第二阶段的设计支持，目前正处于第三阶段——设计提升阶段，提升我国制造业工业设计能力，促进制造业转型升级，是我国现阶段设计政策的战略目标与任务要求。

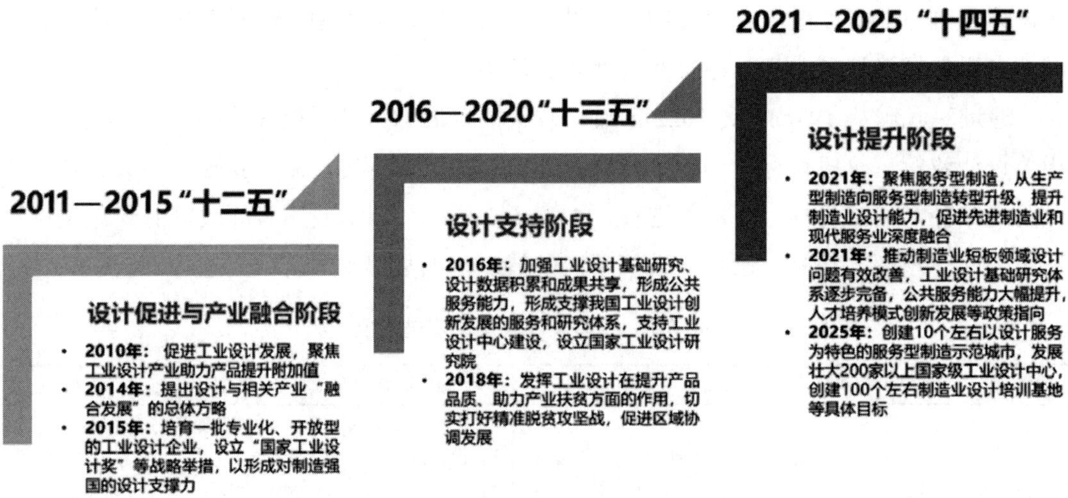

2011—2015“十二五”

设计促进与产业融合阶段

- **2010年：** 促进工业设计发展，聚焦工业设计产业助力产品提升附加值
- **2014年：** 提出设计与相关产业“融合发展”的总体方略
- **2015年：** 培育一批专业化、开放型的工业设计企业，设立“国家工业设计奖”等战略举措，以形成对制造强国的设计支撑力

2016—2020“十三五”

设计支持阶段

- **2016年：** 加强工业设计基础研究、设计数据积累和成果共享，形成公共服务能力，形成支撑我国工业设计创新发展的服务和研究体系，支持工业设计中心建设，设立国家工业设计研究院
- **2018年：** 发挥工业设计在提升产品品质、助力产业扶贫方面的作用，切实打好精准脱贫攻坚战，促进区域协调发展

2021—2025“十四五”

设计提升阶段

- **2021年：** 聚焦服务型制造，从生产型制造向服务型制造转型升级，提升制造业设计能力，促进先进制造业和现代服务业深度融合
- **2021年：** 推动制造业短板领域设计问题有效改善，工业设计基础研究体系逐步完备，公共服务能力大幅提升，人才培养模式创新发展等政策指向
- **2025年：** 创建10个左右以设计服务为特色的服务型制造示范城市，发展壮大200家以上国家级工业设计中心，创建100个左右制造业设计培训基地等具体目标

图 6-7　我国设计政策发展路径(作者自绘)

6.4.2　我国设计政策发展的内生逻辑

设计政策的发展与设计产业所处阶段和经济发展相匹配，我国设计政策的制定根植于我国每个阶段政治、经济、社会、技术的发展。目前，设计政策尚未直接纳入国家战略。笔者结合 PEST 模型(如图 6-8 所示)，分析我国设计政策发展的内生逻辑。

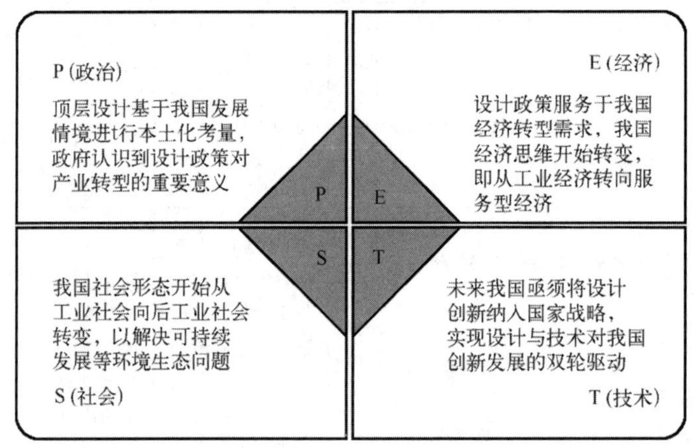

图 6-8　我国设计政策发展 PEST 模型(作者自绘)

1．政治层面：顶层设计的本土考量

随着世界工业设计发展已进入以“形成工业设计国家战略”为中心的阶段，工业设计已然成为衡量国家竞争力之重要依据，以至于欧美日韩等发达国家将设计政策上升到国家战略层面。我国设计政策尚未纳入国家战略，更多的是顶层设计基于我国发展情境

的本土化考量，我国设计政策发展既有其他国家面临的共性问题，也有基于本国国情的个体考虑，我国作为大国，国情复杂、国家战略覆盖领域多，设计政策受到我国特有的政治、经济、文化等要素的影响，直接成为国家级战略并非一蹴而就，层级模式在“顶层设计”时代对我国政策制定发挥着重要作用[244]，设计政策的发展应符合党和政府执政规律与经济发展需求。2010 年，我国制造业发展正面临转型升级的节点，我国政府认识到工业设计对发展生产性服务业、促进产业结构优化升级、推进经济发展方式转变的重要意义，正式将“工业设计”纳入“面向生产的服务业”，这是我国第一次把“工业设计”正式列入国家文件，设计产业由此在我国得到国家层面的高度重视。

2. 经济层面：中国经济思维的转变

设计政策很大程度上受到设计产业自身及国家所处经济环境影响，我国设计政策的发展与我国特有的经济发展、制造业转型问题息息相关。设计在我国的发展，必然会产生一个交汇点。这个交汇点就是我国经济转型，如果过早，得不到产业和经济发展的有力支撑；如果过晚，则起不到推动经济转型的作用[245]。2010 年正是我国转变经济发展方式、实现产业结构优化升级的关键时期，我国制造业发展遇到瓶颈，亟待转型升级，工业设计在促进产业结构优化升级方面发挥重要作用，因此得到重视发展。

“十二五”以来，我国所有的设计政策之创新战略、手段都是服务于我国经济发展与产业转型需求的，我国需要什么样的创新设计政策由我国现阶段的转型与升级需求决定。我国从工业经济向服务经济转型的背后，是我国经济发展思维的转变，当前我国经济发展进入“新常态”，其本质是一个从传统模式下的稳态增长向创新模式下的稳态增长跨越的“大转型”时期[246]，我国提出创新驱动战略，发展服务型制造新模式，扩大有效供给，满足有效需求，而设计创新是使有效需求和有效供给对接的纽带[247]，因此通过设计创新可解决我国经济发展低端产能过剩与高端产能不足问题。

3. 社会层面：从工业社会迈向后工业社会

我国国家战略政策的制定都是围绕解决社会民生问题、提升人民生活水平和质量准则进行的，以为人民服务为根本。1978 年以来，为满足人民日益增长的物质需求，我国进入工业化生产的工业社会。随着我国国民生活水平的不断提高，以及互联网等新一代

---

[244] 舒耕德，安晓波，王欣仪：《政治指导理论：“顶层设计”时代中国政策过程研究的新视角》。《国外社会科学》，2019 年第 5 期，第 151—153 页。

[245] 娄永琪：《从“追踪”到“引领”的中国创新设计范式转型》。《装饰》，2016 年第 1 期，第 72—74 页。

[246] 涂舒：《以供给侧结构性改革促进新常态下的国际经济合作》。《国际经济合作》，2017 年第 3 期，第 44—48 页。

[247] 柳冠中：《从中国制造到中国创造 设计创新机制研究》。《设计》，2010 年第 10 期，第 39—43 页。

技术的发展，我国消费结构发生了改变，国民消费由物质消费逐渐升级为精神消费，由传统消费逐渐升级为服务型消费，我国开始发展服务型制造，颁布了一系列关于促进服务型制造的设计政策文件。但商业社会中过多的刺激消费，会导致一系列社会问题与环境问题，而我国作为人口大国，对资源消耗多，导致过度消耗资源等可持续发展问题。目前我国正从工业社会向后工业社会转变，设计创新作为一种提质增效的重要手段，在推动我国社会转型中扮演重要角色，设计在未来将成为解决我国社会可持续发展问题的有效手段。

4．技术层面：设计与技术的双轮驱动

技术创新作为原始创新，得到我国重视。我国创新驱动战略以科技创新为核心，而设计在我国扮演科技服务业的角色，作为一种集成创新手段，设计将技术、用户、商业等要素整合创新，实现设计对技术创新的赋能。随着新一轮科技革命的到来，我国技术也面临关键核心技术无法得到突破的问题，而设计与科技之间的融合可弥补技术上的不足，设计作为一种集成创新、整合创新手段，可能成为技术跨越的突破口。设计与科技的结合是未来设计产业的新走向[248]。我国正处在产业转型升级的关键时期，与全球第三次工业革命与产业革命不期而遇，这是我国完成技术—经济范式转变和跨越式发展的历史性机遇，而发展创新设计则是实现从跟踪模仿到引领跨越的突破口，是推动制造业实现“三个转变”的重要抓手[249]。设计创新的作用与技术创新同样重要，未来我国亟须将设计创新纳入创新驱动发展等国家战略，实现设计与技术对我国创新发展的双轮驱动。

如今工业设计发展处于战略化阶段，我国需要尽早规划工业设计产业在国家战略布局中的角色，明晰设计可对我国经济、社会、科技发展的着力点，设计应如何融入我国政治、经济、社会、科技的发展，是我国设计政策现阶段发展亟须解决的问题。

6.4.3　我国工业设计政策的创新发展

我国设计政策目前仍强调其产业政策属性，更多服务于产业转型发展，使设计在我国扮演产业转型的服务提供者这一角色。随着服务设计、社会创新等工业设计新范畴的兴起，将设计政策定义为一种促进经济发展的创新手段会使设计发挥的作用受到限制，应从更广阔的视角来理解设计政策，芬兰、丹麦、英国等欧洲国家的设计政策及日本等亚洲国家的设计振兴政策，其制定逻辑已从单一对经济效益的考量提升至对生态及社会效益的整体考量。我国设计政策在促进经济转型的同时，应更多考量我国特有的生态问

[248] 潘鲁生，殷波：《2014 年度中国设计政策研究报告》。《南京艺术学院学报(美术与设计)》，2015 年第 3 期，第 45—48 页。

[249] 路甬祥，孙守迁，张克俊：《创新设计发展战略研究》。《机械设计》，2019 年第 36 卷第 2 期，第 1—4 页。

题与社会问题，担当起解决我国可持续发展与社会问题的角色，进而推动我国工业设计政策创新发展(如图 6-9 所示)。

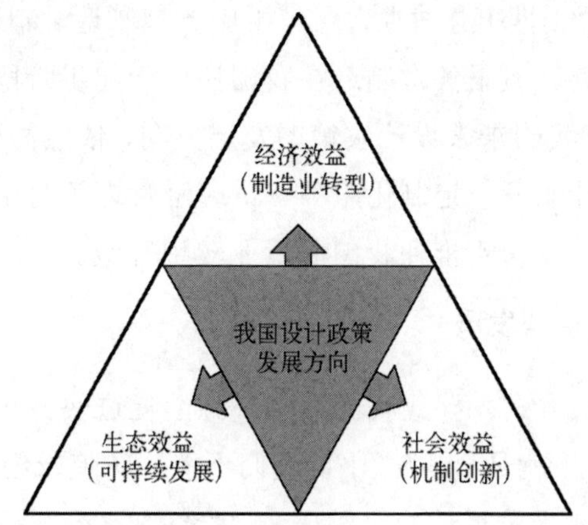

图 6-9 我国设计政策创新发展路径(作者自绘)

1. 经济效益——制造业转型

我国是制造业大国，是全球唯一拥有联合国产业分类中全部工业门类的国家，制造业作为立国之本、强国之基，我国经济发展深深依托于制造业。但同时应当正视我国制造业的实力，我国制造业目前仍缺乏自主创新能力，国际竞争力较弱，处于低端产业形态、低附加值的国际分工地位。解决我国制造业发展问题，除要转型升级外，更重要的是保持我国供应链的稳定可控，确保供应链安全可控必须做到自主创新，将核心部件等关键技术掌握于自己手中，避免受制于人或被国外垄断。不可忽视的是，我国在促进制造业转型升级的同时，应符合我国社会主义市场经济发展规律，在我国经济下行压力不断加大的今天，虽然服务业已超越制造业成为国民经济第二大产业，但不能逾越工业化发展阶段而直接进入以服务业为主导经济结构阶段，应保持供应链高低端两手抓，避免出现放弃低端制造业来发展高端服务业的“空中楼阁”现象，高端服务业发展仍然需要依托制造业作为基础，放弃低端产业会使我国失去产业链配套齐全的优势。

面对全球价值链重构带来的机遇与挑战，我国制造业应坚持以创新驱动、高质量供给引领和创造新需求，加快构建以国内大循环为主体、国内国际双循环相互促进的新发展格局。一来需要拥抱全球产业体系，坚持“一带一路”倡议，积极参与全球供应链的建立，有利于我国制造业更深更广地融入全球供给体系，把握我国制造业参与全球价值链重构的机遇，参与世界共同体构建，共同探索建立公平合理的全球贸易新规则[250]；二来需要把握我国坚实的制造业基础，借势我国大体量制造业转型升级、供给侧改革带

[250] 潘云鹤，刘曦卉，明新国，汤永川，刘惠荣：《中国制造业“一带一路”国际合作的机遇与挑战研究》。《中国工程科学》，2019 年第 4 期，第 7—13 页。

来的设计需求，通过制定相关设计政策推动设计产业的发展，使设计产业能够对接制造业转型发展需求，从而形成设计产业与制造业发展相辅相成的生态体系。

现阶段我国正处于“十四五”时期，聚焦于服务型制造，制造业设计能力得到提升，服务型经济得到迅速发展。但服务型制造在我国还处于起步阶段，工业设计与制造业仍未达到深度融合。因此，我国未来设计政策的发展方向，依然需要大力推进服务型制造，鼓励制造业提升工业设计服务、定制化服务、供应链管理等与工业设计高度相关的服务型制造模式的创新能力，以切实推动我国制造业转型升级。

2．生态效益——可持续发展

我国粗放型经济增长方式，导致我国面临资源消耗过快、环境污染严重等一系列可持续发展问题。“绿水青山就是金山银山”，我们不能一味追求经济效益，罔顾生态效益，因为它也是关乎我国高质量发展的决定性因素。“经济效益”相当于树的枝干，是显形的部分；“设计能力”相当于树根，是发展的基础；而“设计战略”相当于土壤，是生态系统[251]。没有土壤，“经济效益”这棵大树将无法生长。实现碳达峰、碳中和，必须通过设计创新实现源头节能减排，以设计创新促进产业结构优化升级，从生产、营销、服务、废弃到再制造，整个产业链减少碳排放，提升环境效益。

我国作为发展中大国，应负有更多的责任，设计政策在社会经济可持续发展中的定位目标是我国必须正视的现实课题[252]。《中国制造 2025》已将绿色制造确立为基本目标之一，发挥绿色设计作用，实现人与自然和谐共生的生态文明，而设计创新在其中扮演重要角色。服务设计诠释“工业设计”最根本的宗旨，即“创造人类社会健康、合理、共享、公平的生存方式”[253]，服务设计是解决生态危机的方法。因此，我国可围绕服务设计来进行设计政策的变革，将服务设计作为促进可持续发展的创新手段纳入我国未来设计政策的考量范围。

目前，我国进入高质量发展阶段，除了实现经济转型发展，促进生态可持续发展也是实现高质量发展的关键。我国设计政策应以“创新、协调、绿色、开放、共享”的新发展理念作为价值取向，通过设计创新提高资源的使用效率，减少对资源的消耗，提倡绿色制造，促进生产制造与环境协调发展，从而促进我国生态可持续发展。

3．社会效益——组织机制创新

我国实现创新驱动发展战略，除需要科技创新外，还包括体制机制创新，但我国未

[251] 娄永琪，姜晨菡，徐江：《基于“创新设计”的国家设计竞争力评价研究》。《南京艺术学院学报(美术与设计)》，2018 年第 1 期，第 1—5 页。

[252] 陈朝杰，方海：《基于可持续发展理论的芬兰设计政策的研究》。《包装工程》，2014 年第 35 卷第 6 期，第 69—72 页。

[253] 柳冠中：《设计与国家战略》。《科技导报》，2017 年第 35 卷第 22 期，第 15—18 页。

完全形成与创新驱动发展相匹配的国家创新体系。创新网络的核心价值在于促进设计思维的流动，充分调动各设计政策创新主体的积极性与主动性。我国可借鉴欧美国家将设计思维导入政府组织，建立打破部门、行业和学科间壁垒的创新体系，形成企业界、设计界、教育界协同发展的组织机制创新模式。

重视设计在国家战略中的重要地位应是当前中国经济发展的时代要求，从制度创新层面推动设计成为国家战略也是当下中国产业发展的必由之路[254]。政府作为设计政策的制定主体，需要提高其设计意识与思维，激活我国强大体制机制与政策体系的潜能。行业协会作为设计政策推进主体，是政府与产业对接的桥梁，需要促进设计政策更精准对接我国设计产业发展的需求。企业作为设计政策的实践主体，需要提升其对设计价值的接受度，强化其设计能力和设计战略意识。高校、科研机构是设计思维聚集地，可充分发挥我国高校对设计政策的研究力，将设计思维介入政府对设计政策的制定，拓宽政府对设计的认知与视角。通过协调设计政策各创新主体，充分发挥我国社会主义体制机制的潜能，促进我国体制机制创新，各司其职而非各自为政，以政府为主导、市场为导向、企业为主体，构建我国国家创新体系。同时我国作为人口大国，同样不可忽视人民群众力量，可借鉴日韩以政府为主导的“官民一体”模式，提高公民设计意识，我国“大众创新、万众创业”就是一种积极尝试，充分发挥人民群众的积极性、主动性和创造性，尊重基层首创精神，汇聚人民群众的力量和智慧，实现“全民设计”社会创新模式。

设计政策对我国经济社会发展有两大使命：从战略角度来看，设计政策应该服务于可持续发展；从战术角度来看，设计应该推动经济与社会转型[255]，因而设计政策在我国的作用不仅需要促进经济转型，同时还需要推动社会转型，包括社会福祉、可持续发展等重大变革，近年来兴起的服务设计、社会创新等工业设计新范式，对解决这些“中国问题”、形成“中国方案”具有积极意义，这也是我国设计政策未来发展的一个重要方向。我国需要将设计政策的发展与“中国问题”的解决结合起来，推动我国经济社会走向创新驱动与可持续发展，走出一条中国特色设计政策发展道路，从而实现我国设计政策的创新发展。

思考题

1. 设计政策具有政策的一般属性和设计的特殊属性，应如何看待二者的关联性？如何解读设计与政策的结构关系？

[254] 祝帅，张萌秋：《国家战略与中国设计产业发展》。《工业工程设计》，2019 年第 1 卷第 1 期，第 16—27 页。

[255] 娄永琪：《转型时代的主动设计》。《装饰》，2015 年第 7 期，第 17—19 页。

2．在经济全球化与知识网络经济时代，除作为产业创新政策外，设计政策在促进国家经济社会发展中还应发挥哪些作用？

3．在国家设计创新系统中，除政府主导外，设计政策的制定与执行还需哪些主体介入？如何实现政产学研协同创新模式？

4．我国设计政策尚未直接上升到国家战略有哪些原因？与欧盟“设计立国”模式有何区别？

5.设计政策在我国创新驱动发展战略中扮演什么角色？应如何发挥设计创新在推动我国创新发展中的作用？

推荐阅读书目

1．王晓红:《中国工业设计发展报告》。北京：社会科学文献出版社，2014 年版。

2．创新设计发展战略研究项目组:《中国创新设计路线图》。北京：中国科学技术出版社，2016 年版。

3．王晓红:《中国创新设计发展报告》。上海：人民出版社，2017 年版。

4．王晓红:《创新设计引领中国制造》。上海：人民出版社，2018 年版。

5．潘云鹤:《中国创新设计发展路径研究》。杭州：浙江大学出版社，2019 年版。

6．陈朝杰:《设计政策：设计驱动国家发展》。南京：东南大学出版社，2020 年版。

第7章 工业设计产业论

工业设计产业在诞生之初就被赋予服务于制造业转型升级的使命，制造业的转型发展需求催生出工业设计行业，进而催使工业设计逐渐形成规模化、产业化态势。随着新一代信息技术的发展与消费升级，设计驱动型品牌成为制造业企业转型的新方向，出售“设计”替代出售“产品”成为企业创新的重要途径。工业设计产业反哺制造业的转型发展，使制造业走上“设计化”道路。设计产业化与产业设计化正是这样一种交融发展、相互促进的共生关系。本章基于设计产业化与产业设计化的产业新趋势，阐述工业设计产业的形成与发展；通过工业设计企业案例分析，探析工业设计如何渗透到产业转型发展中，最终形成设计产业化趋势；通过设计驱动型企业案例分析，揭示设计驱动型品牌如何以设计思维驱动企业，将设计创新融入全产业链各环节，并形成产业设计化的转型道路。设计产业化、产业设计化的交融发展，使设计企业由提供单一设计服务转变为提供全产业链发展的设计咨询与战略服务，使工业设计真正深度融入制造业创新全流程，从而实现以设计驱动产业转型升级的目的。

7.1 催生与反哺：工业设计与制造业的交融发展

工业设计产业是由制造业转型发展而来的，即作为生产性服务业中的设计服务业而存在。制造业转型带来的设计需求促进工业设计产业的发展，而工业设计产业又反哺制造业的转型发展，使得制造业受到工业设计的影响逐渐走上设计化的道路，二者正是在这样一种相互交融、共同发展的过程中，各自吸取有利于自身发展的条件要素，从而构建设计产业化、产业设计化共生发展的生态体系。

7.1.1 由制造业催生而来的工业设计产业

工业设计的英文名称“Industrial Design”中，“Industrial”一词常常译成“工业的”这一含义，但由于在大数据、互联网时代，产业结构、经济结构和生产关系急剧变化，“Industrial”应当使用“产业的”这一含义，“工业设计”一词应被译为“产业设计”，可将设计理解为设计新产业的“产业设计”[253]。当前普遍认为工业设计仅仅是为工业产品进行外观样式设计的认知下，用产业设计代替工业设计，从而强调工业设计应以更加宏观、广义的角度，从整个产业结构、生产关系甚至日常生活方式上进行更加广泛的事理设计，具有重要的现实意义。

工业设计最初所瞄准的目标较为纯粹与直接。设计作为产业萌发于20世纪初的第二次工业革命时期，普遍认为是1850年“水晶宫”博览会后诞生的。当时人们通过“水晶宫”博览会展示的英国工业革命中的成果，感受到工业产品存在“技术与艺术分离”的问题。为解决这一问题，现代设计应运而生，并且开始着力于赋予产品适宜的外形与功能，以求达到产品外形与功能的和谐。从现代设计的起源可以看出，工业设计诞生之初就被赋予解决生产制造问题的任务。随着制造业不断升级，工业设计开始了进化之旅，从最初未能适应大规模生产的制造方式，到工艺美术运动、新艺术运动中探寻形式与功能关系的协调统一，再到出现流水线生产的制造方式，工业设计的作用得益于制造业生产效率的迅猛提高，激增的产品种类与数量激发更多工业设计需求。伴随着这些变化，工业设计的职业化开始出现，工业设计作为一种职业，其价值逐渐得到认可。雷蒙德•罗维便是当时工业设计职业化后的一位重要代表人物，他提出的“设计促进营销”观点也从侧面印证了当时工业设计创造的商业价值。当时企业普遍认识到，要在大规模商品生产中取得市场优势，需在形式上创造差异性，因此工业设计在当时被赋予协调产品外形与功能的使命。

制造业进入工业化中后期，单纯的加工制造正逐渐丧失其核心竞争力，人力资源成本上升使单纯依靠扩大规模降低成本的空间被不断压缩，制造业的产业竞争力将不得不依赖于设计策划、技术研发等生产性服务业的支撑[256]，通过转型升级提升产品附加值与市场竞争力。商业环境、自身特征等各种因素的变化，使企业存在与现有生产经营模式冲突或矛盾的发展问题，为了摆脱困境，企业需要对现有生产经营模式、组织管理、经营策略等做出适当调整，以适应周围环境变化，实现企业长久发展，这是企业转型升级的直接原因[257]。企业转型升级是企业迈向更具获利能力或技术密集型经济领域的过程。从企业制造战略层面看，一般遵循OEM（原始设备制造商）—ODM（原始设计制造商）—OBM（原始品牌制造商）的转型路径[258]。原始状态下，企业以OEM为主要经营模式，在转型升级中通过采用各种创新手段（如设计创新、技术创新）对企业内部组织结构（如设计部门与其他部门的关系）、战略目标（如研发目标、市场用户）等进行

[256] 赵可恒：《论制造业产业升级语境下工业设计角色定位》。《包装工程》，2014年第8期，第130—133页。

[257] 周枝田：《代工企业如何升级》。《中国外汇》，2014年第10期，第49－57页。

[258] 柳冠中：《中国工业设计产业结构机制思考》。《设计》，2013年第10期，第158—163页。

调整，从而进入 ODM 的自主设计研发阶段，实现自主创新的转型升级，并进一步通过形成自有品牌，促进企业在市场中获取竞争优势以实现可持续发展，提升企业产品附加价值，进入 OBM 阶段[259]。可以看出，工业设计在制造业转型升级中扮演着关键角色，通过引入工业设计促进企业自主创新，形成自有品牌，对企业长远发展产生积极影响。早期制造业企业虽然对工业设计有一定的需求，但由于大部分企业未在内部建立工业设计部门，当需要解决工业设计上的需求时，制造业企业会将相关设计需求外包给外部工业设计企业，如此便催生出专门对接制造业企业设计需求的工业设计产业。

如今，随着制造业和新一代信息技术的深度融合，以及经济全球化的影响，其已基本实现工业化后，通过工业设计实现转型升级成为新时代的发展要求，传统制造业亟须现代化的新技术、新业态和新服务实现转型升级。现代工业正向精密、敏捷、智能的方向转型发展，强大的制造能力使消费者有条件追求具有个人风格和优质设计的生活制品，因此出现个性化定制、供应链管理等服务型制造新模式，促使设计变得更加专业化、系统化、复杂化、社会化[260]。制造业的转型需求催生了工业设计产业的出现，为工业设计发展提供肥沃的土壤。从诞生至今 170 余年的时间里，工业设计在服务于制造业转型发展的过程中，随着制造业的升级一直进行着适应性变化，自身得到不断发展，已然成为一个产业，逐渐融入制造业的转型发展浪潮之中。同时，工业设计作为一种整合的产业观念，从职业化发展到规模化、市场化、战略化（如图 7-1 所示），已不再局限于单一产业领域，而是作为推动国家经济发展的重要手段，成为国家战略的有机组成部分。

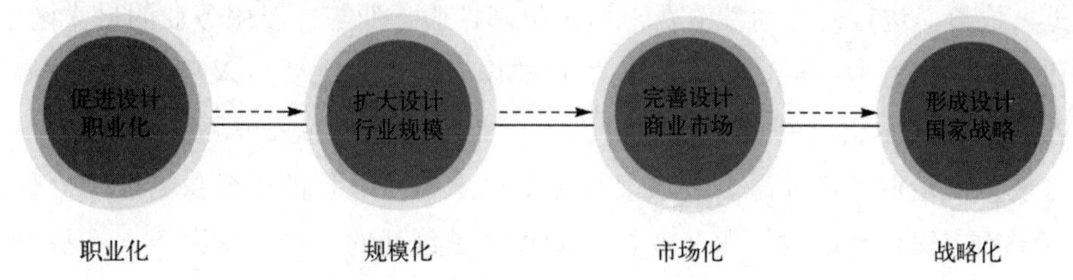

图 7-1　工业设计的发展历程（作者自绘）

7.1.2　工业设计产业反哺制造业转型发展

工业设计的本质是重组知识结构、产业链，以整合技术、市场等资源，创新产业机制[261]。作为制造业发展的先导行业和在制造业中处于核心地位及其关键性作用，工业

[259] 李若辉，关惠元：《设计创新驱动下制造型企业转型升级机理研究》。《科技进步与对策》，2019 年第 3 期，第 83—89 页。

[260] 李怡，柳冠中，胡海忠：《中国设计产业需要自己的知名设计品牌》。《艺术百家》，2010 年第 1 期，第 18—22 页。

[261] 柳冠中：《原创设计与工业设计“产业链”创新》。《美术学报》，2009 年第 1 期，第 11—13 页。

设计对保持制造业的可持续发展有决定性的作用[262]。传统产业可借助工业设计开辟新的“品牌战略”和“营销战略”，实现差异化竞争，提升竞争力，推进整个工业经济系统的升级[263]。工业产品制造需要经过研发设计、供应、生产、营销、运输、售后服务等环节。大多数制造业企业特别是中小型制造业企业会将工业设计环节外包给工业设计企业这一专业设计机构，工业设计企业将提供的设计服务融入企业的生产制造过程，优化重构价值链，从而提升产品附加值[264]。从产业链结构来看，工业设计对产业转型的促进作用不局限于设计环节，融合用户需求和体验的设计环节作为产业链的前端，设计思维通过产业链各个环节传递，设计创新引导技术创新。技术创新促进材料创新，材料创新诱发加工工艺和流程创新，新产品的诞生促进营销策略创新[265]。作为一种整合创新手段，工业设计通过协调设计、技术、生产、市场等各个环节的关系，包括对新技术、新材料、新工艺的开发和利用，研发与生产的关系，品牌的营销与服务等，带动整个制造业价值链不断向上提升，从而对制造业企业的创新及整体发展起到推动作用[266]。

随着专业化分工程度不断深化，工业设计逐步从制造业中分离出来，成为一种进行创造性活动的设计服务业[267]。工业设计是与制造业直接相关的配套设计服务业，设计服务业从属于生产性服务业，工业设计则是设计服务业的核心内容（如图 7-2 所示），为现代社会生产生活提供服务。从产业基本特征来看，设计服务业是由于制造业专业化分工加深而衍生、分化、独立出来的新的生产性服务业，具备中间投入性这一生产性服务业的基本特征。中间投入性是指生产者对生产性服务的消费不是最终消费，而是为了生产并创造更大价值而进行的中间性消费，这是生产性服务业与一般服务业的最大区别[268]。工业设计作为生产性服务业，以人力资本和知识资本作为主要投入品，把日益专业化的人力资本和知识资本引进制造业，是第二三产业加速融合的关键环节[269]，可推动设计服务业与现代制造业等产业融合发展，增强对产业链全过程的服务供给能力。作为高附加值、高层次、知识型的设计服务业，工业设计是创新的重要形式之一，在提升产业创

---

[262] 张瑞：《论工业设计与创意产业》。《东岳论丛》，2010 年第 7 期，第 85—88 页。

[263] 彭禹诚：《以工业设计产业引领中国制造升级》。《中国统计》，2010 年第 7 期，第 24—25 页。

[264] 徐明亮：《工业设计产业与制造业互动发展研究》。《内蒙古社会科学(汉文版)》，2012 第 4 期，第 114—116 页。

[265] 蒋兴明：《产业转型升级内涵路径研究》。《经济问题探究》，2014 年第 12 期，第 43—49 页。

[266] 李天舒：《工业设计产业的市场需求环境和发展途径分析》。《社会科学辑刊》，2010 年第 2 期，第 120—123 页。

[267] 赵弘，赵燕霞，张西玲：《对我国大城市发展设计服务业的思考》。《北京工商大学学报（社会科学版）》，2009 年第 2 期，第 104—108 页。

[268] 梁昊光：《设计服务业：新兴市场与产业升级》。北京：社会科学文献出版社，2013 版，第 16 页。

[269] 徐文华，陈建青：《企业层面循环经济与生产性服务心耦合分析》。《中国经贸导刊》，2010 年第 8 期，第 53 页。

新能力、竞争能力，增加产品附加值，拉动上下游产业，优化产业结构等方面驱动着制造业转型升级。

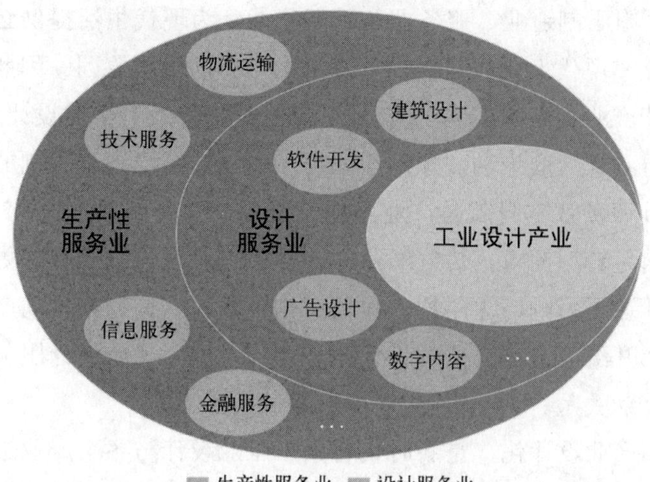

图 7-2　工业设计的产业业态（作者自绘）

由于早期工业设计市场化发展未成熟，工业设计部门和工业设计企业对制造业提供的设计服务，大多停留在赋予产品形式阶段，未真正发挥工业设计在产业中的价值，因此工业设计难以作为重要因素纳入企业发展战略。随着市场成熟与消费升级，早期产品设计无法满足消费者的物质需求和精神需求，此时工业设计行业开始顺应日益扩大的市场需求，规模逐渐得到扩大，工业设计和企业品牌及市场营销开始融合发展，工业设计部门和工业设计企业致力于促进制造业企业打造品牌，满足日益增加的用户心理需求。品牌型、战略型企业开始将工业设计纳入公司经营战略，工业设计思维、方法逐渐融入企业战略制定。如今，工业设计并非作为企业单独一个部门或生产环节，而是企业将工业设计思维置于整个企业经营运作全流程来进行战略制定与执行。因此，如今工业设计企业不仅仅停留于为制造业提供单一的工业设计服务，更多的是提供完整的供应链服务、设计咨询服务及企业发展战略服务。

在制造业催生出工业设计产业后，工业设计产业通过服务于制造业转型升级，反哺制造业发展。作为产业链条中的首要环节，工业设计在制造业转型升级过程中发挥着驱动引擎的作用，促使制造业企业从价值链低端向高端跃进。

7.1.3　设计产业化与产业设计化的共生关系

工业设计产业从制造业中来，到制造业中去，其诞生之初就被赋予服务制造业发展的使命。在服务于制造业转型发展的过程中，以制造业为依托的工业设计产业具有良好的发展基础，获得制造业提供的先进设施和日益增长的设计服务需求，这些构成工业设计产业发展的基础条件，而制造业企业在工业设计产业的渗透力影响下，逐渐走上了自主创新的产业设计化道路。

设计产业是依附于制造业、服务业的新兴行业，为现代生活提供必不可少的产品和服务，这也是设计在现代工业体系中拥有持久生命力的根本原因。因此，传统制造业、服务业依旧是设计产业发展的主流[254]。随着产业结构升级对工业设计的需求日益增加，工业设计服务业得到极大的推动，除制造业与工业设计有着不可分割的天然联系外，更重要的是工业设计服务业本身就是产业结构升级后的一种结果[270]。产业结构升级创造需求，设计产业满足转型需求，传统产业的转型为工业设计发展提供更多的机会和更大的空间。工业设计通过影响需求结构、投资结构、技术结构等来推动产业结构升级。反过来，产业结构的升级有力推动工业设计服务业的发展，工业设计服务业与产业结构升级正是这样一种互动关系。

设计产业化和产业设计化，是新时代背景下工业设计与各个产业进行自我革新、自我进化所呈现的一种变化。这种变化顺应时代潮流，不仅让工业设计和各个产业能够在时代变化之中存活，还能够反过来作用于时代潮流，设计产业化和产业设计化已逐渐改变制造业生产方式和人们的生活方式。在深度参与制造业各个环节的过程中，工业设计自身迎来了新的变化，出现如服务设计、体验设计等不同形态的分化。而制造业在工业设计的渗透影响下，也走上了设计化的道路。需要指出的是，产业设计化不仅仅是通过设计赋予产品样式，更是将设计思维运用于企业战略决策，从根本上驱动着制造业转型升级。只有当企业深刻认识到工业设计的价值，工业设计才能深入渗透到企业发展战略中，而非仅仅作为一种生产附加值存在。

由此可见，设计产业化和产业设计化并非单独地、割裂地运行，而是相互交融发展。面对制造业企业的发展需求，工业设计走上职业化的发展道路，出现了企业内部工业设计部门和企业外部工业设计公司，并逐渐市场化、规模化。工业设计开始成为一门产业，融入制造业转型发展中。在此过程中，受到工业设计的渗透影响，制造业自身也开始走上自主创新之路，运用设计思维促进制造业转型发展。设计产业化与产业设计化之间正是这样一种相互交融、互相促进的共生关系。

7.2 设计产业化：构建工业设计创新服务生态

工业设计产业脱胎于制造业，从诞生之初就与制造业密不可分。我国的工业设计企业根据时代发展与自身特点，形成了不同的设计产业化发展路径，主要包括以浪尖设计

[270] 王娟娟，汪海粟：《工业设计服务业与产业结构优化的互动研究》。《武汉大学学报(哲学社会科学版)》，2009 年第 3 期，第 382—388 页。

为代表的全产业链创新模式、以洛可可为代表的产业数智化模式、以木马工业设计为代表的设计立县模式等。设计产业化的最终目的是构建适应时代发展与企业自身特点的工业设计创新服务生态。本节结合设计产业化的成功案例，分析设计产业化的不同发展路径，总结工业设计企业在设计产业化过程中的各自特点与共同特征，并在此基础上进一步探讨设计产业化的未来发展。

7.2.1 设计产业化的产生

工业设计发展至今已有 170 余年，从最初专门为大规模生产赋予产品样式而存在于产业中，到如今为产业提供完整的供应链服务、设计咨询服务及企业发展战略服务，已形成完整的工业设计产业服务体系，工业设计已然成为一门产业，融入制造业发展。“设计产业化”是设计与产业融合进而驱动全域创新的战略型理念，具体而言，是指运用“产业战略设计”工具，把设计融入各类产业，驱动“政产学研”全域融合创新发展。这里需要与常规理解的“产业化”进行区分——并非把设计作为产业化的单一起点，而是把设计融入其他各类产业领域协同创新发展[271]。由此可见，设计产业化并非单纯指工业设计企业集聚发展形成产业化态势，而是将工业设计融入渗透到产业转型发展中，在制造业产业链各个环节进行设计创新活动，由此引发的变化才是真正的设计产业化。

工业设计作为一个产业具有多维视角，从内涵来看，工业设计产业是参与工业设计价值生产、流通与最终实现的企业经济活动的集合；从原理来看，工业设计产业是社会文化体系引导工业生产机制进行整合创新的全过程，是社会经济形态变迁、文化性消费比重增加、产品导向性日益增强的产物；从产出来看，工业设计产业的一般成果是工业生产资源的社会性传达界面，因而其与广义的工程技术共同构成传统产品经济的两大支撑。通过对工业设计产业中的逻辑结构组织进行概括，总结当前工业设计产业中存在的对象，包括：从生产组织结构层面来看，存在着工业设计应用企业（如各类应用工业设计的制造业企业为代表）、工业设计服务企业（提供专业工业设计服务的工业设计公司）和工业设计协作企业（各类工业设计园区和工业设计地区网络）；从市场组织结构层面来看，存在着工业设计劳动力市场、工业设计服务市场、工业设计商品市场及工业设计资本市场；从政策组织结构层面来看，存在着工业设计扶持政策、工业设计推广政策和工业设计公共服务政策；从基础设施结构层面来看，存在着工业设计教育设施、工业设计技术设施和工业设计推广设施[272]（如图 7-3 所示）。

---

[271] 郑刚强，王征，王博，王志，王振鹏：《“设计产业化”与“产业战略设计”论纲》。《包装工程》，2021 年第 10 期，第 75—84 页。

[272] 李昂：《设计驱动经济变革：中国工业设计产业的崛起与挑战》。北京：机械工业出版社，2014 年版，第 106—110 页。

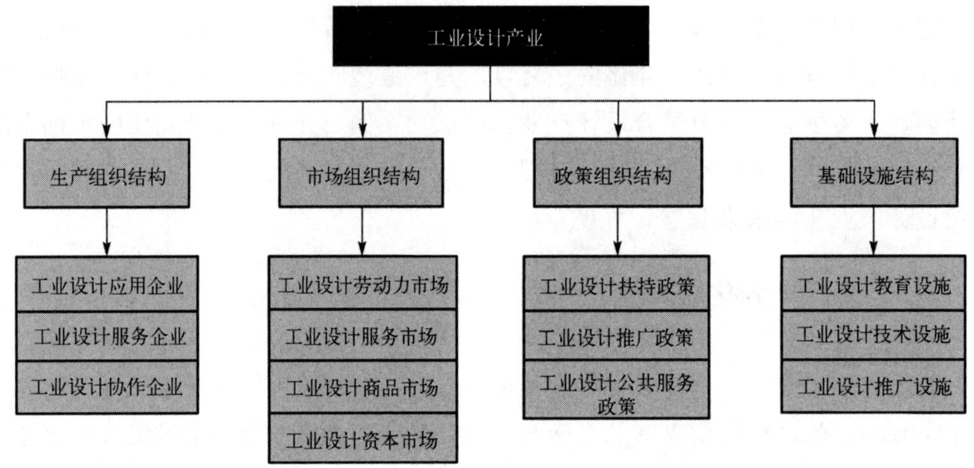

图 7-3 工业设计产业逻辑结构组织（作者自绘）

工业设计在生产、市场、政策、基础设施等不同组织结构中的对象，共同推动了工业设计产业化过程的发展，使工业设计从职业化发展到规模化、市场化、战略化。需要指出的是，在设计产业化过程中，需充分认识工业设计的价值，将工业设计的服务业理念进一步提升为产业理念来认识和实践，并通过有效的机制，使工业设计得到真正发展，走上产业化之路[273]。

7.2.2 设计产业化的发展路径

1. 全产业链创新模式：政产学研协同创新实现产业共赢

全产业链创新模式起源于浪尖设计集团。浪尖设计集团创立于 1999 年，经过 20 多年的稳步发展，成为国内首屈一指的工业设计公司。浪尖创始人罗成提出“打造全产业链设计创新体系是工业设计产业化发展的必由之路”[274]。浪尖能够在众多工业设计公司中脱颖而出，与其所提出的“以工业设计全产业链为核心的 D+M 创新服务生态体系”密不可分。浪尖提出了“D+M”概念，即“设计+制造”（Design+Manufacture），指设计要符合制造的要求。随着 D+M 模式的不断发展，时至今日它有了更多含义，“D”可以是 Dream、Development、Dynamic 等，M 可以是 Maker、Microcosm、Merge 等（如图 7-4 所示），传达出设计的引领作用，D+M 模式处于不断动态调整的过程中，意味着 D+M 的含义始终保持着设计所呈现的最新一面。

[273] 韩凤元：《工业设计的产业之路》。《包装工程》，2008 年第 3 期，第 169—171 页。

[274] 罗成：《罗成：打造全产业链设计创新体系是工业设计产业化发展的必由之路》。《设计》，2020 年第 10 期，第 58—61 页。

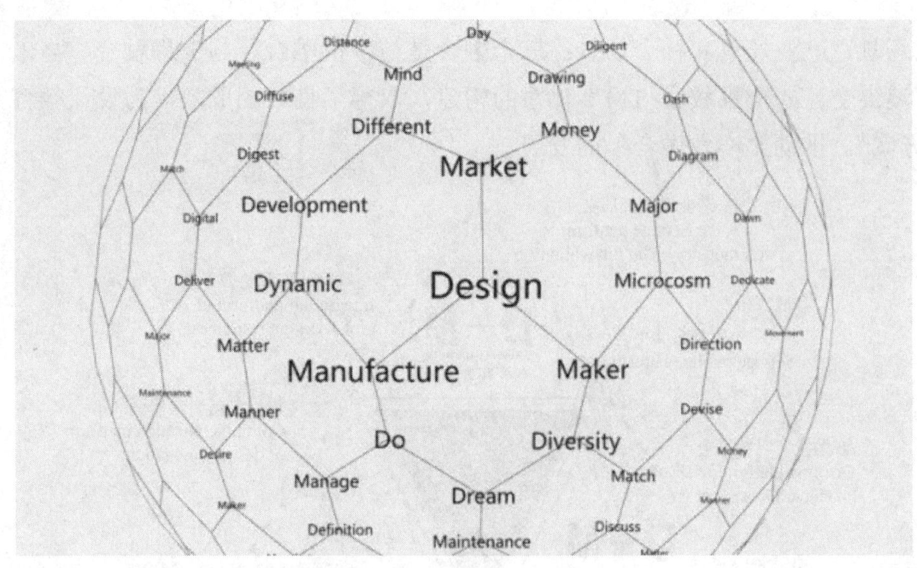

图 7-4 浪尖“D+M”含义[275]

通过 D+M，浪尖形成了全产业链创新的服务生态体系（如图 7-5 所示），在全产业链创新模式下，浪尖可帮助企业定义产品、申请专利、规划企业形象、进行供应链研发等[276]，为制造业企业提供更高附加值的设计服务。浪尖通过 D+M 浪尖智造工场、D+M 智造体验馆、D+M 工业设计小镇三大运营品牌，形成 D+M 生态体系。D+M 浪尖智造工场是 D+M 生态体系中最先成立的部分，所依托的是浪尖全产业链设计创新优势，内部包含工业设计平台、3D 打印工作室、用户研究中心等，通过整合设计服务等相关资源，实现为企业提供整体创新设计方案，服务相关产业转型。D+M 智造体验馆则以用户体验为核心挖掘设计痛点，将线上体验和线下实体展示结合，更注重用户体验与用户反馈。D+M 工业设计小镇是华中地区首个工业设计产业集群，由武汉市硚口区政府和浪尖共同打造，形成了“一小镇六组团”的发展模式。通过工业设计小镇的打造，浪尖能更好地对接国家设计政策。浪尖 D+M 生态体系以工业设计全产业链为核心，通过产业上下游的覆盖性布局和 D+M 三大平台的构建，以海绵式思维不断吸收整合设计资源，合理组建众创产业联盟及形成自身资源体系，积极融合政、产、学、研的力量，通过政产学研协同创新实现产业共赢。

“产教融合”是工业设计全产业链体系中最重要的一环。为贯彻国家“产教融合”精神，浪尖积极开展多种形式的校企合作，通过开办“浪尖创新班”，开启了以工业设计专业产教融合教育模式培养复合型创新人才的探索和实践，通过“三个交互”构建“三个场景”，实现“三个融合”。三个交互是指交互工具、交互课堂、交互实践；三个场景

[275] 参见浪尖设计官方网站。
[276] 李云，陈红玉：《创新时代 浪尖路径：工业设计走向全产业链创新》。《装饰》，2017 年第 1 期，第 20—25 页。

是产品场景、产业场景和社会场景；三个融合是与价值融合、与世界融合、与未来融合[277]。“浪尖交互式全景教育 TM”体系的构建，取得了良好的成效，为设计教育界提供“浪尖方案”，推动“产教融合”的发展。

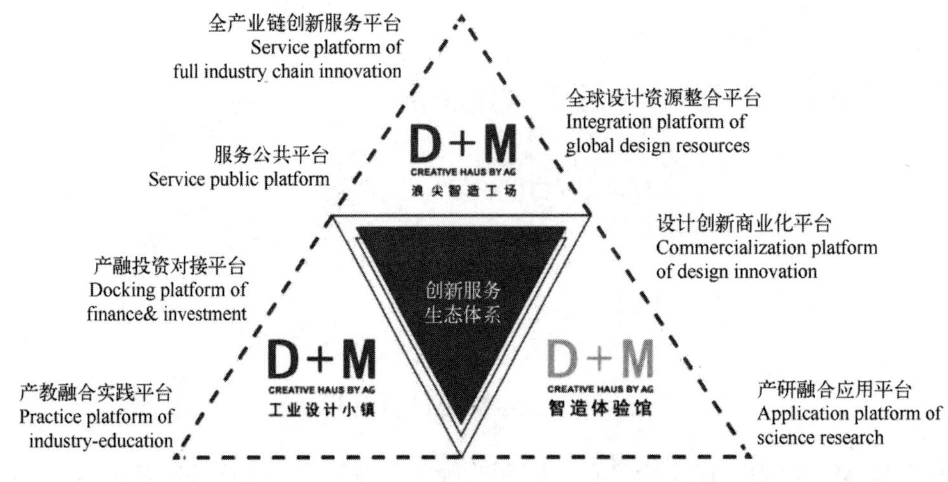

图 7-5　浪尖“D+M”服务生态体系[275]

正如浪尖创始人罗成所说，全产业链设计创新模式本身就是一个以产业共赢为目标、以行业共享为原则、以协同共创为手段的开放性平台，通过整合更多工业设计和产业链上的企业、高校、研究机构和广大从业者，实现政产学研融合，构建全产业链创新生态体系，共同推动工业设计的产业化发展进程。浪尖通过横向和纵向两个维度拓展设计服务，实现了 D+M 平台和工业设计服务生态的构建，为制造业转型升级和高质量发展提供优质设计资源的强大助力。由此，浪尖设计集团的定位从设计机构升级为全产业链设计创新服务运营商，对当前同样面临转型挑战的其他工业设计企业有着重要参考意义。

2．产业数智化模式：产业互联网时代下的数智赋能

产业数智化模式的典型代表是洛可可设计集团。随着新一代信息技术浪潮的到来，设计产业已进入产业互联网时代，数字化与智能化打通了整个设计行业，提高了设计需求与设计服务之间的对接效率。洛可可设计集团作为我国设计行业的领军企业之一，在“洛客”的基础上，进一步创建了人工智能“洛”，用数字化与智能化赋能设计，通过数智化转型应对时代的挑战。洛可可设计集团目前主要有洛可可、洛客、洛三大主要设计职能机构，对应线下设计服务、社会化共享设计平台、普惠智能设计平台三大业务板块，这三大业务板块是其在自身发展的历史中形成的三次重要探索结果，共同形成了洛可可设计集团当前“三洛叠加”的发展之路，来应对三股不同的时代浪潮（如图 7-6 所示）。

[277] 罗成，李少康，张祎濛：《产教融合培养工业设计创新人才的新模式》。《设计》，2020 年第 19 期，第 103—105 页。

正如洛可可创始人贾伟所说："数字化早已不再仅仅是技术，它更是一种创造方式。如果不能打造数字化产品，不能做数字化营销，那企业很有可能将是时代的遗孤。"（洛可可设计集团）企业成功的原因有很多，其数字化运营模式显然功不可没[278]。

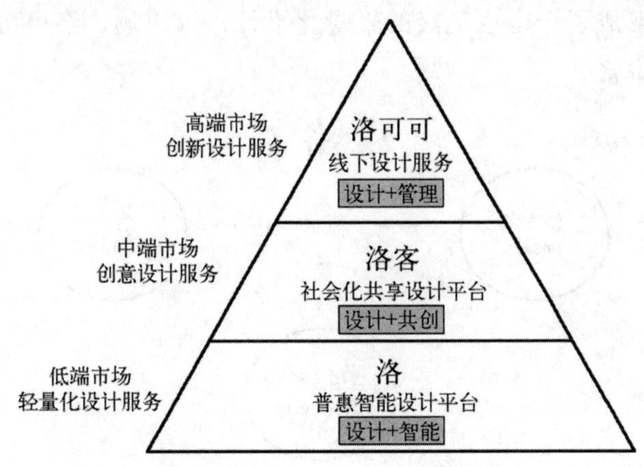

图 7-6 洛可可"三洛叠加"模式[279]

面对工业浪潮，洛可可以线下设计服务为主，面向高端市场为成熟大型企业提供设计服务，创造高额附加值，服务于全球的知名企业，如美团、华为、阿里巴巴等，并通过优秀案例持续扩大企业的影响力并保持领先地位，为企业后续发展抢占领先优势。随着互联网浪潮的到来，洛可可创建了洛客，其成为专注于产品创新的共享设计平台，聚集超过 100 万全球创造者、3 万名专业设计师，为企业提供产品众创—产品设计—生产供应链—产品营销—投资等覆盖产品打造全流程的服务，旨在为企业创造好产品、引爆好产品，为好产品赋能[280]。洛可可利用互联网平台的横向思维，以共享经济的逻辑打造 CBD 互联的社会化设计创新平台（如图 7-7 所示），为中小企业提供设计解决方案，解决中小企业设计成本高的问题。通过洛客平台，洛可可消化了自身无法满足的中低端业务，并将此模式社会化，用互联网平台广泛对接中低端市场，整合社会的设计力量来满足设计需求，横向扩展洛可可设计集团的业务范围，增强了企业的活力与发展潜能。随着数智浪潮的到来，产业数智化成为新的发展趋势。洛可可总裁李毅超提出："新数据、新数据维度、新的模型和新的价值，才是数字赋能真正要去解决的问题"[281]。洛可可在洛客平台的基础上进一步提出"洛"，"洛"用数字化与智能化赋能设计，通过

[278] 白玉杰：《复盘洛可可数字化改革道路，看企业运营背后的逻辑之道》。《中关村》，2020 年第 5 期，第 70—71 页。

[279] 参见洛可可设计官方网站。

[280] 张云龙：《设计美好世界——访 LKK 洛可可创新设计集团董事长、洛客(LKKER)共享设计平台创始人贾伟》。《现代企业文化(上旬)》，2018 年第 11 期，第 20—23 页。

[281] 《李毅超：产业互联——数智时代工业设计的嬗变》。《工业设计》，2020 年第 6 期，第 14—16 页。

AI 和大数据的技术支撑设计服务，持续渗透和深化设计领域，提高设计效率，放大设计效能，为小微企业提供标准化、智能化的设计服务。“洛”的出现填补了巨大的低端设计需求的市场缺口，效率高且成本低，满足了我国 8000 万小微企业的轻量化设计需求。千万级的小微企业形成了一个百亿级的轻量化设计需求市场，洛可可设计集团的设计服务业态得以进一步丰富。

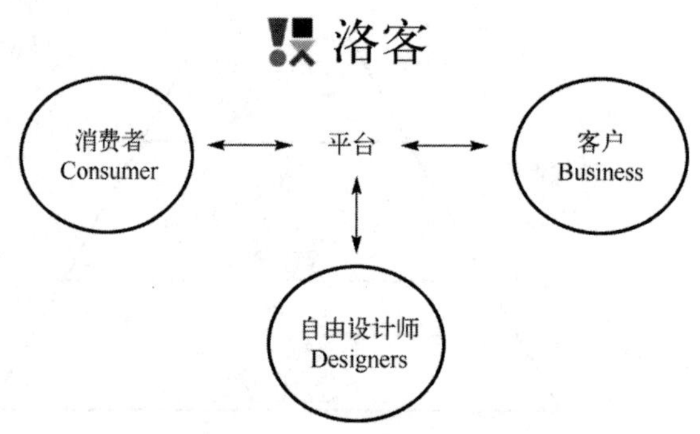

图 7-7 洛可可“CBD”模式[279]

从“洛可可”到“洛客”再到“洛”，体现了洛可可设计集团与时俱进的发展逻辑。洛可可的成功在于精准把握时代的脉搏，紧跟时代潮流和设计需求的变化进行变革。产业互联网的出现将整个产业整合，已成为设计产业未来的发展趋势，使设计产业进入互联互通的产业数字化生态格局。面对产业互联网时代，洛可可制定了集团第一战略——设计+研发供应链。未来 10 年，洛可可将用“设计”与“研发供应链”这两个核心要素，打通“创造好产品”的产业上下游，利用产业互联网技术协同设计+研发供应链，紧紧跟上时代变革，突破行业边界。

在数智浪潮的冲击下，设计产业可行的做法是顺应产业数智化的发展趋势，利用数字化与智能化技术赋能业务，虽然人工智能的确会抢占一部分设计师的业务，但在创意类工作方面设计师仍有着不可撼动的地位。因此，应合理地利用数智技术，将人工智能作为设计的辅助工具而非主要手段，从而提高创新效率。利用数字化技术将设计端与营销端打通，提升产品的品牌竞争力，保持公司的核心竞争优势。

3. 设计立县模式：以设计思维驱动区域创新发展

“设计立县”计划由上海木马工业设计公司创始人丁伟和华东理工大学设计学院院长程建新于 2011 年发起，是政府介入推动、企业和设计师主导的服务与转换计划，目的是借助政府与民间力量，推动建设城市创新综合体，促成设计企业、设计机构、设计师与制造业的项目合作，推出有助于提升大众审美、引领社会潮流的品牌及产品，为产业转型升级和设计服务业的发展提供有力支撑。“设计立县”的本质是以“工业设计”为抓手，切入研发环节，从源头上开始改进和塑造，系统思考和探索设计、企业、区域经济发展及转型升级[282]，通过设计的力量驱动产业、创业和城市三大系统共同发展，运用设计思维推动社会变革，通过创意努力打造城市创新综合体系，从而全面提升地方经济，实现区域可持续发展（如图 7-8 所示）。

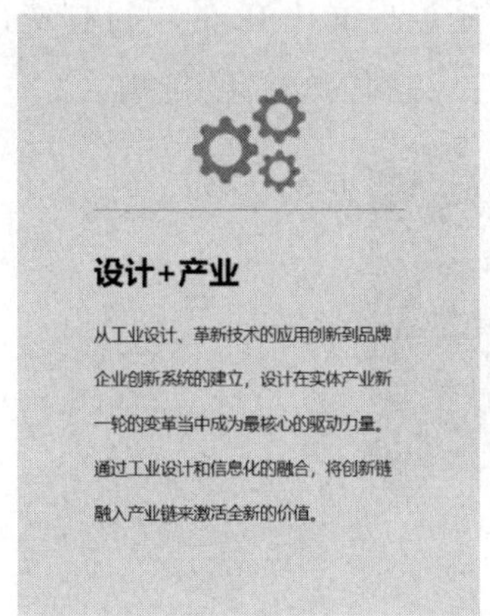

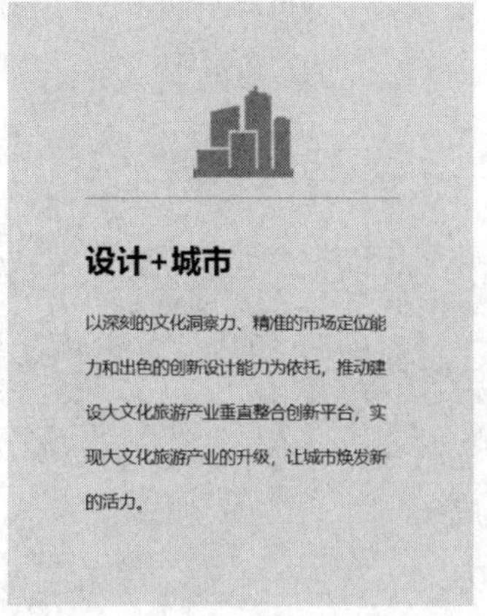

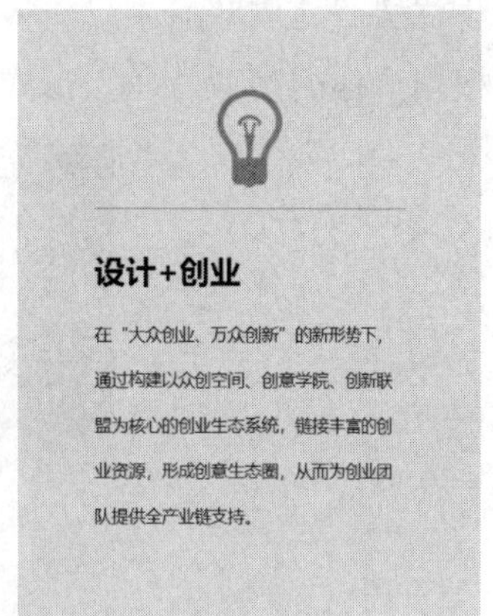

图 7-8 “设计立县”模式[283]

“设计立县”计划历经四个阶段。最初的“设计立县 1.0”阶段，主要运用设计力量驱动传统产业转型发展；“设计立县 2.0”阶段，木马通过建立区域工业设计中心（如图 7-9 所示），与设计资源对接，聚集设计创意人才，解决各地设计人才资源短缺问题；“设计立县 3.0”阶段，木马通过打造城市创意综合体（如图 7-10 所示），进一步将设计服务的范围加以扩大，展现创意对区域发展的核心价值，使整个城市成为创意生长的土壤，进而吸引一大批具有创新能力的企业进驻，逐渐形成创新生态，激发市场活力；“设计立县 4.0”阶段，木马更将目光着眼于产业层面，依据第一二三产业不同的业态特色提供针对性的设计服务，将商业价值、设计价值及服务价值进行有机融合，形成全新的服务体系，通过设计驱动第一二三产业融合发展。

木马的“设计立县”计划，与众多扶持计划一样，在一定程度上属于一种资源调配，被调配的是“设计”这一无形资源。“设计立县”以文化创意产业为主要资源（如设计资源），以特定的空间地域（如县域）为发展对象，力求获得经济效益、社会效益、环境效益在内的区域最佳综合效益[284]。长期以来，设计并没有被视为一种促进地方发展的重要资源，但是在“设计立县”计划中，设计作为一种资源被调配到无法发挥自身特点的乡镇县城地区，运用设计可以提高县城的产品、环境、人文资源的附加价值，设计

[282] 丁伟，章彰，赖洪波：《设计与转型：“设计立县”发展路径及十大模式构建——以上海—长三角工业设计项目服务外包平台“设计立县”计划为例》。《设计》，2014 年第 7 期，第 118—120 页。

[283] 参见设计立县官方网站。

[284] 戴承良：《“宝应开局”的思考——设计立县与文化创意产业区域发展》。《装饰》，2012 年第 10 期，第 143—144 页。

这一资源的自身价值也在调配过程中得以实现。在“设计立县”计划的进行过程中，值得注意的是城镇化发展中“千城一面”的同质化问题，需要充分考虑在城镇化的发展过程中去地方化、去同质化，只有明显的地域性文化特色才能给立县地区带来差异化的竞争优势。通过政府主导、多方多渠道共建研发机构，组织实施当地文化 IP 的项目打造，根据当地的产业特色，形成“一村一品”的品牌效应，将产品品牌的知名度打响。

图 7-9　木马创建的工业设计中心[283]

图 7-10　城市创意综合体[283]

需要指出的是，“设计立县”并非只局限于某一设计领域独自进行的计划，其重点更多的是设计以外众多领域的共同推进和相互协调。在“设计立县”计划的发展过程中，离不开“政产学研”相互合作的推动，木马提供设计服务和设计培训，企业和设计公司为高校提供实践基地，高校输送人才及研究成果，政府牵头推动“设计立县”计划持续的实施，从而实现“政产学研”多方共享共赢局面。木马的价值不应只局限于产品设计提高企业收益，更重要的是有更高的立足点，从整体县域的城市规划出发，整合区域文化资源，打造区域品牌，从而提升核心竞争力；以设计思维驱动区域创新发展，从而促进立县地区的经济可持续发展。

7.2.3 设计产业化的未来：顺势转型升级与深耕垂直领域

无论是浪尖构建的 D+M 全产业链创新服务生态、洛可可构建的产业数智化生态，还是木马构建的城市创新综合体，最终目的都是通过构建工业设计创新服务生态体系，实现设计产业化。不同企业由于自身发展优势与特点不同，产生了不同的设计产业化发展路径，浪尖通过政产学研协同创新实现产业共赢，洛可可结合产业互联网以数智化赋能产业，木马以设计思维形成区域协同创新发展，对如今如雨后春笋般创立的设计公司来说，如何在同质化严重的设计服务环境中，选择适合自身发展优势与特点的设计产业化路径有着重要借鉴意义。

需要看到的是，随着先进制造业企业逐渐实现设计需求自给自足，如今传统工业设计公司在与企业合作中处于弱势地位，而中小微企业不重视设计创新，导致设计服务被动且报价低，工业设计公司面临着生存与发展的困境。21 世纪处于互联网、大数据、人工智能等新一代信息技术交融的浪潮风口，不仅仅是制造业，作为制造业重要创新手段的工业设计产业也面临着历史性的变革。设计公司应该如何应对时代潮流的考验？顺势转型升级还是深耕垂直领域，未来设计公司有两条路可走。一是顺势而为，紧跟时代潮流和市场需求的变化，积极运用新一代互联网与信息技术，用数字化与智能化赋能设计，打破设计服务与设计需求之间的合作障碍，广泛连接产业上下游，扩展设计服务业务领域，丰富服务手段，优化服务流程，探索发展的可能性，如洛可可设计集团，在传统微笑曲线中增加一个“舌头”，让“舌头”在企业端与客户端来回转动以创造更大价值。二是找准赛道实现弯道超车，找准市场缺口，深耕垂直领域，提升自身独有的核心竞争力，形成错位竞争，在时代浪潮中始终占有一席之地，如专注“D+M”模式的浪尖、以“设计立县”为特色的木马等。

在工业设计产业发展面临挑战的今天，打造共生共存、共同发展的设计产业生态，也是一条出路。像洛可可、浪尖此类顶尖大型设计公司具备充足的基础条件实现转型，而对中小型设计公司来说，转型既是机遇也是挑战。未来设计行业将出现两极分化的格局，工业设计公司之间的竞争会日益激烈，市场的优胜劣汰作用确实能在一定程度上促进设计行业的发展，但竞争过于激烈会导致设计公司的生存环境越来越差。因此，我们要打造共生共存的设计产业生态，前提是设计公司要找准自己的赛道，在各自的垂直领域内打造自己的核心产品，从而形成产品市场的优势互补，同时加强设计公司之间的合作，建立良好的业务往来关系，实现业务共享共创。

7.3 产业设计化：以设计思维驱动产业转型发展

设计产业化与产业设计化是一种相互交融、互相促进的关系。工业设计企业在产业化道路前进的同时，作为工业设计企业服务对象的制造业企业，并非一味接受工业设计企业提供的设计服务，而是受到工业设计价值渗透的影响，开始将设计思维、设计方法运用到企业发展经营的整体战略中，走上自主创新之路，从而兴起产业的设计化，如设计驱动型企业小米公司、从传统电子制造企业完成设计转型的 vivo 公司、从出售产品到服务创新的特斯拉公司等。下面通过选取产业设计化中具有代表性的企业案例，分析其产业设计化的演进路径与模式特点，总结对其他企业进行产业设计化可供参考的经验，并进一步探讨产业设计化未来发展的新趋势。

7.3.1 迎接产业设计化时代

当前深受经济转型的影响，制造业面临转型升级的挑战，工业设计作为转型的重要创新手段，在提升产业创新能力、增加产品附加值、优化产业结构等方面驱动着制造业转型升级，企业逐渐认识到工业设计的价值，开始走上产业设计化的道路。设计思维的转变是产业设计化道路的起点，只有企业认识到工业设计的价值，工业设计才能深入渗透到企业发展战略中。因此，产业设计化并非单纯指在制造业企业内部建立工业设计部门，将工业设计加入生产制造环节，而是根植于设计思维的转变，将设计思维融入企业的整体发展战略层面，以顶层设计思维驱动企业将设计创新融入所有业务环节与商业活动，由此带来的才是真正的产业设计化。

当今是设计的时代，也是数据的时代，以互联网、云计算、大数据、物联网和人工智能为代表的新一代信息技术，在设计、制造和智能环境中融合应用，推动了产业互联网的发展（如图 7-11 所示），形成了新时代工业设计和制造融合创新系统及产业结构转型升级的新路径；新时代下的工业设计思维，是在互联网、大数据、云计算等科技不断发展的背景下，基于市场、用户、产品、企业价值链乃至整个商业生态系统，重新思考创新系统的核心内涵[285]。因此，将新一代信息技术与制造业融合，推动了产业设计化的发展。经济全球化及信息数字化的浪潮极大改变了商业运作模式，企业开始运用工业设计思维对企业构造、产品供给、用户体验三大创新领域进行创新活动改造，这三大创新领域又划分为具体的创新环节：盈利模式创新、网络创新、结构创新、过程创新、产

[285] 赖红波：《设计驱动型创新系统构建与产业转型升级机制研究》。《科技进步与对策》，2017 年第 23 期，第 71—76 页。

品性能创新、产品系统创新、服务创新、渠道创新、品牌创新和用户体验创新，覆盖了从企业内部创新到与用户接触创新[286]，以求在这些创新环节中得到提升并取得竞争优势，使企业得到更长远发展。

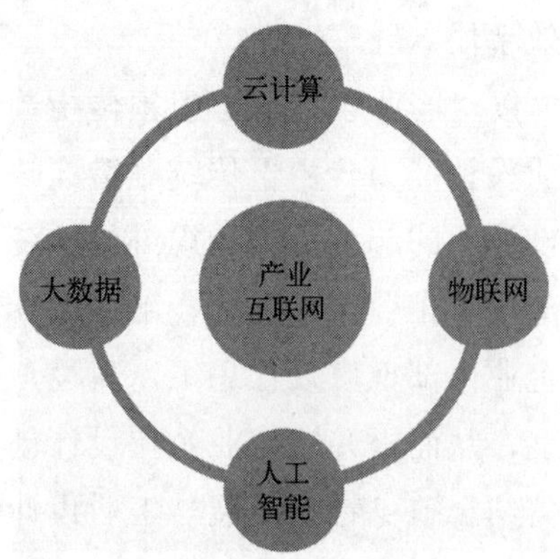

图 7-11　新一代信息技术与产业互联网（作者自绘）

工业设计对制造业的作用首先是解决产品同质化的问题，制造差异；其次是创造产品的附加值和沉淀企业的品牌价值；最后是使技术市场化[287]。在工业设计产业化的进程中，制造业企业、消费品行业、互联网行业、服务行业及其他新兴产业，将工业设计与制造业深度融合以实现产业结构转型升级。企业在认识到工业设计的价值后，结合当前所处发展阶段与自身发展优势，走上产业设计化道路。例如，制造业企业的设计化，主要着手于提升制造业设计能力，通过工业设计提升产业链中较为薄弱的研发与服务环节水平，提升产品附加值；消费品行业的设计化，则在同质化竞争严重的环境下，通过资源整合优化、建立差异化竞争、构建商业模式来提升自身竞争力；互联网行业的设计化，则发挥自身用户广、用户研发和服务成本低及拥有大数据、物联网等新一代信息技术的天然优势，取得自身商业上的成功；服务业作为受互联网影响最深的行业，其设计化则利用互联网将线上线下服务进行联通，实现“1+1＞2”的商业成功。在产业设计化中，企业通过将设计思维应用于发展战略的转变，改善企业的商业运作模式，完成转型升级，从而实现可持续发展。

7.3.2　产业设计化的演进路径

1．产业设计化 1.0

不同时期产业设计化历经不同的演进路径。在产业设计化 1.0 阶段，传统制造业企

[286] 柴春雷，惠清曦，叶圆怡：《中国好设计——商业模式创新设计案例研究》。北京：中国科学技术出版社，2016 年版，第 10—13 页。

[287] 柳冠中：《塑造制造业企业设计创新机制》。《中国新时代》，2014 年第 10 期，第 50—55 页。

业如何引入工业设计实现转型升级是最需解决的问题，通过促进工业设计与制造业及相关产业融合，将设计、制造、产业链、互联网、人工智能、服务和品牌等进行要素重组、功能重组和结构关系重构，加强工业设计成果转化，推动产业转型升级，是此阶段制造业企业实现产业设计化的有效手段。

在产业设计化 1.0 阶段，以“产业设计化”引领传统制造业转型升级，首先也是最关键的是提升传统制造业工业设计能力。由于传统制造业缺乏设计思维，对设计价值的重视程度不足，此阶段产业设计化的起点是设计思维的转变。因此，要引导制造业企业重视设计创新，需在企业内部增加工业设计人才、工业设计部门、工业设计中心等要素载体，设立首席设计师，在企业内部推广设计思维，建设工业设计中心，推进企业设计研发，加大工业设计创新力度，从而提升制造业企业设计创新能力。其次，传统制造业企业在产业设计化过程中，需结合自身特点开展与工业设计的深度融合，传统产业可利用工业设计集最新科技成果、市场需求、文化艺术于一体的服务特性，为自身转型升级带来新动能，通过提升产品、品牌、工艺、流程、系统设计水平和服务模式创新，实现从规模、速度增长向技术、质量、品牌领先转变，从产品制造向系统、服务输出转变，从而增强企业竞争力。新一代信息技术不仅催生出一批具有前瞻性和挑战性的设计，还给传统设计的理念、实现方式、运用模式等带来了巨大的变化和挑战。综合运用互联网、物联网、大数据、云计算、智能控制等信息技术提升工业设计水平，开展个性化定制、智能化设计、网络化设计等新模式的推广和应用，开展技术创新和设计创新的有效整合，实现数字化、智能化、网络化制造，从而提升传统制造业的智能化设计和制造水平。

在传统制造业转型升级的企业中，vivo 公司是以工业设计促进传统制造业企业转型的成功案例。vivo 公司始于步步高这一传统电子制造企业，专注于打造智能手机领域的国际化品牌。面对互联网时代的浪潮，vivo 公司并不满足于自身传统电子产品的优势，在多年技术积累的基础上，于 2019 年提出“坚持以消费者驱动和设计驱动的原则来做好产品，致力于成为最懂消费者的手机品牌”，应用差异化战略发展手机业务。随着手机行业的逐渐发展，竞争越来越激烈，手机产品的同质化也越来越严重。vivo 公司的“消费者驱动和设计驱动”体现在形成与市面产品差异化的用户体验，生产出独特卖点是其取胜之道。

vivo 公司能够在日益严重的同质化环境下生存下来，是因为善于从用户需求出发，对工业设计有着极致追求，采用以品牌设计风格为表象、以服务体验为纽带、以价值观驱动营销的方式，构建“设计+科技+服务+商业”整合的战略体系，搭建品牌和用户的桥梁，形成自身持续发展的竞争优势。其一，以设计为品牌核心构建 vivo 品牌基因。将工业设计部划分为负责需求调研及外观的 ID 部门，负责研究和设计手机外观的工艺、颜色、材料等方面的 CMF 部门，负责手机外观形体调整的 3D 部门，负责消费者趋势研究创新技术预研团队四个部门，通过恰当的视觉语言，增强产品和用户之间的联系与情感共鸣。其二，将设计创新作为企业的品牌战略，深耕“深度定制”模式，掌握技术话语权。目前 vivo 在国内外已成立 9 个研发中心，分别负责软件应用、硬件研发、拍照、图像算法、5G、人工智能等方面的研究，帮助品牌实现尖端技术的研发；通过与蔡司联合成立影像实验室，集合 vivo 在软硬件、算法等方面的优势及蔡司在光学领域的特点，打造联合影像系统，满足广大消费者对极致影像和雅致外观的体验需求。其三，vivo 践行“新人本主义”，构建服务体验生态，推出高体验产品。vivo 强调“场景体验”，使服务和产品体验能够“看得见、摸得着”，通过开设体验中心，把产品使用场景融入体验中心的布局，让用户亲身体会产品给日常生活带来的感官体验，并进一步开展“vivo 影像+”战略（如图 7-12 所示），通过这种消费者增权活动，拉近品牌与用户之间的距离，提升产品和品牌形象。其四，vivo 通过创新商业模式，将营销与价值观融为一体，释放设计价值。vivo 勇担企业社会责任，积极参与实事民生，如与央视新闻联合创办的《地球的家书》关注中国航天事业的蓬勃发展，与三联合作的《日落后的九小时》揭秘鲜为人知的夜幕工作者等，以超强的影像能力，以关怀的温度，传达 vivo 对社会的关注与对情感的表达，在品牌方与消费者之间建立情感联系，从而提升品牌形象。

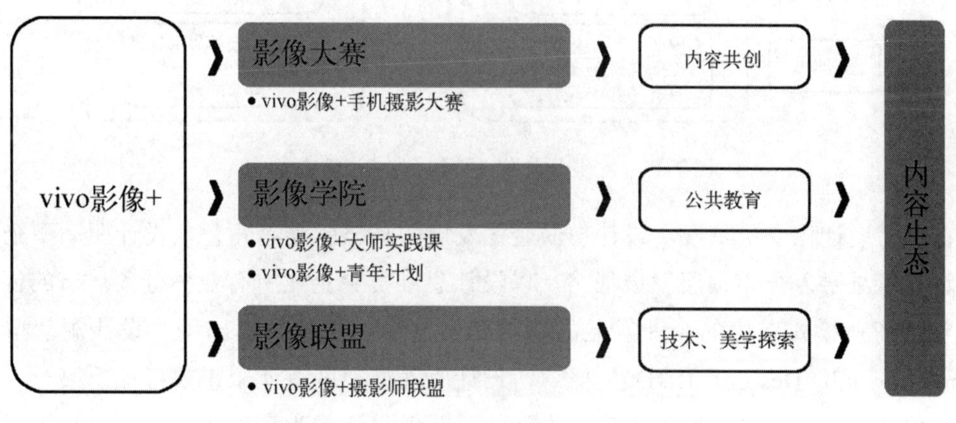

图 7-12 “vivo 影像+”战略（作者自绘）

运用设计带来的商业成功，使 vivo 意识到设计能够为企业创造巨大的商业价值。从运用设计形成产品差异到通过设计整合各类技术，对传统制造业企业适应新时代浪潮具有借鉴经验。vivo 公司的设计转型表明，传统产业应当以开放心态看待设计价值，结合自身传统产业优势，通过工业设计的创新力为企业转型带来新动能。设计创新对传统制造业应是一个循序渐进的过程，并非从最初就进行彻底的设计驱动创新，而是在风险和成本都较为可控的情况下，将设计创新逐渐渗透到企业的产品、服务甚至战略设计中，逐步深入进行设计创新尝试，探索出适合企业自身特点的创新发展模式。

2. 产业设计化 2.0

在产业设计化 1.0 阶段，传统产业通过将工业设计与产业融合，促进产业转型升级，但传统产业的设计化过程更多的是迫于时代发展，工业设计是其转型升级的创新手段。随着新一代信息技术的发展，出现一批设计驱动型企业，因发展时代与商业环境不同，设计驱动型企业与传统产业的设计化路径存在差别，其发展之初就直接以设计作为驱动企业发展的核心，这是一种根植于设计思维转变的战略驱动，将设计思维上升到企业战略层面，从而进入产业设计化 2.0 阶段（如图 7-13 所示），设计驱动型企业成为产业设计化的下一个风口。

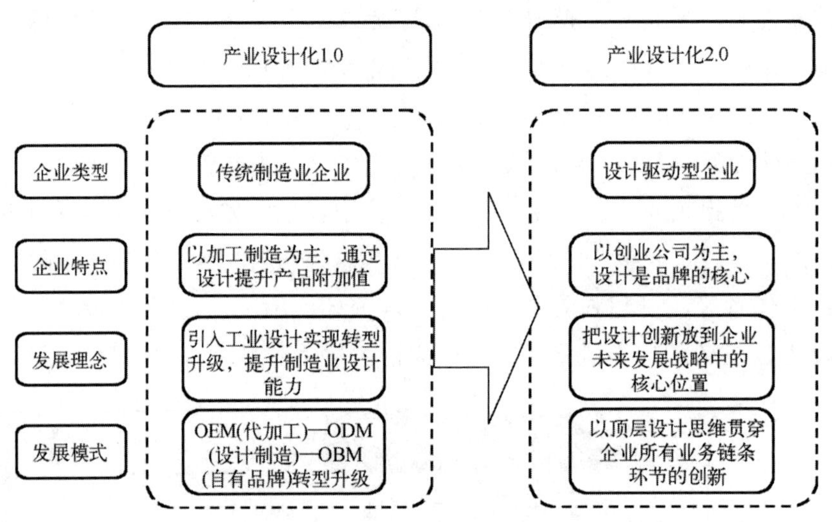

图 7-13　产业设计化 1.0 到 2.0（作者自绘）

在产业设计化 2.0 阶段，设计扮演企业发展的战略驱动者角色，设计驱动型企业通过将设计思维融入公司顶层发展战略，以设计思维贯穿企业所有业务链条环节的创新，推动包括商业模式在内的企业发展战略的全面变革。童慧明提出了“设计驱动型品牌（Brand Driven by Design，BDD）”概念，设计驱动型品牌有 4 个重要特征：第一，设计是品牌的核心，品牌 CEO 本身就是设计师，或者设计成为高度核心，公司高管层中设有 CDO（首席设计官），例如，苹果公司的乔布斯对设计有着高度的理解力；第二，从公司发展战略来看，始终致力于把创新设计作为品牌战略决策的优先级；第三，设计驱动型品牌持续创造具有颠覆性创新和极致用户体验的产品；第四，在战略目标上，设计驱动型品牌成为产业领军者[288]。“设计驱动型品牌”以创业公司为主，如小米公司，且数量日益增多，成长迅速。从企业组织结构来看，绝大部分创业公司创始人之一是设计师，或在高管层设有 CDO（首席设计官），这是设计驱动型品牌的核心本质；从公司发展战略来看，设计被优先考虑到品牌战略决策中，这是设计驱动型品牌的内在表现；从产品设计来看，通过创造极致用户体验的产品实现颠覆性创新，这是设计驱动型品牌的

[288] 童慧明：《设计驱动型的品牌与时代》。《杭州（周刊）》，2018 年第 10 期，第 26—28 页。

市场竞争优势；从战略目标来看，设计驱动型品牌致力于引领产业发展，这是设计驱动型品牌的外在表现。

满足以上特征的品牌都可称为设计驱动型品牌，不同设计驱动型品牌的创新发展模式也存在差别。由于企业的发展策略、团队结构、创新资源等诸多因素的影响，其创新范式表现出不同的特点，设计驱动型企业可分为设计探索式创新企业、设计开放式创新企业、设计整合式创新企业。其中，设计探索式创新企业的创意来源于内部团队挖掘痛点，以优化产品和解决市场痛点为创新逻辑，如宏翼科技；设计开放式创新企业的创意来源于线上用户社群和生态链创新团队，其创意过程由研发工程师在线获取反馈信息而实现，如小米公司；设计整合式创新企业的创意来源于虚拟社群和技术整合，其创意过程由内部团队根据企业目标而实现，如苹果公司[289]。

设计驱动创新能够带给企业更大的经济价值，设计创新驱动以用户需求和用户体验为出发点，将产品的品质和使用体验作为企业的核心竞争力[290]。设计驱动型企业以设计思维作为战略驱动，并延伸至企业品牌的所有商业活动，而设计思维体现的是以用户体验为中心，从拓展方向定位、品牌定位、用户定位到产品研发的全流程都把“用户体验”置于第一位，所有设计都围绕着为消费者创造更好的产品和服务而运作，因此，设计驱动型企业的成长力和发展力是巨大的。与传统的市场驱动创新和技术驱动创新不同，设计驱动创新强调在产品语义上进行颠覆式创新，让消费者对此产生新的情感依赖，它不仅成为商业活动的核心，还成为产品增值、市场创造、竞争优势获取的关键[291]。在此过程中，只有将科技、设计和商业三者相互融合，才能实现真正的创新，苹果公司、小米公司等案例表明，以用户为中心的设计思维把科技成果转换为受市场和消费者欢迎的产品，用设计思维进行商业模式创新与市场推广，让好设计获得最大传播力，最终让更多消费者购买和使用，使设计价值能够最大程度释放出来，这才是产品设计的成功之道。

设计驱动型企业致力于以设计思维创造好设计，而好的设计需要品牌赋能，才能为企业创造最大价值。童慧明指出了企业发展设计的本质：好的设计必须由自主品牌承载，设计驱动型品牌才能令设计的价值最大化，设计创造价值的最大受益者不是设计师，也不是生产好设计产品的企业，而是销售产品的品牌拥有者，只有在自主品牌基础上，好

---

[289] 郑刚强，王志，张梦：《工业设计视阈下的设计驱动型品牌创新范式研究》。《包装工程》，2021年第 13 期，第 16 页。

[290] 郑刚强，王志，张梦：《设计产业化驱动制造型企业转型的目标与方法探究》。《包装工程》，2021年第 14 期，第 126—131 页。

[291] 徐蕾，倪嘉君：《设计驱动型创新国内外研究述评与未来展望》。《科技进步与对策》，2015 年第20 期，第 155—160 页。

设计才能够真正释放其价值，并由拥有优秀设计师的品牌企业所享有[292]。但企业在做自主品牌时常常会陷入困境，无法形成“设计+制造+销售+用户”的商业闭环，因此首先要考虑如何管理供应链、生产制造、仓储物流，将上游的制造供应链端和下游的渠道平台销售端进行有效的连接并实现商业转化，可以大大提高品牌孵化的成功概率[293]。在产业设计化 2.0 阶段，设计成为品牌的核心，设计思维逐渐融入品牌战略决策，以用户体验为中心的设计思维，使设计驱动型企业能够创造出极致用户体验的产品，从而提升品牌形象与市场竞争力，成为产业领军者。

7.3.3 产业设计化新趋势：设计驱动型产业

进入产业设计化 2.0 阶段，设计驱动型产业时代已经到来。在产业升级、消费升级和品牌升级三大背景下，设计驱动型品牌将成为企业创新战略转型升级的新趋势，设计驱动型企业将成为产业设计化下一个重要风口。与传统市场驱动型和科技驱动型企业不同，设计驱动型企业的运作方法是把设计创新放到企业未来发展的核心位置，设计正由战术的驱动者发展为组织和战略的驱动者，这是新时代产业转型需要参照的模式，如何从企业内部机制上使设计的作用发挥到极致[294]，是现阶段产业设计化的关键。在此过程中，出现了一批设计驱动型企业，如以设计驱动生态链协同创新的小米公司、以设计驱动汽车产业服务创新的特斯拉公司等。

1. 生态链协同创新模式：设计驱动型品牌赋能设计价值创造

生态链协同创新模式的典型代表是小米公司。小米公司成立于 2010 年，是一家以智能手机、智能硬件和 AIoT 平台为核心的消费电子及智能制造公司。作为设计驱动型企业，在手机成为小米公司标志性业务后，小米公司以创新设计建立起小米生态链的协同创新体系，使其得以发展壮大。小米生态链是以小米公司为核心，以生态链企业为协作伙伴，以产品创新设计制造为合作途径的生态系统。小米生态链的运作逻辑可分为“合作”与“创新”两层，一是企业合作营造高质量发展环境，为企业协同创新创造优质条件；二是通过设计创新铸造品牌，提升产品市场竞争力，推动企业高质高效创新发展。

[292] 童慧明：《童慧明：设计驱动型品牌才能令设计的价值最大化》。《设计》，2019 年第 8 期，第 36—38 页。

[293] 董烨楠，李云：《打造“设计驱动型—品牌生态”企业：博乐的路径》。《装饰》，2021 年第 2 期，第 78—83 页。

[294] 刘德，柳冠中：《设计驱动型企业让设计的作用发挥到极致》。《设计》，2019 年第 6 期，第 52—55 页。

小米生态链目前形成了以 MIUI 和小米手机为核心，层级向外扩张的小米产品生态系统（如图 7-14 所示）。小米公司提出的“小米硬件综合净利润率永不超过 5%”决议，意味着小米公司在设计爆款产品的同时，保持着相对较低的价格，这有利于小米生态链中的产品能够凭借性价比优势进入用户的生活，从而更有效形成小米生态链所布局的智能生活场景，在便利用户生活的同时找到有别于传统硬件产品获取利润的方式（如广告业务、大数据业务等），这一决议也是小米公司自身“让每个人都享受到科技的乐趣”目标的体现。通过小米生态链，生态链企业得到跨越式发展，小米公司则突破了发展瓶颈而进入新的发展阶段，切实形成多赢发展的局面。

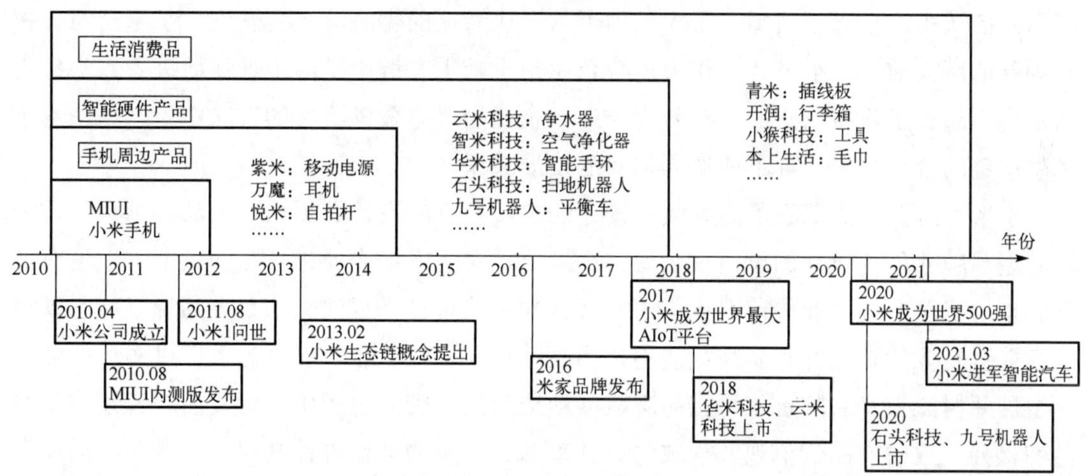

图 7-14 小米生态链系统发展脉络与层级结构（作者自绘）

互联网是目前制造业转型升级的一个重要背景，作为成功的互联网企业，小米公司具有明显的创新性，设计是小米生态链创新的关键手段。在小米生态链中，大部分生态链产品是由小米主导的产品设计团队完成工业设计工作，再交由生态链企业进行硬件设计与制造的[295]。工业设计师主导了产品的设计研发过程，设计师为生态链产品注入了小米品牌的设计理念和外形基因，“造型简约，功能直接”是小米产品设计的主要调性与设计思路，使小米生态链设计出来的产品风格趋近一致。小米公司推动了生态链企业从 OEM 代工企业、供应链企业、初创企业发展为 ODM 企业，得益于小米品牌价值的加持和“爆款”的显著成效，以设计驱动型品牌最大化设计价值，使小米生态链企业如新竹一般蓬勃生长，华米、云米、石头科技、九号机器人等企业在短短几年内成长为超级独角兽。小米生态链的一个重要特征是帮助后发弱势企业高质高效高速发展，理想结果是生态链企业借助生态链产品首先实现快速发展，进而建设高价值的自主品牌，以品牌赋能设计价值创造，最终形成小米生态链的多赢局面。设计创新成为小米生态链协同创新的一个契机和关键驱动力。

[295] 林楠，李宁宁：《生态链打造的“小米帝国”》。《设计》，2018 年第 4 期，第 90—95 页。

小米生态链具有明显区别于传统制造业发展模式的创新性，直接以设计驱动企业创新发展，设计创新从源头带动和整合创新链。小米公司作为设计驱动型企业，对设计的重视可从其联合创始人构成看出，8 位联合创始人中有 2 位是设计师出身，设计思维在小米公司发展战略中发挥关键作用且深入小米生态链的顶层管理群，对顺利复制小米手机的成功模式及设计驱动的发展战略具有重要作用。小米公司的设计驱动模式体现在，以设计连接“有效需求”与“有效供给”驱动协同创新，设计创新是连接“有效需求”和“有效供给”的纽带[296]，小米生态链产品是能代表中国创造的产品，切实符合人民群众对美好生活的需求和企业的高质量供给，无论是价格、功能、外观还是体验都得到了用户的认可。小米公司塑造了大量的爆款，让潜在的生态链企业看到与小米公司合作和创新的巨大前景。小米公司作为核心企业在小米生态链中扮演了设计促进者和支持者的角色，起到了连接用户的“有效需求”与企业的“有效供给”的特殊作用，驱动着小米生态链的合作与创新并形成协同创新的发展关系。

小米生态链模式揭示了品牌赋能设计的本质：好的设计必须由自主品牌承载，设计驱动型品牌才能令设计的价值最大化。小米公司对生态链企业进行品牌赋能，使没有名气和市场竞争力的企业快速得到了消费者认知和认可。需要注意的是，品牌赋能必须要保证弱势企业的自主性，品牌赋能不是为品牌持有企业代工，而是为了促进弱势企业快速发展并树立自身品牌价值。在品牌赋能塑造后发品牌的过程中，后发品牌通过与知名品牌保持一致的产品价值观、一致的设计理念、一致的外观设计基因、一致的产品质量实现赋能过程，使消费者通过知名品牌迅速认识和接受后发品牌的制造业企业。

2.“产品+服务”创新模式：以设计驱动创造极致体验

随着服务设计、体验设计等工业设计新范畴的兴起，制造业企业也逐渐由产品设计向“产品+服务”创新模式转型升级，从而为用户提供产品全生命周期服务，创造更多商业价值，特斯拉公司是其中典型代表。近年来新能源汽车大行其道，特斯拉公司作为全球新能源汽车产业中的佼佼者，其成功是各种内外部因素共同作用的结果，既包括公司本身在技术、服务、营销模式和策略上的创新，也包括政府对电动汽车发展的资金扶持和相对统一的市场准入条件[297]。2003 年创立之初，特斯拉公司就以锐利的眼光捕捉到了时代对新能源行业的需求，抓住智能化、数字化的时代机遇，通过设计驱动逐步实现由硬件设计向软件生态与服务体验转型，持续构建“线上+线下、汽车+能源”的服务闭环，不仅搅动了整个传统汽车行业，更影响了未来人类的出行方式，为用户创造了极

[296] 柳冠中：《设计是人类未来不被毁灭的“第三种智慧”》。《设计》，2013 年第 12 期，第 126—131 页。

[297] 张轩平：《电动汽车创新的引领者——特斯拉》。《科技情报开发与经济》，2014 年第 7 期，第 140—142 页。

致的驾驶体验，实现汽车产业颠覆式创新。特斯拉公司逐渐从小型初创电动汽车公司发展成为全球化车企。

特斯拉公司转型之路的第一个节点，是从传统汽车发展到新能源汽车，特斯拉公司顺应低碳时代的发展要求，在政策大方向的支持下，找准市场定位，用电动跑车打开市场。2008 年，特斯拉公司的第一款电动跑车 Roadster 问世，从此改变汽车产业生态。2012 年发行的 Model S 更是力压宝马 7 系、奥迪 A8 等，一举成为北美豪华车的销量冠军。通过不断完善硬件系统，特斯拉公司突破了电动汽车的核心难题——续航和电池寿命，加之其标志性的品牌设计语言，奠定了其在新能源汽车领域的领跑者地位。

随着进入互联网时代，特斯拉公司迎来第二个转型节点，即通过软件服务重新定义汽车驾驶体验。特斯拉公司是最先使用 OTA（Over the Air Technology，空中下载技术）架构进行车载软件升级的车企之一，如图 7-15 所示，简单理解 OTA 就是通过移动通信技术进行无线系统升级。特斯拉公司利用 OTA 借助 EEA（电子电气架构）实现对车辆系统的升级优化，用户只需联网下载安装升级包，就可以远程升级汽车系统，快速修复漏洞和解决汽车软件问题，用户能够不断获得新体验。而 Autopilot（自动驾驶）作为特斯拉公司的“王炸”，其软件的研发进展也一直备受关注，这表明特斯拉公司不仅仅满足于供应汽车硬件，更是软硬件双管齐下来彻底颠覆电动汽车产业。

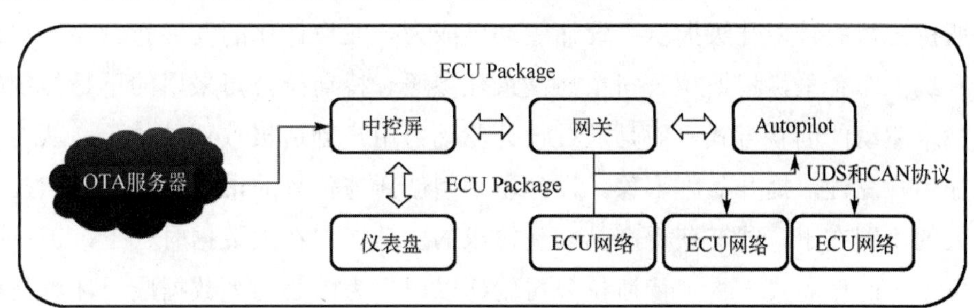

图 7-15　特斯拉的 OTA 架构[298]

特斯拉公司的第三次转型节点，则是通过服务模式创新吹响汽车服务革命。随着汽车市场和用户需求的变化，汽车服务处于不断变革中。在互联网时代，相较于传统车企，特斯拉公司跳脱出传统的营销方式，以已有客户群体为基础，通过微信朋友圈推广、自媒体宣传、私域流量及大数据分析更精准地投放宣传，同时增加用户的多方面感官体验[299]，特斯拉公司在汽车相关服务方面展现出鲜明的互联网特色，特斯拉公司借鉴苹果公司的销售模式，采取“线下体验＋线上预购＋线上服务为主”的直销策略[300]，汽车

[298] 参见特斯拉中国官方网站。

[299] 王婧：《对特斯拉破坏性创新战略的思考》。《现代营销(下旬刊)》，2020 年第 4 期，第 25—27 页。

[300] 毛青松：《特斯拉汽车品牌崛起的因素、面临的挑战及其启示》。《全国流通经济》，2021 年第 2 期，第 3—7 页。

的购买行为不再在 4S 店中进行，而是在特斯拉官网上进行，线下门店更多充当产品体验店的角色。特斯拉公司通过构建以用户为中心的智能售后服务体系（如图 7-16 所示），为用户提供汽车全生命周期的售后服务，进一步完善与延长用户体验。在工业时代，传统车企在完成销售后，用户和企业的关系就基本结束；而在互联网时代，企业与用户有更多的连接，特斯拉公司通过自研芯片+算法+车载操作系统构建出行生态闭环，在售出汽车之后，还能够与终端消费者保持直接联系，这意味着更多的商业机会及用户黏性，使未来收入模式从车辆一次性销售升级到为用户提供汽车全生命周期服务。

图 7-16　特斯拉公司的智能售后服务体系（作者自绘）

特斯拉公司的转型升级揭示了设计驱动已成为产业设计化的发展新趋势。在设计驱动转型升级的车企里，特斯拉公司依然是最佳参照。特斯拉公司采用的不是传统的市场驱动或技术驱动的创新方式，而是通过设计驱动为用户创造极致驾驶体验，从而吸引用户与增加用户黏性，提升品牌形象。设计驱动型创新与传统的市场驱动创新和技术驱动创新最大的不同在于，能够获得产品创新需求的主动权。在大数据时代下，工业产品不再是“单一”的孤岛式产物，特斯拉公司创建以用户为中心的大数据应用环境具有诸多益处，依托大数据和信息技术可以拓宽新型产品的创新途径，将大数据技术运用到电动汽车的产品优化和创新中，提供更良好的用户体验。特斯拉公司以极致的用户体验为中心，通过“产品+服务”系统创新模式，实现硬件和软件无缝对接，创造超越用户预期的极致驾驶体验，成为整个汽车行业的创新颠覆者。

特斯拉公司作为当今产业设计化转型的一个成功范例，从简单的提供产品到形成“产品+服务”创新模式，用户使用的不再只是汽车，而是汽车所带来的出行服务；从用户购买渠道到售后升级维护等服务都涵盖到自身业务范围内，形成完整的汽车出售服务体系，从而获得更多汽车出售之外的附加价值和商业收益。在工业 4.0 时代，特斯拉公司的案例表明，设计驱动制造业向数字化、智能化转型已成为大势，传统产业面对的不再是有形的商品市场，而是开发出更全面、更个性化的“产品+服务”系统的创新模式，在满足用户高层次产品需求的同时，服务能力的提升将成为制造业实现转型升级和重塑产业价值链的新动能。

在产业设计化赛道上，既有传统电子制造企业 vivo 公司以设计创新实现转型的积极尝试，也有小米公司所展现的以设计驱动构建协同创新生态，更有特斯拉公司的以设计驱动“产品+服务”的颠覆式创新。通过以上产业设计化的成功案例可以发现，无论是传统制造业的设计转型，还是设计驱动型产业直接以工业设计作为品牌战略决策，体现的都是一种设计思维的转变，对设计价值的认知逐渐深入，将设计思维渗透到企业未来发展战略的制定中，从而形成根植于设计思维转变的设计驱动型品牌，以顶层设计思维驱动企业将设计创新融入所有商业活动，从而实现真正的产业设计化。

思考题

1. 当前工业设计公司数量巨大，同质化问题导致竞争激烈，工业设计公司应如何根据时代发展与自身特点，建立可持续的设计产业化发展路径？

2. 随着产业走上设计化之路，制造业企业设计需求自给自足，对工业设计产业的未来发展会产生哪些影响？应如何应对？

3. 在产业设计化过程中，对传统产业来说，工业设计的价值容易被低估，出现这种情况的原因是什么？

4. 目前设计驱动型产业已成为一种新趋势，设计驱动与技术驱动、市场驱动的最大区别是什么？三者又有哪些关联点？

5. 在当前经济转型时期，工业设计产业应如何与国家发展规划等相关政策进行结合，从而获得更好的发展环境？

推荐阅读书目

1. 梁昊光：《设计服务业——新兴市场与产业升级》。北京：社会科学文献出版社，2013 版。

2. 王娟娟：《设计熔铸价值：中国工业设计产业研究》。武汉：武汉大学出版社，2013 版。

3. 李昂：《设计驱动经济变革——中国工业设计产业的崛起与挑战》。北京：机械工业出版社，2014 年版。

4. 柴春雷，惠清曦，叶圆怡：《中国好设计 商业模式创新设计案例研究》。北京：中国科学技术出版社，2016 年版。

5. 张立：《中国转型期设计创意产业与经济发展的互动研究》。合肥：中国科学技术大学出版社，2017 年版。

第8章 工业设计关系论

工业设计作为一个以整合创新为内核的学科，横向性是工业设计活动的基本特性。工业设计活动往往要考虑与设计诉求相关的科技水平、人文关系、经济条件等因素，这些因素最终决定设计结果的好坏。实践得出的结论是，工业设计活动是在科技、文化与经济等因素结合下进行的创造行为，科技、文化和经济是与工业设计产生外延关系的主要领域。与以往工业设计以产品为核心的外延关系相比，系统设计、服务设计和体验设计的加入使工业设计的外延关系以几何倍数扩展，与上述三者的关系也更加紧密和复杂。本章主要讨论工业设计的外延关系，从宏观角度分析工业设计与科技、文化、经济之间的相互作用，以便于更好地认识设计创新活动，指导设计实践。

8.1 工业设计与科技

科技创新是原始创新手段，工业设计是整合创新的手段。科技是工业设计活动的资源要素，是刺激工业设计发展的重要条件。科技创新为工业设计的发展带来新的技术、新的形式与新的工具，是工业设计进化和迭代的重要推手之一。同时，工业设计也是新兴科技的应用转化器，工业设计为新技术的应用寻找合适的使用场景，赋予理性的科技以温情和美感。工业设计的发展离不开科学技术的刺激，科学技术应用于实践也离不开工业设计的转化，两者互相依存、相互促进，随着时代的进步，二者的耦合发展显示出强大的生命力。

8.1.1 科技是工业设计进化与迭代的推手

回顾历史，设计的发展与迭代都与科学技术密切相关：第一次工业革命，蒸汽机的发明使得产品生产效率极大提升，为设计的职业化提供了良好的发展环境；第二次工业革命，电气化技术的爆发又为设计开辟了新的实践领域，大量的家用电器被设计制造出来，其中不乏经典之作；第三次工业革命，电子信息技术的发展使得设计从现实领域拓展到虚拟领域，人机交互的设计得到了发展。如今，科技仍然是人类奔向美好生活的最强劲推力，它以众多的创新成果构筑起设计发展的基石，为设计提供新的材料、工艺和工具，而设计又最终携带着科技回归到人类的生活实践中。

计算机技术是工业设计创新发展的加速器。科技发展带来的信息技术革新为工业设计提供了全新的设计工具，引发了设计模式及设计生产划时代的变革。例如，从属于计算机科学领域的人工智能学科，通过机器模拟人类的学习和思维活动，使机器能够像人一样实现从识别到决策的整个过程，延伸或取代人的部分脑力活动。该技术自 20 世纪 50 年代面世以来，经过多年的理论研究与实践积累，最终形成了物联网、云计算、大数据等技术，几乎融入所有学科，为各类学科的创新发展提供新路径。而当其应用于工业设计时，则形成了“智能设计”（如图 8-1 所示）。在具体设计中，它能将设计人员的经验和知识进行集成，进而建立一个专业知识库，并按照设计需求进行数据调用与信息协调等以完成设计任务[301]。这个过程的本质是一个信息导入、思维分析、结果推演、方案评价的过程。在开展具体的设计实践前，专业知识库中的信息可以是“不完整的”或者“模糊的”，人工智能可以通过多次的知识学习和数据推理，不断修正结果，给出符合设计要求的设计方案。人工智能以其高理性、高效率的特点，在工业设计中展现出良好的应用前景。对于消费者，人工智能可以捕捉到设计师因感性等不可抗因素而疏漏的设计需求；对于设计师，人工智能可以利用高效率的特点进行设计创意的转化。例如，阿里巴巴集团推出的鹿班智能设计平台，能通过人工智能技术的算法训练，自动匹配用户的设计需求，实现设计方案的直接产出，以高效率、高产出著称，仅在 2017 年“双十一”期间就做出 4 亿份设计方案，取得了巨大的经济效益。人工智能技术为工业设计提供了新的设计手段，鹿班这类基于人工智能相关技术的智能设计平台使得设计师能够从繁杂的数据处理与技术分析工作中抽身而出，转而关注技术之上的设计伦理等问题，促使设计师从技术型职业向创新型职业转变。

加工技术的创新使工业设计的表现手段多样化。在工业设计实践产出的过程中，量产前往往需要制作产品原型用于展示或验证，然后才到工厂里进行加工与批量生产。在早期的工业设计中，设计师主要使用手工塑造模型，对设计师的手工能力要求较高，产品表现也会存在较大偏差。随着加工技术的发展，工业设计的表现手段愈发多样且更加便捷。在现代加工技术中，增材制造以其便捷性、高效性、高还原性等特征得到设计师群体的青睐。在传统机械制造过程中，通常是在原材料的基础上借助工装模具使用切削、打磨、腐蚀、熔融等加工方式去除多余的部分以得到所需的部件，并采用部件的组装、焊接、黏合、拼凑等方法得到最终的产品，是典型的“去除型”加工工艺，以 CNC 加工为代表；而增材制造技术无须毛坯和工装模具，能通过计算机构建的数据模型对原材

[301] 陆继翔，余隋怀，陆长德：《面向工业设计的智能设计体系》。《机械设计》，2020 年第 4 期，第 140—144 页。

料进行堆叠，直接生成零件或产品，是一种“增加型”的加工工艺，以 3D 打印为代表。在计算机技术发展的背景下，三维数字模型成为设计表现的主流，设计师可以通过模型软件快速建立造型优美、形态复杂的产品模型以展现设计创意。但在很长一段时间里，三维数字模型由于无法直接应用于实际生产制造而仅仅被视为设计过程中的一个初步环节，用来展示创意。当这个创意被认定有生产价值时，则需要依据加工工艺限制对其进行多轮修改，设计也由此变得妥协。因此，大量的优秀设计方案只能停留在概念阶段。但增材制造技术的出现，为设计打破了三道束缚：首先是生产束缚，增材制造技术打破了虚拟与现实的界限，使得设计师构建的三维数字模型能够通过 3D 打印机较完整地呈现出来；其次是造型束缚，由于增材制造技术叠加材料的技术特性，在其加工过程中只需打印不同切层并逐层累加即可，不存在造型限制，任何复杂的实体模型都能被加工出来，因此设计师可以大胆地发挥想象力；最后是人工束缚，由于增材制造技术全程依靠 3D 打印机实施，经由不同操作者制造出的物品不存在加工上的差别，保证了生产的一致性，打破了以往的人工束缚。这为工业设计的全面普及提供了良好的条件，任何人都能通过增材制造技术获得高质量的模型。

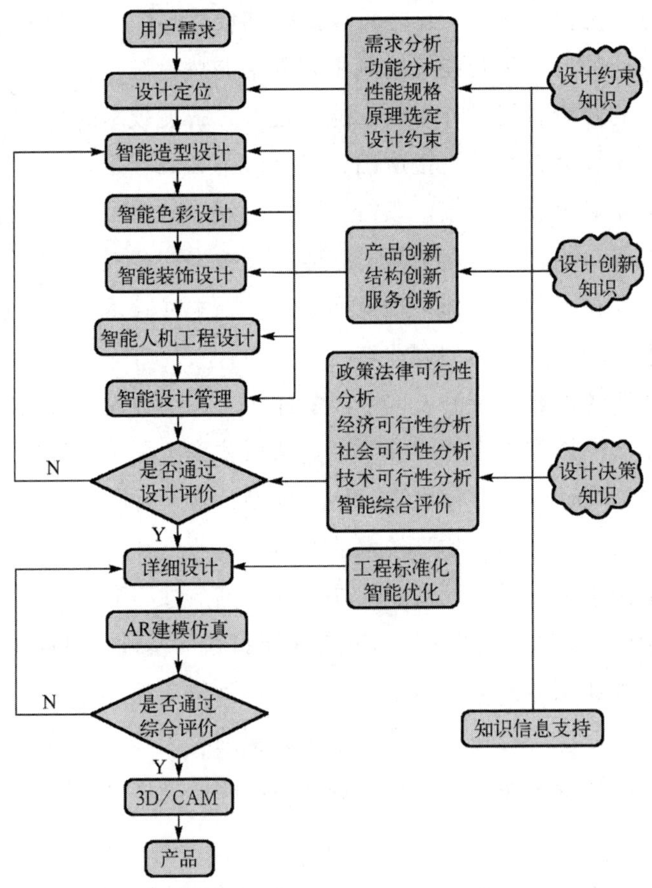

图 8-1　智能化工业设计体系[301]

新材料的研发开辟了工业设计表现形式的新道路。一种新材料的诞生往往会给设计造成重大影响，而作为 21 世纪的新材料之王，碳纤维材料为设计发展提供了十分广阔的空间。碳纤维是一种由碳元素组成的特种纤维，诞生于 19 世纪的美国，最早应用于白炽灯的灯丝[302]。随后经过长达百年的科技发展，制备工艺趋于完善，现在的碳纤维具备耐高温、耐腐蚀、耐摩擦等特性，且由于其石墨微晶结构沿纤维轴择优取向，因此沿纤维轴方向具有极高的强度和模量，其抗拉强度比钢材大 4～5 倍，比强度为钢材的 10 倍，而高模碳纤维的抗拉强度甚至比钢材大 68 倍左右[303]。基于碳纤维的优良特性，工业设计中的一些材料择向和结构问题得到解决(如图 8-2 所示)。首先是航天航空设计领域，相比于以往所采用的金属材料，碳纤维不仅可以强化机体的机身强度，同时还能减轻机体重量，节省燃料。其次，碳纤维的应用也突破了汽车设计中的一部分技术瓶颈。在电动汽车的设计中，由于驱动电池组的应用，汽车的重量比同类型的燃油汽车更重，因而其加速性能受到了极大的限制。而碳纤维材料的引入，很大程度上弥补了电池带来的重量弊端。例如，宝马公司推出的 i3 系列纯电动汽车，设计师借用碳纤维材料制造车身，在保证强度和安全性的前提下使该车的百公里加速时间控制在 7 秒之内，成为电动汽车发展史上的里程碑。由此可以看出，新材料的出现为工业设计提供了新的表现形式，而这种表现形式不仅在造型上得到改良，还在功能上得到优化。

图 8-2 碳纤维材料的应用[304]

8.1.2 工业设计是科技社会化与人性化的载体

在科技推动设计发展的同时，设计也在助力科学技术的社会化和人性化。科学技术作为一种人类智慧结晶，并不会直接作用于社会，而是需要通过某个媒介及一定的方式。

[302] 周宏：《美国高性能碳纤维技术发展史研究》。《合成纤维》，2017 年第 2 期，第 16—21 页。

[303] 张新元，何碧霞，李建利，张元：《高性能碳纤维的性能及其应用》。《棉纺织技术》，2011 年第 4 期，第 65—68 页。

[304] 付俊松：《碳纤维表面改性增强环氧树脂复合材料的制备与性能研究》。《长春工业大学》，2019 年。

而在这一过程中，工业设计很大程度上就充当了这个媒介，通过科技社会化和人性化的方式将科学技术作用于现实生活。如前所述，科技创新是设计进化与迭代的重要推手，但设计创新并非单纯的科技创新的被动承接者，也是科技创新成果推向市场、完成科技社会化和人性化不可或缺的关键环节。技术社会化是“在社会的整合与调适下，使技术成为社会相容技术的过程”[305]，即通过一定方式将技术知识应用于人们的社会生活，使其获得社会认同，进而实现技术与社会的相互适应。同样，科学社会化亦如此。总的来说，设计可以对技术进行有效整合，使技术获得并完善其社会属性，并赋予技术以社会形象，增强了社会公众对技术的了解、认知和体验[306]。从这个角度看，设计为科学技术找到新的应用场景和出口，使其由潜在生产力转化为现实生产力。在人工智能时代，设计师与计算机之间可以构建一个创新系统来实现发展共生。在这个过程中，设计师更像一位老师，为计算机提供以往案例的经验与指导，计算机通过对数以百万计需求的统计，利用人工智能、大数据分析与可能出现的新科技来提供对每个用户最适合、最科学、最个性化的解决方案[307]。

工业设计通过将科技应用于生活和将科技商品化，从而使科技社会化。当下，设计与科技的互动共生已经成为在互联网产业立足的一项必备谋生技能。例如，由百度智能云联手国家电力投资集团打造的《“智慧能源+智慧城市”系统设计打造肇庆新区绿色发展新引擎》的产业设计方案荣获了广东省第十届“省长杯”工业设计大赛钻石奖。该设计方案以肇庆城市能源网作为切入点，联合交通网、车联网及百度智慧城市大脑理念，把城市各场景中能源链、物联链、信息链的数据充分网联、深度融合并形成智慧决策，从而构建立体智能城市生态体系。

物质形态的科学技术只有在被社会接纳、消费的情况下，才能转化为巨大的社会财富。工业设计能以设计创新思维对当前社会中的科学技术进行整合，并通过相应的产品、系统、服务或体验表达出来。在这一过程中，设计先完成了科学技术的具象化，将“科技可能”转变为“科技现实”，使得社会大众能够感知科技的存在，再以社会大众易于接受的形式完成设计的优化，使具象化的科技成果以商品的形式进入人们的视野，使之被社会认可，完成了科技的商品化。在此过程中，科学技术正是通过设计向社会广大消费者进行自我表达的[308]。以电磁波技术为例，1887 年鲁道夫·赫兹运用实验证明了电

[305] 陈凡：《技术社会化引论——一种对技术的社会学研究》。北京：中国人民大学出版社，1995 年版，第 5 页。

[306] 张晓刚，马红：《自主创新语境中的艺术设计——兼议艺术设计的技术社会化功能》。《装饰》，2006 年第 11 期，第 24—25 页。

[307] 杨绍禹，卓凡：《数物共生：人工智能在艺术设计中的研究》。《设计》，2020 年第 19 期，第 98—100 页。

[308] 尹定邦：《设计学概论》。长沙：湖南科学技术出版社，2001 年版，第 57 页。

磁波理论的存在，轰动了科学界。但这一伟大的科技成就在当时并不能应用于人们的生活实践，甚至连赫兹本人也在发表文章的结语处写道“我不认为我发现的无线电磁波能有任何实际用途”。此后马可尼运用赫兹的技术理论发明了第一台电报装置，成功将电磁波理论用在人们的生活中，并由此开辟了电磁波理论的应用之路(如图 8-3 所示)。经过长达百年的实践探索，电磁波理论得到广泛的应用，设计师基于电磁波理论并引入其他学科的技术成果进行整合，设计出了手机、电视、GPS、雷达等诸多极为重要的设计产品，融入人们社会生活的各方各面，并展现出巨大的商业价值。倘若马可尼没有设计出电报，电磁波技术永远无法进入人们的社会生活，其价值也难以得到体现。正是因为有了设计这一媒介，科技才能被人们感知并得以商品化。

图 8-3　火花发报机[309]

工业设计实现科技人性化的方式在于树立“技术社会形象”。技术社会形象是指“技术在社会中的地位、作用以及社会对技术的期待、要求，使人们产生了一种社会认知”[305]，即科技需要通过某种途径在人们的观念中树立一定的形象，使人们能够正确理解和接受科技，而这种途径就是设计行为。我们梳理历史的发展脉络就会发现，新技术的诞生大都会伴随着排斥的声音，其随着技术的设计应用而逐步消失。即使是作为技术发明者的爱迪生，也曾因为个人利益而反对当时新兴的交流电技术，用高压交流电处死一头“犯罪”的大象，向人们展示交流电的危害以唱衰新技术的诞生。但后来诞生了诸多设计品，展示了交流电优于直流电的实用价值，人们才逐步放下对交流电的戒备。设计将抽象的、难以感知的技术通过有形的产品展现在人们面前，并应用于人们的社会生活，增强了社会公众对技术的认知。人们在消费设计产品时，就代表着对产品背后科学技术的认可，这自然打破了人们对科技的距离感和隔阂感。经由工业设计树立的技术

[309] 陈平：《追寻业余无线电足迹》。《中国无线电》，2019 年第 8 期，第 56—59 页。

形象，还会通过具象化的产品潜移默化地影响消费者的行为和习惯[306]。例如，基于微电子技术而发明的晶体管应用于设计时，电子产品的小型化成为可能。大量小型化的电子产品应用于人们的日常生活，使人们感知到电子微型化的实用性，进而开始将微型化、简洁化作为电子产品的重要指标。人们在越发频繁的消费过程中逐渐意识到科技对社会的重要价值，并最终将之提升为“科学技术是第一生产力”的技术价值观。

8.1.3 科技创新与设计创新的关联

创新是一个国家、一个民族发展的精神力量，创新意识很大程度上影响着国民经济的发展，影响着国家竞争力。创新作为动词是指创立或者创造，而作为名词是指首先。科技创新是原创性科学研究的创新及技术的创新的总称。科学即公式化的知识，是以语言的方式对客观现象进行的描述；技术则是制造某种产品的系统知识。原创性科学研究的创新如牛顿提出的万有引力定律、爱因斯坦提出的相对论，这种科学研究的创新是比较罕见的，一经提出，就是人类认识世界旅途中的一大跨越。技术的创新更像是提出一种新的产品制造方法，例如，3D 打印技术使产品造型的表达更加快速、立体与生动。奥地利经济学家熊彼特于 1912 年在《经济发展理论》一书中提出创新的五种情况：产品创新、技术创新、市场创新、资源配置创新和组织创新。其中，技术创新发展出了“技术创新理论”。之后，学界根据此理论又发展出了四种学派：古典学派、新熊彼得学派、制度创新学派和国家创新系统学派[310]。熊彼得提出的以“创新”为基础的技术创新理论，试图从技术的角度揭示社会经济发展的规律，解释技术作为社会推动力的运作机制。根据熊彼得的技术创新理论，在智能化、数字化、网络化的时代，创新的驱动力趋向“微笑曲线”的后端。

为应对关键核心技术“卡脖子”的难题，我国科学技术研发更加注重高精尖领域。《中国制造 2025》指出，全球制造业格局面临重大调整，各国都在加大科技创新力度，推动在 3D 打印、移动互联网、云计算等领域取得新突破。以计算机技术为基础的新兴与新型技术发展如火如荼，3D 打印技术在西方国家已经作为一种非常普遍的创意快速实现手段，消费级 3D 打印机受到欢迎，3D 打印技术的应用领域也在不断扩大。又如，被称为“人类最精密复杂的机器”的光刻机(如图 8-4 所示)，是芯片制造的重要设备之一，而我国的光刻机制造技术已经落后西方国家 10～25 年。因此，我国手机制造业发展深受西方芯片制造工艺钳制。党的十九届五中全会提出，到 2035 年，我国关键核心技术要实现重大突破，我国进入创新型国家前列。由此可见技术的突破之于建成创新型国家的重要意义。

[310] 季良玉：《技术创新影响中国制造业转型升级的路径研究》。《东南大学博士学位论文》，2016 年。

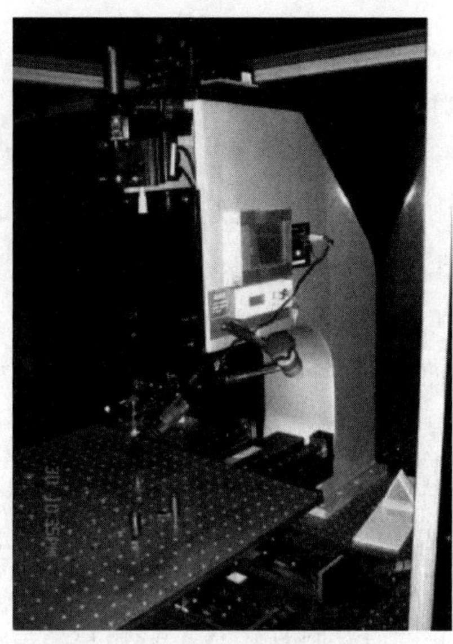

图 8-4 光刻机[311]

工业设计不是技术的发明者，而是技术的整合者，这种整合的过程促使设计创意和设计价值产生。工业设计对技术的整合作用在于链接技术与生活，以适当且先进的技术满足人们需求，实现人们对美好生活的需要。工业设计在具体实施过程中需要以现有的科技成果为基础进行展开，能在观念上超脱当前的技术水平提出概念性的设计方案，即创意的创新。因为设计不仅注重技术整合的行为过程，还关注观念的探索。概念设计能依托当前的技术水平和人们的生活习惯，对未来的科技发展和人们的生活方式进行合理的预测，提出一定的技术可能性并应用于设计构想。这种探索形式能帮助设计师排除现有科技水平和市场等方面的实际条件限制，提出富有创新性的设计[312]。在“概念设计”这种创意的创新后，技术的创新被提上日程，在设计层面对未来科技的想象也能成为促进科技研发的重要力量。谢友柏院士在《设计科学与设计竞争力》一书中提出，“创新有设计和实施两个部分，设计是为创新规划实施结果的面貌和路径”[313]。与此相对应，设计的创新也就是创意的创新，实施的创新也就是技术的创新。设计对未来科技的应用提供可能性而产生概念性构想，并反过来影响科技的发展，促使科技达到设计概念的实施要求。例如，汽车的设计与制造，设计师需要对未来人们的消费需求和科技发展程度提出合理的构想，勾勒出未来几代产品的大致性能及外观造型。其中涉及的技术可能是当时情况下不成熟或不存在的，但能更好地匹配消费者的未来需求。汽车生产企业将设计师构想的概念样车及其包含的未来生活方式向公众展示，在获得公众的认可后便可引

[311] Bigham S, Fazeli A, Moghaddam S : Physics of Microstructures Enhancement of Thin Film Evaporation Heat Transfer in Microchannels Flow Boiling. Scientific Reports, 2017(7):44745.

[312] 张乃仁：《设计词典》。北京：北京理工大学出版社，2002 年版，第 28 页。

[313] 谢友柏：《设计科学与设计竞争力》。北京：科学出版社，2018 年版，第 49 页。

入资金进行技术攻关，使新一代的汽车能满足批量化生产的需求。在这一过程中，设计是先行于技术研发的，设计师提出概念性的设计，为技术研发提出目标性的结果，进而引导科技朝着既定的目标前进。

在以往的社会生产过程中，传统手工艺人往往同时担任设计与制造工作，甚至有时还兼具销售员的角色。而到了工业革命时期，社会劳动分工迅速细化，导致工业设计从制造业中分离出来。传统手工艺制作依靠经验和直觉进行，艺术创作依赖于想象力，而设计正是因其具备科技成分而与前者区分开来[314]。因此，从一开始，科技与工业设计就密不可分。人类的科技发展到现在，产生了众多的科技成果，它们共同构成设计实施的基础，而且随着科学技术的不断创新，源源不断的动力注入设计，使得设计的发展存在着无限的可能。设计不能脱离科技基础而存在，而每个时代都有新的科学思想和技术诞生，人们通过设计不断地将科技应用到我们的现实生活中，因此，每个时代的设计都反映出不同的时代特征。与此同时，科技作为人类智慧的思想结晶，最终需要具象为人们可感知的形式并应用于社会生活，使人们了解、认知和体验，而设计作为这一具象过程中的必要媒介，有着十分重要的作用。

8.2 工业设计与文化

在人类生存与发展的历史长河里，人类活动创造了文化，文化是人类物质生活和精神文明的客观反映。文化的出现标志着动物的“人”转变成社会的人、思想的人、创造的人[315]。设计，是人类能动地改善生活、改造自然的创造性活动，生活即设计。设计即生活，设计活动造就人类文化。人类文化的不断进步也对设计水准提出进步要求，文化成为设计进一步发展的基础。设计与文化彼此促进，相互成就。

8.2.1 设计是一切文化创造活动的本源

从历史发展角度看，设计是人类包含艺术活动在内的一切文化创造活动的本源。宗白华指出，始于陶器及陶制模型和殷甲骨的“雕镂技术”，在后来的“画”上发展为勾勒法、各种皴法，乃至“推”出光辉灿烂的中国山水画中的“三远法”，并得出“雕饰是中国工艺美术及一切艺术的基础动作”的结论[316]。不仅设计孕育着绘画、雕刻等艺术的创作能力，而且中国文化里的礼乐使生活上最实用的、最物质的衣食住行及日用品，

[314] 许喜华，唐松柏：《工业设计导论》。北京：化学工业出版社，2013 年版，第 23 页。
[315] 李砚祖：《艺术设计概论》。武汉：湖北美术出版社，2009 年版，第 112 页。
[316] 宗白华：《宗白华全集(第三卷)》。合肥：安徽教育出版社，1994 年版，第 515 页。

升华进端庄流丽的艺术领域：从最低层的物质器皿，穿过礼乐生活，直达天地境界，是一片浑然无间、灵肉不二的大和谐、大节奏[317]。设计本身贯穿着民族文化哲学，是民族文化精神的荷载者。人类进入后工业社会，器物文化在某种程度上就是设计文化，消费者使用的是有形物质产品，同时其隐含的意象意义如审美情趣和文化象征意义如思想意识和观念形态等，也在悄无声息、潜移默化地对消费者产生着深远的影响[318]。设计创造物的过程也是塑造文化的过程。

由中国工程院院士路甬祥领衔的创新设计发展战略研究项目组对在不同社会经济技术条件下的设计形态进行了考察分析。他们认为，设计作为人类有目的创新实践活动的设想、计划和策划，是推动人类文明进步的重要因素，其在不同时代经历了不同的形态演变，呈现出不断进化的时代性特征：农耕时代的传统设计表征为“设计 1.0”，工业时代的现代设计表征为“设计 2.0”，全球知识网络时代的创新设计表征为“设计 3.0”。与之相应，诞生于工业时代的“工业设计 1.0”也将进化为全球知识网络时代的“工业设计 2.0”。它们将伴随着全球网络、科学技术、经济社会、文化艺术、生态环境等信息知识大数据创新发展，设计价值理念、方法技术、创新设计人才团队和合作方式也将持续进化发展[319]。

虽然学界对“设计形态的历史演进阶段划分”及“创新设计就是工业设计 2.0”等论述尚存疑义，但对设计形态随着社会技术经济文化条件变化而不断进化早已达成共识。工业设计已从最初的产品创新发展到产业链系统创新，再发展到价值链创新的动态演进过程，体现了当代设计对科技、社会、商业、人文、伦理、生态的价值链重塑和文化整合功能。正如第 2 章所述：工业设计的文化属性并不脱离于人本、技术、艺术和商业而单独存在，工业设计的人本、技术、艺术和商业等面相本来就属于工业设计文化的某一层面，如工业设计的人本文化、技术文化、艺术文化、商业文化之显现。而工业设计作为文化的独特之处在于它是由上述不同文化层面相融相合相通塑造出的人类创造活动复合体，前述的每种面相在工业设计实践中交融在一起，你中有我，我中有你，难分彼此。

就当下的数据智能时代而言，新设计形态层出不穷，令人目不暇接。设计对象从有形的产品、复杂的系统到无形的服务和体验，设计疆域在不断扩大，类型越来越趋向多样化：除传统的视觉设计、产品设计、服装设计、环境设计、数字媒体设计外，面向新兴领域的信息与交互设计、体验与服务设计、人工智能设计等接连出现。设计理念也在

[317] 宗白华：《宗白华全集(第二卷)》。合肥：安徽教育出版社，1994 年版，第 411 页。

[318] 张晓刚：《中华文化海外传播的现实瓶颈及应对策略——基于器物文化传播视角》。《深圳大学学报》(人文社会科学版)，2017 年第 2 期，第 59 页。

[319] 创新设计发展战略研究项目组：《创新设计战略研究综合报告》。北京：中国科学技术出版社，2016 年版，第 7 页。

与时俱进，从绿色设计、可持续设计到生态设计、社会创新设计等，设计面向地球共同体和人类命运共同体所承担的责任与义务越来越明晰全面地展现出来。与此同时，面向国家发展战略的创新设计领域也被屡屡提及，如服务于制造业转型升级与提质增效的产业设计、推进文化产业发展和文化事业繁荣的文创设计、聚焦城市环境改善的微更新设计及致力于乡村全面复兴的乡村振兴设计等。可以说，当代设计实践从设计参与、设计介入到对生活世界无所不在的渗透性弥散，日益突显了工业设计作为文化创造活动本源的重要性。

8.2.2 文化塑造设计的时代性与民族性

设计是文化的表现，文化的变迁对工业设计的演化过程有着重要的意义。随着时空的推移，设计所表现出来的形式与内涵不断变化，从农耕时代的设计到工业时代的设计，再到互联网时代的设计逐步演化，其与一个时代的文化密切相关。与此同时，在当下各国的设计文化差异中，能够感受到因文化而产生的民族特性。

农耕时代，设计主要围绕农业服务和农民自身娱乐展开，主要集中于日用器具与礼仪重器。古人注重人与自然二者的结合，以“天人合一”的哲学思想作为造物的立足点和指向，即“天地与我共生，万物与我同一”的境界，日用器具是当时人们最常用的器物，其目的是生活。器物为人所用，取之于自然，因材施工，物尽其用。例如，陶器的出现表明人们对黏土这一自然材质有了新的认识，对火有了人为的控制，其中陶器的器形创造反映了人们当时的生活环境和生活方式。而礼器是当时社会等级秩序、地位阶层和礼仪规范的划分标记，具有政治和文化方面的丰富含义。在祭祀活动中，礼器的制作庞大厚重，这是将权力进行传达的表现，例如，青铜器时代的礼器制造，突破了为人所制定的设计尺度，刻意去超越和突破天然的尺度，渲染庄严的气氛，产生特殊的心理效果。在此，设计的尺度不再以使用性作为考量的基点，更多的是权力阶层的象征[320]。

工业时代，蒸汽机的使用、电力的发明和广泛应用，展现出特定时代的工业产品审美文化。机械生产开始代替手工业生产，经济社会从以农业、手工业为基础转型到以工业、机械制造为基础带动经济发展，开创了产品批量生产的高效新模式。生产的商品化、生活方式、生产器具、环境因素的不断改变，人们生活水平的不断改善，标志着社会文明的发展，影响着现代工业设计。工业时代的大机器生产，流水线式的产品使设计中的“个性”因素消逝，符合大众审美需求与功能需求的产品不断增加。工业化以前，设计更多是手工艺设计，以“手作”为特征，体现了手工艺品的精良，这种精良很大程度上是上层阶级享受的，因此要体现上层阶级的审美。而在工业化以后，设计以批量化生产

[320] 郭雨：《从农耕时代到信息时代的设计尺度与量化的发展问题》。《艺术与设计（理论）》，2017 年第 12 期，第 27 页。

为特征，工业产品的审美自然也就演变为大众的审美趣味。

后工业和互联网时代，也是工业 3.0 电子信息化和工业 4.0 实体物理世界与虚拟网络世界融合的时代，无处不在的计算机、物联网、传感器等技术的发展，使社会许多领域发生了深刻变化，新的社交文化、新的工作方式等应运而生。工业设计在新文化环境下也延伸出不同分支的设计，设计的范围逐步扩展，从产品设计到生态设计、服务设计、体验设计、交互设计、商业设计等，设计对象从“产品”转变为“产品、服务和系统”。如今消费者所表现出的自我意识、风格特色都体现在设计上，使产品和服务越来越丰富。例如，非物质主义设计，以“提供服务和非物质产品”的信息社会作为前提，未来设计的总体趋势将从产品的设计变成服务的设计，从物的设计变成非物的设计，产品从占有变成共享。人类的生活和消费方式重新设计，以文化为支撑，突破旧有的传统设计，减少资源的浪费，通过对感官和无形文化的价值进行整合，为消费者带来新的享受，达到可持续发展的目的。

现今，西方各国的设计氛围与风貌也因其文化的不同而各具特色。地处北欧的挪威、瑞典、芬兰、丹麦、冰岛，因其文化的特殊性而使得设计呈现出地域特征与人文特色。他们的设计崇尚简单与实用，在功能与形式之间寻找平衡，造型简洁、大方，没有烦琐的装饰。这是在特定文化背景下，尊重功能主义和文化传统，对外形和装饰采取克制态度，从而形成的一种富于人情味的设计风貌。他们立足于本地区、本民族的文化，传统观念和生活方式，传统手工艺和传统材料，带有民族的文化底蕴，是设计理念稳定成熟的标志。北欧的民主社会思想，是造就他们设计特点的共同基础。而在德国，设计呈现出理性、高品质、可靠的特征。第二次世界大战后的十余年间，是德国现代设计的恢复阶段，主要表现在乌尔姆设计学院的建立及它与布劳恩公司的成功合作上。乌尔姆设计学院把包豪斯的设计思想推向新的高度，并大力推行系统化设计思想。到了二十世纪六七十年代，德国的现代设计在世界市场上占据重要位置。美国工业设计则体现出与商业文化紧密结合的性质。第一次世界大战的战火没有烧到美国本土，反而在军工用品上促进了美国工业设计的发展。第二次世界大战结束时，美国已经成为世界首屈一指的经济大国，具有强大的生产力和庞大的国内市场。在这样的背景下，公众对现代设计的兴趣持续升高，工业设计很大程度上为了满足人们的物质消费欲望而体现出商业性质。在日本，设计体现出一种“无名性”的特色。日本设计经历了二十世纪五六十年代“劣质货的大生产者”的坏名声到 70 年代后让欧美同行刮目相看的过程，一跃成为国际设计界的后起之秀。这与日本的风俗习惯、社会特征等密切相关。设计在日本更加体现出一种民众的、简约的、轻便的意味。虽然新一代设计师，特别是留学欧美归来的年轻设计师，开始有更多的自由创造追求，但他们仍然要服从于公司的“无名性”，才被认为是“正统的”。

8.2.3 工业设计驱动文化创新发展

就工业设计带有的文化属性来说，工业设计本质上是一种文化整合，其表现为两个维度。第一个维度是某一文化共同体内部的设计文化整合，即将社会的、伦理的、审美的和生态的要素纳入产品与服务的开发，为生产提供符合目标的依据。这里需要考虑三方面属性的综合：其一是产品与服务自身属性的综合，其二是消费者属性的综合，其三是与产品及服务特定环境中发挥作用的条件相关属性的综合。这需要我们对设计的文化整合原理和方法进行深入探讨。

第二个维度是不同文化共同体相互间的交流交锋交融所形成的设计文化整合。设计文化是有民族性和国别性的，前述设计学的中国学派之构建本就体现出新时代中国设计学人的文化自信。设计文化作为当代中国文化的有机组成部分，理应成为中国文化走出去战略的一分子，以提升中国设计的国际影响力和话语权。我国的现代化历程主要是基于西方现代工业文明的整体输入而展开的，其中西方现代设计作为西方文化观念载体对我国设计界影响尤深。但中国同样有着历史悠久的造物文化和一以贯之的设计智慧，以及 1978 年以来创造积累的当代设计文化。如何在全球化的语境下将传统设计文化创造性转化、创新性发展，并与当代设计文化有机结合，在一带一路战略及构建人类命运共同体的历史进程中发挥更大的作用，从而实现设计文化的反向输出，彰显国家设计软实力，是文化强国战略提出的必然要求，也是每位设计学者必须思考的问题。

工业设计作为一种文化整合，也是文脉传承的载体与介质。设计是一个试图满足人们物质需求、精神需求、个性需求的过程，在产品文化底蕴下，设计出既能满足美学理念又能符合大众审美的好产品。随着社会发展，文化经历漫长的积淀演化，为世界留下极其丰富的财富，形成民族性、交融性、地域性、多元性的景观[321]。设计是文化传承与传播的桥梁，深挖文化的内涵，通过设计表达文化，将文化精神继续传递出去，让文化焕发新的生命力。例如，1949 年汉斯瓦格纳设计的“古典椅”，“古典椅”是在中国明式圈椅上进行的改造，吸取了明式圆椅的设计精华，借鉴了传统的选材和造型特征，表现出明式家具的朴素中带着精致与高贵，凸显大气沉稳；将圈椅的装饰进行简化，除去独板靠背和素牙等装饰，增加椅子的舒适度，还在座椅上增加了椅垫。设计符合现代社会对美学的追求，形成属于中国风的古典之美。通过“古典椅”可以看到，现代的家具设计是传统家具文化的再现，古为今用，使文化具有可持续发展的强大生命力。现代设计仍然需要不断创新发展，带着与之相适应的文化韵味，只有用设计激活文化才能真正构建起文化创意产业。

[321] 倪镔：《智设计，活文化》。北京：清华大学出版社，2015 年版，第 17—22 页。

工业设计推动我国工业文化新业态发展。2016 年，为推动中国工业文化的发展，工业和信息化部、财政部发布《关于推进工业文化发展的指导意见》，其中指出中国工业文化的发展需要从五个方面着手——发扬中国工业精神、夯实工业文化发展基础、发展工业文化产业、加大工业文化传播推广力度、塑造国家工业新形象。其中一项重要任务是推动工业设计创新发展，并提出工业设计要从产品设计向高端综合设计服务转变。

工业发展初期，工业产品很大程度上成为工业文化的主要载体。工业产品是人类智慧的结晶，也是人类文化的物质呈现，是精神思想的物化结果，是人类社会工业化历史进程的符号与见证[322]。在我国工业发展的起步阶段，一些工业产品已悄然成为我们工业文化的一部分，深刻地唤醒我们的“工业记忆”。例如，结婚三大件，在 20 世纪 70 年代是自行车、手表、缝纫机(如图 8-5 所示)；在 80 年代是电冰箱、电视机、洗衣机；在 90 年代是彩电、空调、摩托车。可见，每个时代都有我国工业文化发展的特定记忆，而这些工业产品则是我们对工业文化的“印记”。站在新时代的前沿，如何对旧有工业产品进行创新设计，创造出既带有“工业印记”，又带有新时代特色的产品，是推动我国工业文化新业态发展的一个具体路径。

图 8-5 20 世纪 70 年代的自行车、手表、缝纫机

步入后工业时代，工业设计不仅围绕产品进行设计，而且涉及系统、服务和体验。因此，工业设计才要“从产品设计向高端综合设计服务转变，以适应经济社会发展的需要”。工业设计不再仅仅围绕产品设计来推动工业文化的发展，而是以服务设计的方式拓展工业文化，工业博物馆服务设计、工业旅游服务设计等都在探索中。2021 年，工业和信息化部、国家发展和改革委员会等八部门印发的《推进工业文化发展实施方案(2021—2025 年)》指出，工业文化在推进制造强国和网络强国建设当中起着支撑作用，但无论是开展工业文化教育实践，提高工业遗产保护利用水平，还是完善工业博物馆体系，工业设计都能以服务设计的方式为其出谋划策，最终推动工业文化的发展。此外，工业的再体验、工匠精神的发扬与传承、工业形象的树立等都是工业设计应当考虑的问题。

[322] 赵拓：《浅析工业设计对工业文化的促进作用》。《科教导刊》，2019 年第 21 期，第 67—77 页。

8.3 工业设计与经济

工业设计活动的目的是创新，创新的目的是创造超额经济价值。创造经济价值是工业设计活动的重要目标之一，同时经济条件也是进行工业设计活动的基础与限制条件之一。工业设计在社会生产中，尤其是制造业生产中的目的是实现利润最大化，从而提高企业的生产回报。企业通过提升工业设计能力，获取各界资源并加以综合利用，其优势之一体现在经济效益上[323]。设计之于消费，是为了刺激人们的消费欲望，以及提升人们对产品的良好体验感。因此，厘清工业设计与经济的关系，可以从工业设计与生产、消费的关系展开，而生产离不开企业，消费离不开人类的需求。

8.3.1 工业设计提升企业竞争力

高水准的工业设计是制造业企业的一种竞争力。一个企业想在市场上占据一定的竞争力，其战略可以是通过降低成本获取竞争力，可以是通过生产高质量的产品获取竞争力，也可以是通过推出差异化的产品获取竞争力，也可以是通过对特定领域开辟市场获取竞争力。在这四种战略中，当同行业都采取措施使成本无法再降低时，第一种战略就不再有意义，而后三种战略则可以不断挖掘与发展。而工业设计的专长就是以设计创新提高产品质量、形成产品差异化、开拓新市场，这就意味着越早掌握设计的企业将越占优势。随着新的科技革命和产业变革的深入发展，企业与企业之间的竞争更多体现在创新、技术和资源的整合上，而工业设计则以产品、系统、服务和体验为载体，发挥其在各方面的整合作用，为企业占领高地提供创造性的活动。

工业设计提高产品质量以提升企业竞争力。德国制造是高质量产品的代表。从螺丝刀到汽车，德国的产品总是给人一种可靠、理性、严谨的感觉，这是因为德国产品的核心竞争优势在于其过硬的产品质量。德国的大众、奔驰、宝马等长久以来排在全球汽车最佳品牌榜的前列。1912 年出版的《德国产品手册》标志开始了德国政府对大众最广泛的设计教育，这本书为德国千家万户提供了一份“大众产品典范”，从而“对整个文化产生重大影响”[324]。直至今日，长久以来的文化积淀也使得德国企业将高质量看成一

[323] 创新设计竞争力研究综合组：《创新设计竞争力战略研究》。《中国工程科学》，2017 第 3 期，第 100—110 页。

[324] 伊娃·玛利亚·森，韦昊昱：《“德国制造”——德意志制造联盟：20 世纪早期的德国工业设计、建筑设计与艺术院校改革》。《装饰》，2019 年第 6 期，第 72—86 页。

种“潜意识”。德国企业相较于其他国家的企业，在产品质量上更胜一筹，这也是德国企业的竞争力重要来源之一。

工业设计从差异化的资源整合中提升企业竞争力。设计竞争是企业创新的设计范式和资源整合模式的能力之间的博弈，占据优势的一方必然是能力强势的，或者至少在某一专项能力上具有绝对优势[325]。深圳市大疆创新科技公司是国内无人机企业的佼佼者，大疆在专利技术上的积累远远超过其他企业，在研发能力上一直处于领先地位。随着市场上的技术创新日益显著，光靠技术起家的大疆也需要学会从各种技术、材料等资源中进行合理整合。大疆由传统的制造业企业转向服务型企业的战略经历了从以研发为核心到以运营为核心的机会识别与资源整合模式的演化过程[326]。在互联网时代，企业想要提升竞争力，缺的并不是资源，而是识别与整合资源。正如已经掌握了大量核心技术的大疆，如今也需要先挖掘用户需求，再进行不同技术的整合以满足需求。大疆向智能机器人、智能驾驶、专业级摄影、恶劣环境等多领域进攻，突破单一领域而向多元化发展，关注市场的发展方向，而且在无人机市场独占鳌头。

工业设计驱动品牌塑造以提升企业竞争力。品牌是企业价值能够延续的重要载体，通过企业品牌的塑造，能够获得消费者或用户对某个品牌的持久信赖。对品牌的绝对信赖更倾向于对品牌的忠诚而非认同。品牌认同和品牌忠诚都是用户对品牌的主观心理与行为的反应，品牌认同在用户体验与品牌忠诚之间发挥着中介作用[327]。在搭建品牌忠诚的路途上，工业设计又发挥何种作用？第 7 章曾提出“设计驱动型品牌”概念。这种以设计为驱动力的品牌类型(如图 8-6 所示)，在搭建品牌忠诚上以商业模式的创新为主。苹果公司成功地将最好的软件与最好的硬件相结合，有着“能打的底子”，而在外观设计方面又是“低调的”，这种商业模式使得苹果公司站在 21 世纪的风口浪尖而屹立不倒。此外，小米是年轻人喜爱的品牌，小米与年轻人的紧密联系从早期 MIUI 系统的百人内测开始，到后来的主打性价比的小米手机，再到如今各式各样的智能产品一直存在。可以说小米的产品受众群体一直是年轻人，而小米品牌也成为年轻人喜爱的品牌，年轻人家里或多或少都会有小米系的产品。这些都基于小米从一开始就精准定位产品的适用人群，以此形成在年轻人这个特定领域的品牌效应。

---

[325] 郝斌，任浩：《设计竞争与设计演进——以汽车产业为例》。《财贸研究》，2008 年第 4 期，第 97—104 页。

[326] 王满四，周翔，张延平：《从产品导向到服务导向：传统制造企业的战略更新——基于大疆创新科技有限公司的案例研究》。《中国软科学》，2018 年第 11 期，第 107—121 页。

[327] 李华敏，李茸：《顾客体验、品牌认同与品牌忠诚的关系研究——以苹果手机的青年顾客体验为例》。《经济与管理》，2013 年第 8 期，第 65—71 页。

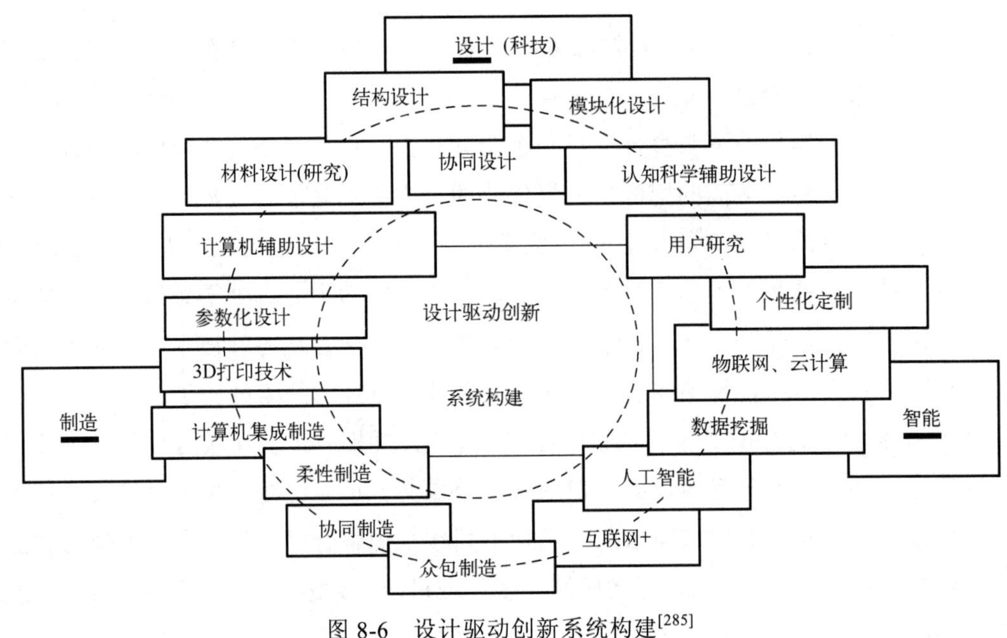

图 8-6 设计驱动创新系统构建[285]

8.3.2 工业设计促进消费升级

消费是经济发展的重要驱动，可以推动需求升级从而带动经济发展。当下，消费结构、消费心理的变化促使消费变革。消费升级是指消费结构的升级，消费的层次有了新的提升，产品和消费者建立了新的关系，一些新的消费行为和消费心理的产生，赋予产品新的附加值。在马斯洛需要层次理论中，“需要”从低到高分为生理需要、安全需要、归属和爱的需要、尊重需要、自我实现的需要。消费是人类的需要被满足的一种体现方式，只有把握了消费者的心理，才能更好地理解消费需求。消费的层次有三个：为了生存而进行的消费；为了追求共性而进行的消费；为了个性化而进行的消费[328]。随着时代的发展，人类不再满足于物质上的消费，转而追求精神层次的消费。人类的需求和体验是十分重要的因素。

设计既是消费市场“现存问题解决方案的提供者”，又是消费市场“潜在问题需求的发现者和消费带动的创造者”。国民整体生活水平的日益提高，意味着这是一个以市场为导向、以消费者为中心的时代。消费升级不断影响着产品、企业、设计、市场，以及人们的生活方式，而工业设计作为一种创新手段，在市场的竞争中具有强有力的作用，既是一种竞争优势，又是企业和消费者的纽带，能够推动消费的再升级。

工业设计围绕新的消费需求，以现代消费者的生活需求、消费结构的转变、消费心理的追求及价值观的变化为出发点，提升产品价值和消费者需求的匹配度。消费时代的

[328] 简召全：《工业设计方法学(第三版)》。北京：北京理工大学出版社，2011 年版，第 81 页。

到来，工业设计的使命不再是解决基本的生活需求，而是如何使产品给人带来新的吸引人的生活体验。例如，“名创优品”店内会摆放大量的试用品，让用户真切地体验产品的功能，而店里的工作人员只有在用户有需要时才会为其提供相应的介绍与建议，避免打扰用户在购物过程中的沉浸感，因而普遍获得了年轻人的好感[329]。又如，近年来一度得到年轻人青睐的 VR 眼镜，给人一种置身其中的体验感(如图 8-7 所示)。从挖掘用户的需求到新产品的推出，再到新体验的推出，设计以创新为核心的理念不断促进人们的消费再升级。

图 8-7　Huawei VR Glass 巨幕投屏

工业设计的可定制化发展满足了人们对产品的个性化需求。在定制化服务方面，工业和信息化部、国家发展和改革委员会等十五个部委联合印发的《关于进一步促进服务型制造发展的指导意见》中提出，综合利用 5G、物联网、大数据、云计算、人工智能等新一代信息技术，推动零件标准化、配件精细化、部件模块化和产品个性化重组，推进生产制造系统的智能化、柔性化改造，增强定制设计和柔性制造能力，发展大批量个性化定制服务。由此可见，工业设计促进服务型制造的趋势日益显著，而如何突出个性化的定制服务是工业设计未来发展中值得深思的一个问题。以尚品宅配为例，它是国内率先提出“全屋定制”概念的家居品牌，为消费者提供一站式家居定制服务，致力于为用户定制梦想中的家，实现“让少数人的定制，成为多数人的生活”(如图 8-8 所示)。2021 年，尚品宅配智能制造基地“全屋定制家具设计创新中心”被认定为国家级工业设计中心，这说明了其工业设计能力的突出。尚品宅配凭借强大的智能设计体系成为行业领先品牌。

[329] 左岩松：《以“名创优品”为例探析日用品工业设计如何助力消费升级》。《科技创新导报》，2017 年第 18 期，第 252 页。

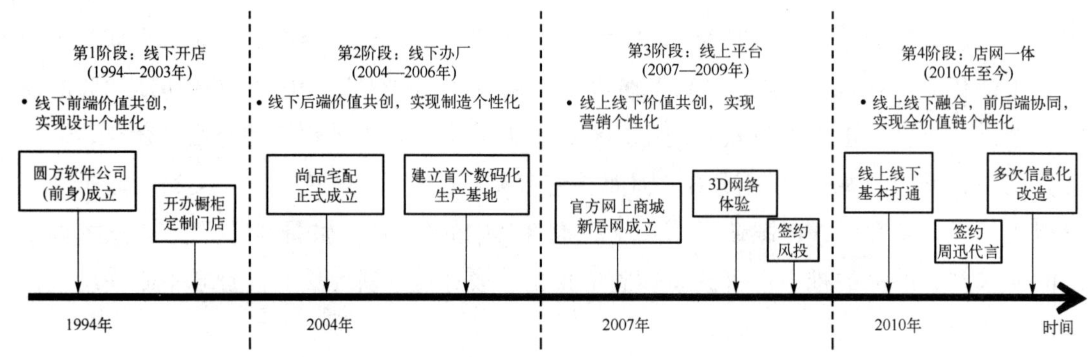

图 8-8　尚品宅配个性化定制的发展阶段[330]

8.3.3　从“产品附加值”到“体验附加值”

在不同的经济环境和消费文化中，消费者对商品和服务的关注点不同，因而消费附加值也大不相同。服务业的崛起与信息技术高速发展致使消费无形化，“体验经济”时代已经到来。消费者对消费的关注点从“产品”转向“超越产品以外”的东西——体验。以服务体验为代表的非物质性消费成为消费主流。工业设计创新的焦点从创造产品附加价值转变为创造体验附加值。工业设计范畴下的服务设计和体验设计等设计活动对推动附加值转向和提高消费体验起到重要作用。

产品附加值主要体现在用户对“物”的占有和对产品的功能使用上，它使用户享有产品的感觉更加丰满；而体验附加值则从用户的情感体验出发，使用户在精神上得到极大的满足。在体验经济下，人类已不再局限于对“物”的占有，转而寻求“非物”的享受。消费需求从解决温饱的吃穿问题、追求人有我有的物欲需求，转变为解放自我、追求个性的心理需求。正如德国青蛙设计公司的设计师哈特穆斯所言：“顾客购买的不仅是产品本身，他们购买的还是令人愉悦的形式、体验和自我认同感”[331]。

设计视角下的“体验附加值”，是指人与外界的人、物、事、环境在接触的过程中感受到情绪满足而产生的超值体验。用户体验存在五个需求层次，即感觉需求、交互需求、情感需求、社会需求和自我需求[332]，这些需求都是设计提升体验附加值的重要对象。通过设计优化人们对“商品”及“消费过程”的体验以提升商品商业价值和竞争力是当下市场竞争的重要手段。以主打智能化为卖点的特斯拉汽车为例，特斯拉 Autopilot(自动驾驶)技术，应用自我监督学习、模仿学习和强化学习的手段，使车辆的自我识别和

[330] 周文辉，王鹏程，陈晓红：《价值共创视角下的互联网+大规模定制演化——基于尚品宅配的纵向案例研究》。《管理案例研究与评论》，2016 年第 4 期，第 313—329 页。

[331] 鱼畅游，高力群：《工业设计在企业中的附加价值研究》。《现代经济信息》，2020 年第 12 期，第 35 页。

[332] 潘云鹤：《中国创新设计发展路径研究》。杭州：浙江大学出版社，2019 年版，第 93 页。

判断能力快速提高，以车载高性能摄像头作为图像识别来源，结合雷达手段实现自动驾驶(如图 8-9 所示)。特斯拉改变了传统的驾驶方式，解放司机双手的同时创造了一个新的驾车出行生活形态，用户在新的驾车场景下充满各种新体验。因此，智能化出行的概念也成为特斯拉独树一帜的市场竞争力来源。

图 8-9　特斯拉全方位自动辅助驾驶方式

体验附加值实质上是对产品附加值的延伸与深化，从注重功能层面到注重用户体验层面，使得用户在使用产品的每个阶段都获取高质量的体验。例如，迪士尼公司荣登快公司“2021 全球最佳创新工作场所”榜单。它所开设的迪士尼主题乐园，拥有其他乐园所没有的游园体验：通过塑造卡通人物的形象识别系统，更多细节增加的代入感，和用户交流互动的服务体验，让用户在主题乐园中感受从童话世界的美好到现代科技的沉浸式体验。高“体验附加值”的产品不再仅仅以产品和服务的功能价值来衡量，产品和服务的核心是体验[333]。高体验附加值的产品与高产品附加值的产品相比，具有独特的优势，其特点表现在以下几方面。

(1) 运用新技术、加工方法或革新加工工艺与方法，生产出原先无法体验无法生产的新产品，改变人们在现实生活中的行动体验和以往的行为生活模式。例如，运用虚拟信息仿真 AR 技术的书籍，通过文字结合立体影像这种丰富的交互方式让孩子们更快掌握知识。

(2) 采用某种实物或触觉，通过感官创造消费者的体验，增加虚拟产品的价值，从虚拟转向实物。例如，任天堂的《健身环大冒险》游戏配合特殊的体感操控器，用户做动作时通过震动给予反馈互动。

(3) 模糊虚拟世界与现实世界的界限，利用屏幕等通信工具和技术，跨媒体解决谜题，将实物世界融入虚拟世界。例如，最早的平行实境游戏《悼念》，玩家寻找线索时需要在开发团队自建的网站中获取并收发文件，这也是游戏行为与现实环境的结合。

---

[333] B.约瑟夫 • 派恩二世，基姆 C.科恩：《湿经济》，王维丹译。北京：机械工业出版社，2012 年版，第 13 页。

(4)将人们的体验从时间的实际空间转移到无时间无现实的实物空间，离开现实进入另一时间段，创造新的体验。例如，长隆欢乐世界公告的排队时间要比实际的排队时间长，并且排队的队列设置成弯曲、有座位的，参与者排队时能观察到前方的人和事，有更强的体验感。

(5)将虚拟体验与自身的现实时间、现实世界、现实变化、现实地点相连接。例如，健康码将个人的健康数据申报到后台的大数据中，从网络、应用和数据角度进行严格管控。

(6)产品是物质和精神的载体，是富有情感价值的，通过某种形式赋予消费者新的情感体验。例如，Chrome 浏览器断网后会出现史前恐龙的 icon，按 Space 键就可以开始游戏，让用户充分感受到 Chrome 的人文关怀。

(7)产品呈现给用户时，在操作上是易用的和可用的，符合人自然习惯的方式。例如，特斯拉 Model X 的上下车流程十分流畅，用户只要走近车辆车门就自动开启，坐上车后车门就自动关闭，车辆各系统已经自动调节好，到达目的地时用户只需停车开门离开即可，这个体验感是流畅易用的。

体验不仅在带有新技术的产品上体现出来，而且在旧有物的新体验中体现出来。例如，日本设计师佐藤大，善于重新思考我们身边物品的意义，从用户的每个体验点出发，让生活更舒适。他设计的雨伞解决了很难被靠在墙边的问题，他将伞柄设计成卡口状的半三角形，这样伞就很容易被立在墙边，增加了用户的体验。虽然只是一个细节上的改变，但能够带来极好的体验。因此，合理赋予产品新的体验附加值，在每个触点上都让消费者形成难忘的体验，通过每个触点的体验建立起品牌在消费者心中的良好印象，提升产品的附加值，将给企业带来新的经济效益。

思考题

1. 工业设计与科学技术之间有何联系？
2. 工业设计与文化之间有何联系？
3. 工业设计从哪些方面促进经济的发展？

推荐阅读书目

1. 路甬祥，《论创新设计》。北京：中国科学技术出版社，2017 年版。
2. 谢友柏，《设计科学与设计竞争力》。北京：科学出版社，2018 年版。
3. B.约瑟夫·派恩二世，基姆 C.科恩：《湿经济》，王维丹译。北京：机械工业出版社，2012 年版。